U0167042

城市防洪与水环境治理

——以平原水网城市苏州为例

蒋小欣　主编

·北京·

内 容 提 要

苏州是一个平原水网城市，具有明显的河河相通、河湖相通、流向不定、相互影响的平原水网特征，城市防洪方案与水环境治理措施往往相互牵制，利弊共存。本书详细介绍了苏州市城市防洪和改善水环境的具体方案，分析了方案的优点和不足，总结经验，启示未来；还以京杭大运河堤防建设为例，介绍了防洪堤防和城市景观、休闲健身、海绵城市建设、世界遗产保护等功能相结合的具体做法。

本书可供从事城市防洪与水环境治理的水利技术人员参考，也可供高等院校相关专业师生使用。

图书在版编目（CIP）数据

城市防洪与水环境治理 ：以平原水网城市苏州为例 / 蒋小欣主编. -- 北京 ：中国水利水电出版社，2020.11
ISBN 978-7-5170-9071-7

Ⅰ. ①城… Ⅱ. ①蒋… Ⅲ. ①城市－防洪工程－研究－苏州②城市环境－水环境－环境综合整治－研究－苏州 Ⅳ. ①TU998.4②X321.253.3

中国版本图书馆CIP数据核字(2020)第206445号

书　　名	**城市防洪与水环境治理——以平原水网城市苏州为例** CHENGSHI FANGHONG YU SHUIHUANJING ZHILI ——YI PINGYUAN SHUIWANG CHENGSHI SUZHOU WEILI
作　　者	蒋小欣　主编
出版发行	中国水利水电出版社 （北京市海淀区玉渊潭南路1号D座　100038） 网址：www.waterpub.com.cn E-mail：sales@waterpub.com.cn 电话：（010）68367658（营销中心）
经　　售	北京科水图书销售中心（零售） 电话：（010）88383994、63202643、68545874 全国各地新华书店和相关出版物销售网点
排　　版	中国水利水电出版社微机排版中心
印　　刷	北京印匠彩色印刷有限公司
规　　格	184mm×260mm　16开本　13.25印张　331千字
版　　次	2020年11月第1版　2020年11月第1次印刷
印　　数	0001—4000册
定　　价	**108.00**元

凡购买我社图书，如有缺页、倒页、脱页的，本社营销中心负责调换

序

受季风气候的影响，我国是世界上洪涝发生频繁、灾害较为严重的国家，洪涝灾害是我国重要的自然灾害。在城镇化快速发展和全球气候变化的影响下，一方面城市暴雨洪涝呈现出增多趋强的态势，另一方面经济社会的发展导致灾害暴露度大幅度增加，洪涝灾害风险和直接经济损失进一步增加。此外，发展带来的污染问题，使得水生态环境保护和治理越来越重要。

苏州是我国著名的江南水乡城市，地处长江尾闾，受到江海潮汐的顶托，又位于太湖下游，是太湖洪水下泄的必经之地，洪涝灾害的侵袭自然不可避免。同时，苏州又是国家历史文化名城，“小桥”“流水”“人家”是其最有特色的风貌之一。白居易说“绿浪东西南北水，红栏三百九十桥”；杜荀鹤说“君到姑苏见，人家尽枕河。古宫闲地少，水巷小桥多”。小桥与流水是相互辉映的一组画面，是动与静的完美组合。小桥的美，在于桥底下清澈流动的水，倒影在水中的影子随波晃动让人美不胜收。站在桥上看着桥下流淌不息的河水，就感觉到小桥富有生命，伴随激情，充满生机。因此，防洪安全与水环境保护在苏州显得尤其重要。

苏州市历届政府在大力发展经济的同时，坚持不懈地治理苏州的水问题。从河道清淤到水系连通，从背街小巷的支管到主干道的管网改造，从污水处理厂的增容扩建到尾水的提标升级，防洪除涝与水环境改善统筹兼顾，科学安排，治理力度不断加大。但就河道水质而言，离人民群众的期盼，离国家历史文化名城的保护要求，还有一定的差距。

城市水治理是一项综合性的系统工程，防洪安全保证、水资源保障、水环境保护、水生态修复等各个方面相互牵制，又相互影响。江苏省太湖水利规划设计研究院（简称太湖院）驻地苏州，不仅放眼太湖，更是立足苏州。以史为鉴，可以知兴替。太湖院水科学研究中心成立一年来，把苏州发展和水治理作为首个重大的研究课题，系统分析研究了苏州治水40年来，从“防洪小包围”到“防洪大包围”，从“小引水”到“大引水”，从“引水冲污”到“自流活水”的发展历程，系统总结了各个治理阶段每个方案的科学性、合理性，分析方案之利弊，总结可借鉴的经验教训，启示未来发展和治理策略。在此基础上，编著了《城市防洪与水环境治理——以平原水网城市苏州为例》一书，相信此书的出版，将对苏州市未来的治水工作具有重要的参考价值，对同类型城市的防洪与水环境提升工作亦有借鉴指导意义。

是为序。

中国工程院　院士 [签名]

2020 年 7 月 26 日

前　言

平原水网地区与其他地形地貌的地区相比，存在着三个明显的区别：一是水面积比例高，以苏州为例，全市共有各类河道 2.1 万余条，大小湖泊 320 多个，水面积占全市总面积的比例达 42.5%；二是没有明确的流域分界，河道与河道之间、河道与湖泊之间总能直接或间接地进行水量交换；三是地形平缓，河道流速很小，还经常会出现往复流。这些特点决定了平原水网地区治水的难度更大，治理的过程更为复杂。

苏州是我国著名的江南水乡城市。一提到苏州，就让人想起门前小巷、屋后水道，以及“君到姑苏见，人家尽枕河”的水城风貌。的确，苏州人的生活，就是与水相伴的生活；苏州的历史，就是与水相连的历史。虽然说伍子胥设计的苏州古城，是中国城市建设史上用水治水的经典之作。但是，水既是苏州人的骄傲，也是苏州人的隐痛。苏州的水问题同样比较突出。既有防洪排涝问题，也有水环境问题，还有其他城市没有的古城风貌保护问题。《苏州河道志》有这样的文字记载：

1975 年 9 月 27 日至 10 月 10 日，环城河全线出现黑臭，持续时间为 14 天，黑水向四周漫延，东至外跨塘，西至横塘、枫桥，北至陆墓，南至尹山、龙桥，东北至阳澄西湖。

1981 年 11 月 30 日，上海《文汇报》发表调研报告，文中写道：苏州的环境污染严重，“天堂”遭受“祸害”。这篇报告还被中央领导作了批示。

1982 年为平水年，5—7 月，环城河水再次出现黑臭，持续时间长达 53 天，黑臭水域污染严重，失去了饮用、生活、水产养殖等功能。

1983 年，苏州城区 3 次遭受水淹，有 20 万 m^2、1467 户居民房屋进水受淹，涉及 13 个街道、71 个地段；有 35 个工厂、42 个车间（仓库）进水受淹。

1991 年 6 月 12—19 日，持续暴雨造成严重洪涝灾害。惊动中央主要领导亲临苏州考察灾情。

1999 年 6 月 7 日入梅后，普降暴雨。市区居民受淹 5000 多户，洪水围困近3万人，167条街巷道路积水，进水企业140多家，经济损失1031亿元。

据史料记载，自公元278年到1931年间的1653年中，苏州发生水灾162次，平均每10年发生一次；因太湖流域暴雨成灾126次，平均13年发生一次；台风影响海潮倒灌或湖水泛滥成灾34次，平均48年一次；长江洪水决堤造成大水2次。自1901年以来，苏州站水位接近4.00m的平均10年一次，超过苏州市防汛警戒水位3.50m的有20次，平均5年一次。

苏州历届政府对治水问题高度重视，措施多管齐下，力度不断加大。从20世纪50年代开始，就以“以工代赈”形式疏浚河道；20世纪70年代，开始搬迁工厂，治理企业污染；1982年建成第一座生活污水处理厂，此后不断增容扩建，敷设管道，收集污水，治水工作从未间断。但由于当时经济条件和科技发展水平的制约，总体来说，之前的治理措施比较单一，工程规模相对较小，没有形成完整的系统治理方案。1983年，苏州地区行政公署和苏州市合并，加上当年城区三次受淹的教训，年底出台了苏州城区治水史上第一本专项规划——《苏州城区防汛工程规划》。此后，治水力度不断加大，相继实施了防洪小包围、防洪大包围、水环境综合治理、西塘河引水、七浦塘引水、自流活水、大运河堤防加固等一系列工程，本书主要分析研究这些工程方案的特点。在实施这些工程的同时，同步进行着大量的污染治理工作，诸如搬迁工厂、河道保洁、清除杂船码头、污水支管到户、污水处理厂增容扩建，等等。这些措施都是十分有益的举措，对改善城市水环境贡献巨大，但不属于本书讨论的工程范围，在此不提。

不同时期的工程，总会受到当时主客观条件的影响和制约，具有一定的时代局限性，甚至有其特定的历史使命。本书不是要对以往工程方案的好坏进行评判，而是按照历史唯物主义的观点，从工程角度分析其科学性、合理性和完整性，找出不足，启示未来。

本书是江苏省太湖水利规划设计研究院有限公司苏州太湖水科学研究中心成立后首个与地方有关人员合作完成的研究成果。书中叙述的这些工程，有值得总结的经验，也有值得吸取的教训，启示未来，完善提高，这是本书写作的目的。第1、3、5、9章由蒋小欣编写，第2、6章由汪院生编写，第4、7章由吴小靖编写，第8章由汪安宁编写，全书完成后由蒋小欣统稿。

第1章引入塘浦圩田的概念，认为城市防洪采用小包围方式，是受到了圩田治理的启示。虽然现在的城市防洪小包围已没有了“位位相接”“纵浦横塘”的塘浦圩田风采，但其原理没变。城市防洪小包围虽能快速有效地解决城市防洪及内涝问题，但其阻断了河道的通畅，不利于“小桥流水”风貌的保护。

第2章写的是防洪大包围，就是把防洪包围的范围扩大。包围范围扩大了，可以一定程度上克服小包围的缺点。但是，真正实施起来难度很大，需要相关的城市管理部门齐心协力，同抓共管。譬如，局部低洼地的竖向标高控制不到位，小包围就拆不掉，不能发挥真正意义上的大包围作用。

第3章、第4章写的是引水稀释水污染问题。区别在于第3章的目标是城内小河，第4章的目标是环城河。在截污治污不到位的前提下，引水 $4m^3/s$ 进入城内河道见效甚微，这至少证明了两个事实：一是截污治污永远是第一重要的；二是引水 $4m^3/s$ 进城基本无效的结论已被实践证明，如果再花巨资去研究引水小于 $4m^3/s$ 的方案是否还有必要。环城河引水的水源选择望虞河，很大程度上取决于引江济太。引水量足够时，改善效果明显；否则，效果不明显。

由此也引出一个问题讨论：现阶段的环城河水质按照景观娱乐用水的要求，似乎没有不满意的声音，那么，如果城内那些小河的水质与环城河一样，是否也可以了呢？再如果，把防洪小包围的水闸、泵站拆除了，保证城内城外河道昼夜不息地流淌，是否就能达到改善城内河道水质的目的了呢？

为了进一步研究苏州城市水环境的改善方案，2002年《苏州市城市水环境质量改善技术研究与综合示范》列为国家“十五”重大科技专项。第5章主要介绍课题研究取得的一系列成果及综合示范工程，如点源控制、面源控制、生态护坡、植物浮床等技术。这些技术可以根据实际需要单独使用或组合使用，可以作为对其他治理方案的完善和强化措施，也可以在采取其他治理措施效果不明显的局部区域独立使用。遗憾的是课题研究结束后，研究成果束之高阁，没有得到推广应用，本章作为水环境治理的补充措施，并且从时间上其在西塘河引水工程之后，因此排列在此。

引水水源一直是苏州改善水环境比较纠结的问题，阳澄湖作为苏州境内除太湖外最大的湖泊，但在以往的研究中因水势不顺、水量不够等原因都被否定了。随着七浦塘拓浚整治工程的实施，向阳澄湖补充水量问题有了解决办法，可实践证明七浦塘引水只能到达阳澄东湖、中湖，解决不了阳澄西湖问题，于是又提出了阳澄中、西湖连通工程。第6章主要介绍这些内容。在水量得到补充，水势不顺问题因防洪大包围的投运而成为可控后，如何发挥阳澄湖更大的作用，这是今后需要进一步深化研究的问题。

第7章介绍了自流活水工程。所谓的“自流活水”就是在环城河东线、西线各建闸一座，期望通过水闸壅水，从而在环城河形成南北水位差，再迫使环城河水进入城内河道，达到改善城内河道水质的目的。事实上，由于平原水网的特点，建闸后不可能靠壅水形成较大的水位差，达不到预期效果。综合分析，这是一个弊大于利的工程。

第8章介绍的是京杭大运河堤防加固工程。就水利工程而言，这种类型的堤防没有多少技术含量。但是，由于堤防位于市中心，大运河穿城而过，如何使呆板的堤防与城市景观相协调，使堤防成为城市新景观、成为老百姓休闲健身的新场所，同时把水利工程与海绵城市建设相结合，这需要转变传统的水利工程设计理念。这也是编写本章的目的所在。

第9章在总结以往工程经验教训的基础上，从区域骨干水系布局分析入手，找出存在的短板，提出了城市融入区域、区域与城市同治的思路，并对苏州城区提出了恢复“两进两出”格局的建议。

由于不同时期苏州城区的范围不同，工程涉及的范围也不同，为使讨论范围前后一致，书中提到的苏州市区、苏州城区等概念均指现姑苏区管辖的全部或部分范围，不包括吴江、吴中、相城、苏州工业园区、高新区等区域，古城区仅指环城河以内部分。书中涉及的高程如无特别说明，均为吴淞镇江高程。

本书编写过程中，得到了江苏省水文水资源勘测局苏州分局、苏州市河道管理处、苏州市供排水管理处等单位的大力帮助和支持，在此一并致谢！特别感谢张建云院士对本书的编写进行了悉心指导，并在百忙之中为本书作序！

由于时间仓促，加上水平有限，书中难免有错误或不完善之处，敬请读者批评指正。

作者

2020年7月30日

目　录

第1章 圩田技术用于城市防洪

苏州，西滨太湖，北枕长江，京杭大运河贯穿南北。在太湖平原的成陆、开发过程中，由自然形成的湖泊、河道以及人为开挖的河道组成了十分复杂的河网。纵横交错的河港和星罗棋布的湖泊为苏州城市河道源源不断地注入清澈之水，使其充满活力，也带来洪涝灾害风险。

1.1 水灾频发

据史料记载，苏州的水旱灾害最早始于三国时期吴太元元年（公元251年）。自吴太元元年至清代末年（251—1911年）的1660年中，水旱灾害有452个年份，其中水灾346个年份，旱灾106个年份；民国时期（1912—1949年）的37年中，年年有灾，其中水灾21个年份，旱灾11个年份（1922年、1933年、1935年、1942年、1947年既有水灾又有旱灾）[2]。

1949年、1951年、1952年都发生了水灾，特别是1954年，发生了全流域性的梅雨型洪水，降雨从5月5日持续到7月31日，降雨历时长、总量大。就苏州站而言，全年降雨1482mm，其中5—9月汛期降雨量994mm，为有记载以来降雨量最大的年份。太湖最高水位达到4.65m，苏州觅渡桥水位达4.37m，为1990年以前的历史之最。由于长期降雨，河湖水位并涨，高水持久不退，加上中华人民共和国成立初期水利设施薄弱，防洪除涝能力低，灾情极为严重。苏州城区有4000多户居民住宅进水，10多家工厂被淹停产，不少仓库商品霉变，经济损失严重。

此后的1955—1982年的28年中，有20年发生了不同程度的水灾。尤其是1962年9月5—7日受14号台风影响，苏州站过程雨量达到437mm，是迄今为止苏州站3日降雨的历史之最，全市普遍遭受涝灾。

1983年6月18日入梅，7月19日出梅，期间出现3次暴雨，梅雨量比多年平均值多45%。苏州城区3次遭受水淹，有20万m^2、1467户居民房屋进水受淹，涉及13个街道、71个地段；有35个工厂、42个车间（仓库）进水受淹。一般受淹水深30cm左右，最深处达80cm。

苏州站1954—1983年汛期降雨量详见表1.1[3]。

表1.1 苏州站1954—1983年汛期降雨量

年份	降雨量/mm							最高水位/m
	5月	6月	7月	8月	9月	汛期	全年	
1954	190.5	278.6	299.2	152.7	72.7	993.7	1482.0	4.37
1955	64.7	245.0	140.5	37.9	5.2	493.3	985.2	3.32

续表

年份	降雨量/mm							最高水位/m
	5月	6月	7月	8月	9月	汛期	全年	
1956	210.9	225.4	62.2	175.0	285.9	959.4	1260.3	3.67
1957	156.9	230.2	297.1	197.9	162.3	1044.4	1554.7	3.98
1958	88.0	100.0	75.5	179.6	121.8	564.9	981.2	3.02
1959	173.1	113.8	86.2	14.5	185.9	573.5	1060.1	3.16
1960	118.6	216.9	152.9	179.6	226.4	894.4	1349.9	3.58
1961	104.5	235.7	105.5	65.6	190.8	702.1	1087.2	3.42
1962	69.6	135.7	181.3	253.4	547.6	1187.6	1611.7	4.07
1963	201.8	159.9	39.9	219.6	162.9	784.1	1160.6	3.38
1964	144.7	156.6	31.4	88.9	66.1	487.7	962.2	3.23
1965	70.1	168.3	49.6	194.6	33.3	515.9	1033.2	3.14
1966	69.2	138.9	62.3	80.8	83.1	434.3	930.2	3.07
1967	111.9	46.8	107.2	25.8	25.9	317.6	909.9	3.13
1968	146.4	45.7	87.7	30.1	225.2	535.1	926.9	3.11
1969	116.2	100.3	151.8	175.5	90.8	634.6	1020.9	3.13
1970	118.7	196.5	164.4	76.9	178.8	735.3	1081.6	3.27
1971	96.1	252.6	27.3	36.2	100.5	512.7	813.0	3.14
1972	57.9	84.5	53.9	78.2	64.7	339.2	817.2	2.92
1973	142.8	247.4	45.4	48.2	150.4	634.2	1026.8	3.51
1974	120.4	176.6	176.2	87.8	43.3	604.3	1134.8	3.16
1975	66.1	343.3	123.2	6.6	89.1	628.3	1089.0	3.67
1976	103.3	236.0	51.5	116.8	115.7	623.3	988.7	3.21
1977	169.2	127.9	196.7	291.2	200.7	985.7	1480.8	3.52
1978	90.1	49.1	74.0	9.2	95.3	317.7	594.6	2.90
1979	50.7	98.3	123.7	70.2	43.8	386.7	746.7	3.01
1980	68.8	164.5	181.1	312.7	131.7	858.8	1243.1	3.83
1981	81.3	133.5	173.6	68.6	43.9	500.9	988.8	3.19
1982	35.6	109.4	261.1	78.5	39.5	524.1	907.2	3.34
1983	170.0	215.6	135.0	145.9	171.4	837.9	1321.6	3.76

1.2　受灾成因

苏州城市容易受到洪涝灾害的侵袭，除了降雨因素之外，跟其处在京杭大运河和太湖洪水的下泄通道上有关。

公元前514年，吴国谋臣伍子胥经过一番“相土尝水，象天法地”，进而合理规划，设水陆城门各8个，沟通内外水系，成就了苏州这座水城。

从良渚文化和马家浜文化的考古发掘材料推测，在苏州建城之前的两三千年，太湖地区已经脱离潟湖状态而葑淤成陆。在古代潟湖葑淤过程中，由于各个地区沉积量的差异，使洼地发生分化，在城市东北形成阳澄湖群，东南则形成淀泖湖群，除了苏州、无锡之间零星散布的山丘之外，可以说当时的苏州城四面处于河湖的包围之中。

要讲苏州的水系，必须和太湖下游的泄水出路连在一起。《禹贡》有“三江既入，震泽底定”的记载。但自汉代以来，对“三江”的解释，众说纷纭，说法不一。直到晋代（公元 320 年左右）庾仲初作《扬都赋》在自注中才明确指出，太湖东注为松江，东北入海为娄江，东南入海为东江[4]。至于古代娄江并非现今苏州至昆山之间的娄江，现今的娄江为北宋至和二年（公元 1055 年）修筑的至和塘。《民国太仓州志》说，“至和塘筑，娄江故道塞矣”。据原华东师范大学地理系的调查，古代娄江故道大致从吴淞江三江口分流东北，经昆山西北、太仓之北出海。随着古代娄江、东江的湮废，以及吴淞江萎缩为黄浦江的小支流，太湖下游东北通江港浦的地位日益重要，常熟 24 浦、昆山 12 浦成为太湖洪水下泄入海的主要通道。换句话说，太湖洪水要下泄入海，需先经过苏州。至今尚存的娄江、浏河、杨林塘、七浦塘、白茆塘、常浒河、福山塘等骨干通江河道就是历史变迁的遗存。

加上 20 世纪 50 年代新开挖的望虞河、太浦河 2 条河道，至今与苏州城区引排水有关的骨干河道共有 10 条：

（1）望虞河是太湖的泄洪通道之一，泄洪时由于望虞河东岸已控制，影响不大。但“引江济太”时，与苏州城区的水环境有关。

（2）太浦河是太湖的另一条泄洪通道，与苏州城区没有直接的关系。但当太湖泄洪时，会对京杭大运河排水起顶托作用，间接影响苏州城区排水。

（3）吴淞江规划为太湖泄洪的第三条通道，除承泄太湖洪水外，兼排大运河洪水，与苏州城区洪水下泄有直接关系。

（4）京杭大运河沟通长江流域与太湖流域的水系，对地处下游的苏州来说，关系极大，需要承接镇江、常州、无锡来水，是苏州城市的防洪重点之一。

（5）元和塘，汛期是苏州城区的排水出路之一，非汛期向城区环城河进水。

（6）娄江是苏州城区东排洪水的主要通道。

（7）浏河承接娄江来水后下泄入江。

（8）杨林塘、七浦塘、白茆塘均是阳澄湖的重要引排通道，汛期东排入江，非汛期引水补充，通过对阳澄湖的调蓄作用影响苏州城区。

所以，从水系角度来讲，苏州城市处在太湖洪水北排长江的通道边缘，又需要承接大运河上游来水，极易受到洪水侵袭。但是，如果利用好这一特性，对城市的水环境治理却是非常有益。苏州城市与上下游水系关系示意图见图 1.1。

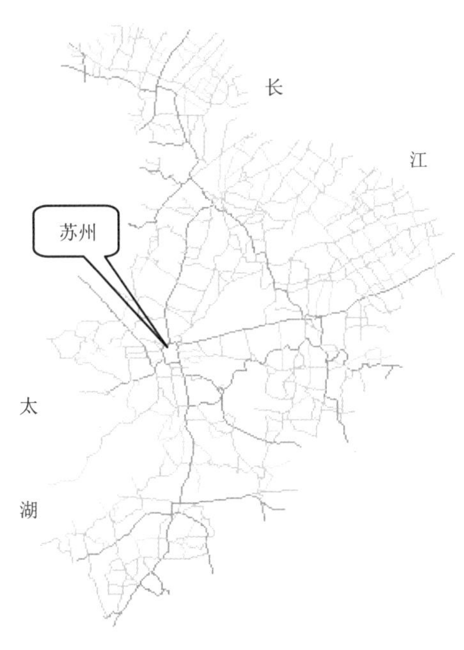

图 1.1　苏州城市与上下游水系关系示意图

1.3　治理洪水

中华人民共和国成立以后，苏州城市的治水工作从未间断。但是，由于当时科技发展水平的局限，以及经济承受能力的制约，早期的治理以河道疏浚和驳岸整修为主。例如：1950年7月，疏浚干将河相门至升平桥段，全长1300m；1952年10月，疏浚十全河、十梓街河等21条主干河道；1956年5月，疏浚盘门内城河；1965年6月，整修干将河渡子桥至乘鱼桥段驳岸；1974年12月，整修十全河、临顿河等驳岸；1975年12月，因河道换水需要建成城区第一座泵站，即新开河双向引排泵站，流量为$2m^3/s$；1981年5月，疏浚城内11条小河，等等。工程内容比较单一，工程投资和工程量都比较小，一事一办，具有明显的应急特征。

1983年1月18日，国务院批准江苏省人民政府《关于改革地市体制调整行政区划》的报告，决定撤销苏州地区行政公署，苏州地区行政公署和苏州市合并，原苏州地委领导主政全市工作。6月入梅后，梅雨量较大，苏州城区3次遭受水淹，最深处达80cm，损失严重。梅雨灾害发生后，苏州市及城市各区政府领导亲临现场，对受淹地段采取搬迁、垫高、加固、搭桥、抽水等措施全力救灾。由于原苏州地委的领导对农村工作非常熟悉，按照农村圩区治理的经验，对地面高程低于1954年最高水位的9个地段，临时实行"小包围"，拦河筑坝，抢筑防洪圩堤，设置排水泵，疏通下水道，抢排积水，效果非常明显。

汛后，苏州市委市政府责成市防汛指挥部会同城区防汛指挥部，组织有关水利技术人员进行实地查勘，分析城区洪涝成灾因素，制定对策措施，全面规划建设城市防洪工程体系。

1.3.1　圩田的起源和形成

苏州的圩田治理，与太湖地区的围垦密切有关。大约起始于春秋末期，战国至秦渐有发展，到汉代进一步推广。《光绪高淳县志》记载："春秋时，吴筑固城为濑渚邑，因筑圩附于城，为吴之沃土"；清代《三江水利条议·论吴淞江》记载："自范蠡围田东江渐塞，即范蠡在太湖下游淀泖地区围田，东江渐渐淤塞"。这是两起最早围垦湖沼浅滩的活动。

春秋时期，太湖下游成陆已久，并有三江泄水，某些浮涨较高之地，已成季节性浅水滩地，只要筑堤作围，挡住外水排除内涝，就不难辟为肥沃良田。在吴越时期已经具备筑堤浚河的水工技术的基础上，适应生产发展需要，人们从较高地带走向浅沼湖滩，开展水土斗争，是符合历史发展趋势的，这也是围田的初级形式。吴国灭亡后，越国统治吴地140多年，太湖下游的水利设施有较大发展，特别是在苏州的东、南方向沼泽地区凿河浦、通陵道，水工建筑工事明显增多。《越绝书·吴地传》中记载，秦汉之际，苏州东南50里的湖荡浅沼区出现了"肥饶水绝的稻田三百顷"，反映太湖东南方向围田有了一定程度的发展。从春秋末期开始，初级形式的筑堤围田逐步分散地开拓着，发展至汉代，围田已经星罗棋布地分散在太湖的周围。

自汉末至唐中叶，将近6个世纪，随着北方战乱，局势动荡，中原人口南迁，人口逐渐增多，对土地的需求也随之迫切。唐代水车、江东犁的广泛应用，又使人类改造低湿洼地的能力进一步增强。湖沼洼地的开发利用，本质上就是围湖围海。不断地围湖围海，使太湖与大海的分隔更加明显，又促使海涂湖沼加速淤涨，为浅沼洼地的开发利用提供了条件。随着围垦逐渐向广大沼泽地区深入，垦殖面积逐渐连片扩大，又出现了围田与洪涝的矛盾。为了解决洪涝问题，筑土围田必须辅之以有计划的开挖塘浦。于是，围田之间有规则地加密塘浦，形成“位位相接”“纵浦横塘”的塘浦圩田系统。

由初级形式的筑堤围田发展成为较高形式的塘浦圩田系统，与五代吴越时期以前的屯田营田制度有关。在屯田制度下，土地属于国家，众多劳动力在统一组织下集中调配使用，易于进行大范围大规模的统筹规划，易于开展面广量大的建设，这是塘浦圩田形成的必要条件，不是一家一户分散的个体农民所能胜任的。

唐代是水利营田蓬勃发展时期。但是，随着围田垦殖的发展和人类经济活动的加强，水利与航运的矛盾、围田与治水的矛盾、挡潮与排涝的矛盾、蓄与泄的矛盾在不断的凸显。由于泥沙沉积和不断围垦的双重影响，从 8 世纪到 11 世纪中叶，海岸线向外延伸了 30 多里，使太湖地区出海干流越来越长，河床比降越来越平，流速越来越小，河港淤积越来越重，宣泄能力越来越弱，低洼圩区长期积水不退。至北宋时期，因土地经营方式已由唐代的庄园主集中经营演变为租佃者分散经营，贫苦农民因力量单薄，自作塍岸以维持生产。于是，以塘浦为四界、位位相承、圩圩棋布的大圩制，逐渐分割为犬牙交错、分散零乱的民修小圩，塘浦圩田系统终趋于解体[5]。这种“几十亩不为小，一二千亩以为大，万亩以上反为例外”的小圩体系，历经宋、元、明、清各代和民国时期，一直延续到中华人民共和国成立初期。

小圩体系存在着堤线长、标准低、渗漏大、地下水位高等弊端，在 1954 年太湖流域的特大洪涝灾害中充分暴露。因此，从 1955 年开始，进行了适度规模的联圩并圩和圩内治涝工程建设。1959 年，江苏省水利厅、原北京水利科学院灌溉研究所、原华东水利学院会同苏州当地水利部门，根据苏州的圩内水面率情况研究得出结论：联圩规模 3000～5000 亩效果最佳，5000～10000 亩效果尚可，15000 亩接近临界，20000 亩以上基本无效，总结出内外分开、高低分开、灌排分开、水旱分开、控制内河水位、控制地下水位（简称“四分开、两控制”）的圩区治理经验。根据 1985 年《苏州市农田水利资料汇编》记载，截至 1985 年 8 月，苏州全市共有联圩 782 个，包围面积 2600 多 km^2，共有防洪圩堤 5231km，防洪闸、套闸、圩内分级闸 2106 座，排涝泵站 2114 座。

1.3.2 防洪小包围

或许来自农村圩区治理方法的启示，或许是因为从市领导到具体水利技术人员对农村圩区治理方法非常熟悉的原因，经过一段时间的工作，最终确定苏州城区防汛采用分片治理，即建立局部小包围方案。

当年制定的《苏州市城区防汛规划》的总体方案是在兼顾旧城改造和城市发展总体规划的基础上，考虑到太湖流域综合治理规划尚未全面实施的因素，在保证主要进出水河道水流畅通的前提下，分成不同保护片区采取外河筑堤防洪，内河建闸设泵排涝措施。在上游主要进水河道入城口建闸防洪，下游出水河道整治拓浚，拓宽相门塘、葑门塘束水段，打通金鸡湖与独墅湖之间的通道；结合市政工程建设，整治下水道，改造警戒水位以下的低洼地，抬高道路标高；疏浚河道，整修驳岸；在保证防洪安全的前提下，兼顾“小桥流水”风貌。

规划范围：东至东环路，西至大运河，南至原原吴县边界，北至沪宁铁路，总面积约 35km^2。

主要治理措施：外河筑堤防洪，内河设泵排水；分片建设防洪包围，逐步改造低洼地区。

1. 工程标准

以1954年苏州最高洪水位4.37m为设计水位，确定各类设施的顶高程原则上为5.00m，考虑工程实施的可能性，旧城区外围的局部地区可为4.50m；永久性水闸、泵站设施的顶高程不低于5.00m；永久性防洪堤高程5.00m，最低标准4.80m；城市主干道尤其是新建道路高程不低于5.00m；旧城改造或新建居民住宅区，其室外道路高程不低于5.00m；临时和应急防汛工程的高程，可视具体情况，酌情确定。排涝标准：按苏州市城市暴雨强度公式计算，排涝模数为3.7～5.0m^3/（s·km^2）。

2. 工程方案

根据地形、水系等特点，划分为16个小包围。规划方案提出，要充分利用城郊接合部的排灌设备，通过改造提高发挥排涝和换水作用；结合旧城改造和市政设施建设，逐步改造警戒水位以下的低洼地区；有计划地改建下水道，在当时旧城改造难度较大且进展缓慢的情况下，为迅速解决汛期受淹问题，小包围方案具有可操作性，工程实施方便易行，见效也快，实施一处得益一片。

16个小包围分别是：钱万里桥南庄街、茅山堂片、山塘片、留园片、桃坞片、金门片、盘溪片、南门片、胥江片、盘门片、盘门外片、葑门片、南园片、娄江片、齐门外片、平江片。共需新建防洪闸、套闸37座，改建防洪闸、套闸2座；新建泵站34座，改造泵站7座。

3. 工程实施

为确保规划实施，根据先近后远、先急后缓、先重点后一般、分期建设的原则，分二期建设。一期工程从1983年冬至1984年春，重点解决汛期年年受淹、水害严重、群众反映强烈的地区和重要工矿区，以及水情相同、设施简单、防护范围较大的老城区，确保洪水位4m以内不受淹。二期工程按照设防标准，在一期工程的基础上，结合旧城改造，继续完善防洪设施，有计划地改造低洼地区的居民区，确保洪水位5m以内不受淹。

1983年10月，苏州市城区防汛指挥部完成了《苏州市城区防汛规划》的编制工作，并经市政府批准。苏州市城乡建设局根据《苏州市城区防汛规划》制定了1983年冬至1984年春城区防汛工程实施意见（即一期工程），经苏州市人民政府以苏府〔1983〕119号文件批准实施。

限于当时的经济实力，工程投资以各企事业单位自筹为主，政府财政给予适当补贴。城区防汛一期工程实施项目见表1.2。

表1.2　城区防汛一期工程实施项目表

序号	片区名称	工程项目及数量	投资/万元	集资单位
1	钱万里桥南庄街	防洪驳岸450m	13.0	公房由房管局负责，私房由各单位解决，原则上自筹，稍予补贴
		道路下水道450m	6.0	
		泵房1座	5.0	
		房屋补贴	2.0	
		小计	26.0	

续表

序号	片区名称	工程项目及数量	投资/万元	集 资 单 位
2	茅山堂片	防洪驳岸400m	12.4	油毡厂、禽蛋批发部、肠衣厂、生物制药厂等
		道路下水道800m	8.0	
		泵房1座	5.0	
		房屋补贴	2.0	
		小计	27.4	
3	山塘片	防洪驳岸700m	22.0	肉联厂、轧钢厂等
		道路下水道500m	3.0	
		泵房1座	10.0	
		闸门1座	4.0	
		房屋补贴	2.0	
		小计	41.0	
4	留园片	泵房1座	7.0	开关厂、热处理厂、电扇厂、国画颜厂等
		小计	7.0	
5	桃坞片	泵房1座	10.0	林机厂、电扇厂、床单厂、红木雕刻厂等28个单位
		闸门5座	20.0	
		小计	30.0	
6	金门片	防洪驳岸220m	6.6	味精厂、纺织瓷厂、木材加工厂、航运管理处等
		道路下水道360m	2.4	
		泵房1座	5.0	
		房屋补贴	2.0	
		小计	16.0	
7	盘溪片	防洪驳岸700m	18.4	针织内衣总厂、嘉美克纽扣厂、玻璃厂等
		道路下水道1000m	3.0	
		泵房1座	3.0	
		民房补贴	4.0	
		小计	28.4	
8	南门片	防洪驳岸200m	2.0	苏化厂、溶剂厂、电瓷厂、墙板厂、一丝厂等29个单位
		泵房1座	10.0	
		闸门1座	4.0	
		小计	16.0	
9	胥江片	泵房1座	7.0	江南无线电厂、第二制药厂、商业仓库等9个单位
		闸门1座	4.0	
		小计	11.0	
10	盘门片	泵房1座	8.0	园林局、一00医院、轮船公司、染织一厂等14个单位
		闸门1座	4.0	
		小计	12.0	

续表

序号	片区名称	工程项目及数量	投资/万元	集 资 单 位
11	盘门外片	防洪驳岸 250m	7.5	航管处、区城建局等
		路面下水道	2.0	
		小计	9.5	
12	葑门片	防洪驳岸 300m	7.0	圆珠笔厂、苏州饭店、毛巾厂、葑门街道工厂等
		闸门1座	5.0	
		民房补贴	2.0	
		小计	14.0	
13	南园片	防洪驳岸 750m	15.0	航管处、港务处等
14	娄江片	泵房1座	2.0	市政补助
15	齐门外片	泵房1座	3.0	合成化工厂、官渎表牌厂、废品仓库、苏州表牌厂等
		河道整治	1.5	
		下水道、道 路	2.0	
		房屋及其他	1.5	
		小计	8.0	
16	平江片	泵房1座	14.0	长风厂、皮鞋厂、冷藏厂、振亚丝织厂等33个单位
		闸门1座	8.0	
		小计	22.0	

相对以往实施的工程来说，这个规划是苏州城区第一个比较综合考虑、系统治理的规划方案。由于当时的财力有限，市财政仅补助200万元，主要以各受益单位自筹经费为主。在具体实施时又分为二期工程：第一期工程实施古城内的桃坞小包围、盘南小包围和北园小包围；第二期工程主要实施古城外的辛庄片、胥江片、彩香片、三香片、盘溪片等。一期工程于1989年才正式完成，二期工程到20世纪90年代才完成。

因此，苏州城市防洪真正的系统治理可以认为是从1983年冬季的城市防洪小包围开始的。

1.4 方案变迁

小包围规划方案完成后，纳入到1986年国务院国函〔1986〕81号文件批复的《苏州市城市总体规划（1985—2000年）》。

进入20世纪90年代以后，由于行政区划的局部调整，以及中新合作苏州工业园区、苏州高新区的开发建设，根据江苏省人民政府批准的中新合作苏州工业园区总体规划、苏州新区总体规划等规划，修编完成了《苏州市城市总体规划（1996—2010年）》，并经国务院国函〔2000〕3号文件批复。在该版总体规划中明确，苏州城市防洪标准定为100年一遇。城市防汛控制标高规定如下：

（1）永久性泵站、闸、圬工坝等设施顶标高在5.0m以上。

（2）防洪片范围内的主要河流两岸防洪堤堤顶标高采用5.0m；支流应按要求设置相

应的防洪工程设施。

（3）新建主要干道，尤其是外环路要起到防洪堤作用，路面最低处标高不低于5.0m。

（4）沿街建筑物的室外地坪应不低于道路标高，室内地坪标高应高于室外地面标高0.3m以上。

排涝模数规定为3.7～5.0m^3/（s·km^2）。在设计各片泵站排涝能力时，应根据防护区河道蓄水容量适当予以增减。

两版规划在城区防洪方案方面，小包围的格局未变，数量由早期的16个合并为12个。2005年城区防洪闸、站工程布置详见图1.2。

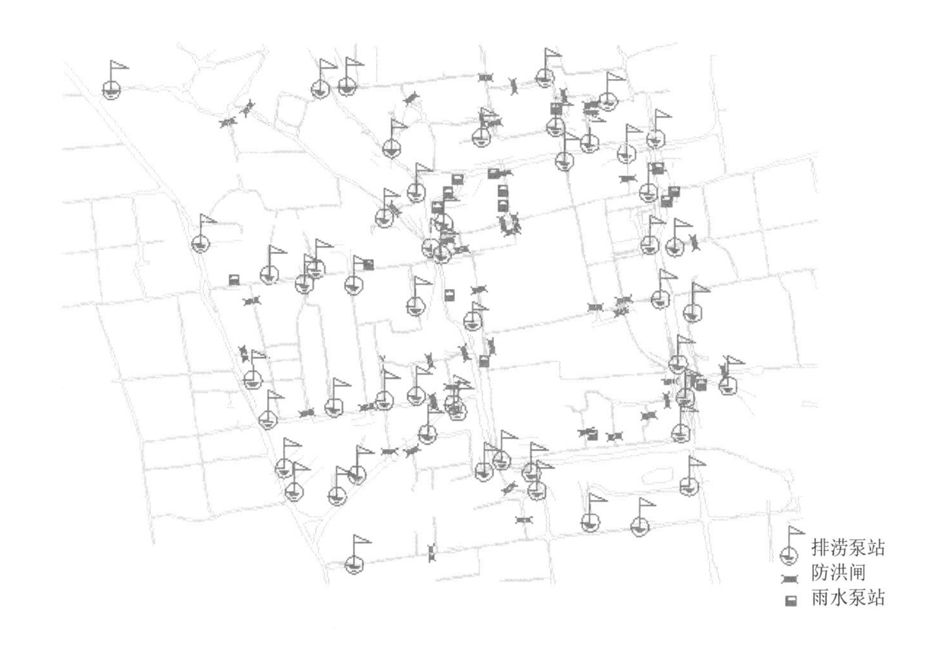

图1.2 2005年城区防洪闸、站工程布置示意图

2016年，国务院国函〔2016〕134号文件批复的《苏州市城市总体规划（2011—2020年）》中明确，苏州城区的防洪方案调整为大包围格局，防洪标准为200年一遇，具体内容详见第2章。

从1986年批复的1985—2000年版城市总体规划到2000年批复的1996—2010年版城市总体规划，时间跨度达25年，虽然小包围数量从16个减为12个，略有变动，但防洪小包围的基本格局没变。即使在2016年批复的2011—2020年版城市总体规划中明确为防洪大包围格局，但直到2020年仍有小包围7个，水闸泵站超过100座，小包围仍在运行之中。可见规划方案一旦实施完成，要再想改变其格局，涉及市政道路、居民小区等设施的防洪、排涝问题，牵涉面广，难度大，其影响非常久远。

1.5 河道换水

利用水闸、泵站等防洪设施进行河道换水，是最容易做到的事情。最早的河道换水方案可以追溯到1973年，当时的苏州市排水规划小组拟订了《关于采用换水措施来改善苏州市内城河道环境卫生的意见》，提出：换水河段以东西向、南北向各三段主要河道为目标；分时段换水，以利夜间分段运行，白天可以通航；换水进出口位置均利用内城河主要河段通环城河的各原有出口，以减少工程量；换水泵站布局紧凑，运行方便，不影响现有建筑和道路。具体方案是：在新开河及齐门（或娄门）设泵站将环城河水抽入，葑门设泵站将内城河水排出。于是，1976年，在葑门水关内建换水泵站1座，流量为$2m^3/s$；1977年，在临顿河、枫桥路（上塘河）、平江河、新开河建成换水泵站5座，流量均为$2m^3/s$；1979年，在阊门外聚龙桥、齐门水关各建泵站1座，流量均为$2m^3/s$。对内城河六段主要河道进行换水，每晚各换水一段。1980年，又将城区调整为三个换水区域，尚义桥、齐门泵站进水，北园、娄门泵站出水，冲换第一横河、第二和第三直河以及平江水系各河道；阊门泵站进水，葑门、盘门泵站出水，冲换第一直河和第三横河。

随着城区防汛工程建设启动，陆续建成了一批水闸、泵站。利用这些水闸、泵站等防洪工程设施进行河道换水，运行方案一直在不停的摸索之中。换水范围分为9片及零星河道。苏州城区水系详见图1.3。

图1.3 苏州城区水系图

（1）平江片：换水范围包括临顿河、西北街河、东北街河、平江河、麒麟河、胡厢使河、柳枝河、新桥河、悬桥河、北园河等10条河道。

换水方案：根据需要适时开启宛桥闸、顾家闸，引干将河水进入平江河、临顿河；当水质较差时通过开启娄门、齐门泵站，将水排至环城河。本片控制最高水位3.20m，其中北园河控制最高水位不超过2.80m，通过北园泵站排水。

（2）桃坞片：换水范围包括平门小河、桃坞河、中市河、仓桥浜、阊门内城河、学士河（干将路经北段）等6条河道。

换水方案：根据需要适时开启平四闸，引环城河水进入平门小河；当水质较差时通过开启尚义桥、阊门泵站，将水排至环城河。本片控制最高水位3.10m。

（3）府前及官太尉河：本片主要解决府前河、十全河及官太尉河的换水问题。

换水方案：主要通过学士街泵站抽水入学士河，必要时开启官太尉闸进水；然后依靠葑门泵站将水排至环城河。本片控制最高水位3.30m。

（4）南园片：换水范围包括竹辉河、薛家河、苗家河、羊王庙河、南园河等5条河道。

换水方案：主要通过竹辉河进入羊王庙河，同时根据薛家河或苗家河需要适时开启薛家桥闸或庙浜闸，引入盘门内城河水；当水质较差时通过开启南园泵站将水排至环城河。本片控制最高水位2.90m。

（5）盘门内城河：换水范围包括盘门内城河及干将河以南的学士河。

换水方案：主要通过学士街泵站抽引环城河水入学士河，再经盘门内城河水，然后由邱家村泵站排出。本片控制最高水位3.20m。

（6）干将河：在解决干将河本身换水问题的同时，相门泵站承担向平江片供水任务；学士街泵站承担向府前河、盘门内城河、南园片的供水任务。

换水方案：利用学士街泵站或相门泵站，抽引环城河水入干将河，并利用该泵站将干将河水排至环城河。本河控制最高水位4.10m。

（7）彩虹片：换水范围包括彩香浜、白莲浜、凤凰泾、倪大坟浜、虹桥浜、徐家浜、活络浜等7条河道。

换水方案：在河道水位不超过3.50m情况下，敞开白莲泵站、凤凰泾顾家桥橡皮坝、徐家郎闸、活络浜泵站、东风桥泵站、莲花闸、彩虹闸等闸站工程，通过自流引入大运河（上塘河）水，改善河道水环境。

在水位超过3.50m情况下，根据河道水质情况临时启用抽排方案。抽排方案为：白莲泵站进水，莲花、彩虹闸出水。

（8）三香片：换水范围包括桐泾河、胡家浜、黄石桥河、夏驾浜、三香河、小河浜等6条河道。

换水方案：通过朱家庄泵站抽上塘河水入桐泾河，再从桐泾闸排出，以改善桐泾河水质；通过黄石桥、三香、归泾桥泵站进水，从小日晖闸排出，若环城河水位高于内河，则仍用这几座泵站抽排入里双河。桐泾河控制最高水位3.10m；其他河道控制最高水位2.90m。

（9）山塘片：主要解决山塘河水质问题。

换水方案：通过新塘桥泵站抽引十字洋河水。当山塘河上游来水尚好时，可开启西山庙桥闸进水。通过山塘泵站排入环城河。控制山塘河最高水位3.40m。

（10）其他河道。

1）葑门外河：徐公桥闸进水，外河桥泵闸出水。

2）三星河：三星河泵闸进水，三星河闸出水。

3）其他河道：视河道水质情况，不定期进行适当改善。

上述换水方案，都是以环城河为水源，通过泵站抽入城内小河，再从其他方向流出。

由于环城河水质逐年下降，加上泵站装机容量较小、进入城内小河的水量有限，如羊王庙河、苗家河等断头浜换水期间仍基本保持滞流，薛家河等河道保持往复流或滞流，河道的水动力条件没有得到明显的改善。因此，通过换水改善水环境的效果不大，远远不能达到预期的结果。

1.6　问题与讨论

小包围方案在当时条件下，可能是投资省、见效快的方案。小包围保护范围的划分，基本上是根据不同片区内地形的高低来划定的，但也存在着地面高程以多少高差更科学、更合理的问题。

1. 包围面积

单个包围保护面积偏小，包围数量偏多。例如：

桃坞片：南至中市河，东至人民路，西、北至城墙，以及中街路以东景德路以北的王天井巷汇水范围，总面积1.4km²。

盘门片：北至百花洲、侍其巷，南至苏州中学南围墙，以及薛家河以西、沧浪亭一带，总面积1.9km²。

盘溪片：盘门路、苏福公路以南，仙人大港以北，西至杨家桥，东以盘溪新村内河及西塘河为界，总面积1.29km²。

胥江片：胥江以南，苏福公路以北，东至环城河及盘门路，西至横塘大运河，总面积1.96km²。

辛庄片：沪宁铁路以南，苏浒路以东，上塘河以北，虎丘路以西，总面积2.03km²。

由于地面高程分类级差偏小，甚至有点迁就于地面高程因素，较大的彩香片面积也仅为6.8km²。《苏州城区防汛工程规划》划定的单个包围保护面积偏小、包围数量偏多，将本来可以调蓄的圩内河道划在包围之外，不利于充分利用河道的调蓄功能，也导致水闸、泵站工程设置较多，反过来又影响河道畅通。

2. 排涝模数

规划方案采用城市暴雨公式计算确定排涝模数。城市暴雨公式是用来计算确定雨水管径的，设计暴雨强度公式中的降雨历时，实际上是地面集水时间与管内雨水流行时间之和，对河道来说理解为汇流时间似乎更合理，这个时间相对泵站排涝过程而言是比较短的。《室外排水设计规范》（GB 50014—2006）规定，在进行城市排水管网设计时，雨水管网的设计排水量应通过当地的暴雨强度公式计算求得。

雨水管渠的设计流量一般按式（1.1）计算：

$$Q=q\psi F \tag{1.1}$$

式中：Q为雨水设计流量，L/s；q为设计暴雨强度，L/(s·hm²)，$q=\frac{167A_1(1+C\lg P)}{(t+b)^n}$；$\psi$为径流系数；$F$为汇水面积，hm²。

在管网雨水汇入河道过程中，若降雨强度小于或等于管道排水能力，则雨水全部排入河道；若降雨强度超过管道排水能力，则暂时蓄积于路面，形成路面积水，对河道来说相当于削减雨水峰值。当降雨历时较短，即使降雨强度很大，总的产水量有限，可能不需要开泵排水，也被河道调蓄了。因此，在计算确定泵站的装机规模时，管网作为汇流过程，按河道排涝计算比较合理。

这里就存在着用城市暴雨公式计算确定排涝模数是否合理的问题。泵站装机流量的大小，不仅直接影响到工程的投资，也对工程运行带来影响。本轮规划采用城市暴雨公式计算确定排涝模数为3.7～5.0m^3/（s·km^2）。在实际运行时出现了“一开机就要停机或只能部分开机”的现象，即泵站开机后，由于河道断面过水能力限制，站前水位急速下降甚至断流。这说明泵站装机与河道断面不适应，排涝模数偏大可能是主要原因，当然也有排涝流量分布问题，即集中设站还是分散设站问题，但由于苏州城区的河道断面过流能力都比较小，这可能不是主要原因。

2014年在修订《室外排水设计规范》（GB 50014—2006）时，规范明确当设计雨型采用当地水利部门推荐的设计降雨雨型时，应摒弃超过24h的长历时降雨，而对城市河道排涝来说，24h降雨并不算历时很长，恰恰可以利用管网汇流和河道调蓄的作用。

3. 对总体格局的影响

小包围具有实施容易、建成即见效的优点，但对城市的总体格局产生了长远的影响。前节已提到，从1986年批复的1985—2000年版城市总体规划到2000年批复的1996—2010年版城市总体规划，时间跨度达25年，虽然小包围数量从16个减为12个；略有变动，但防洪小包围的基本格局没变。即使在2016年批复的2011—2020年版城市总体规划已明确城市防洪采用大包围格局，但小包围仍在运行之中，小包围建成后的基本格局一直没变。在经济社会发展的初级阶段，小包围的建设无可非议，但从长远来说，特别是对苏州这样特色的城市来说还是存在着一定的弊端。

从城市的综合品质来说，其不利影响主要体现在苏州是一个著名的江南水乡城市，纵横交织的水网是其特有的风貌，也是发展城市水上旅游的重要途径，而众多的闸站阻断了河网的畅通，阻碍了水体的流动，致使原来流速很小的河道处于滞流状态，甚至是一潭死水，不仅影响河道水质，也影响了城市风貌。形成这种局面主要是由于对小包围易建易见效的片面认识，在单一的防洪问题得到解决之后，由于经济利益的驱动，在旧城改造和地块开发时，为节省投资，不再重视城市的综合治理和系统治理，城市的竖向标高控制没有得到严格的执行，地面标高没有达到规划确定的相应高程，原有的低洼地地面没有得到有效抬高，加上市政道路维修时路面不断抬升，又形成新的低洼地。为解决汛期老百姓的内涝受淹问题，不得已再建局部小包围，小包围中套着更小包围，水系越建越乱，无奈之中造成了对“小桥流水”特色的损害。据统计，在2005年前后，城区范围内的水闸、泵站建设处于高峰时期，数量达到150座。此后，虽有所控制，但到2019年年底还有124座。可见，规划格局一旦形成，要想重新改变困难有多大，历时要多久。于是，防洪和水环境形成了这样的模式：为了防洪排涝—建设闸站—导致水体滞流—开泵换水—效果不佳—又建闸站人为控导。暂且不论换水效果如何，运行费用却是逐年增高，每年仅这项支出已达数千万元。

防汛安全固然是第一重要的，但毕竟其时间较短。对苏州来说，不管是游客还是当地居民，日常更多时间看到的是河道水环境，希望能够看到古城“小桥流水”“前街后河”的自然景色。小包围格局一旦形成，即使泵站昼夜不停地运行，在划定的较小范围内使河道形成一定的流速，是不是人们需要感受的“小桥流水”的幽雅宁静意境，将在第7章中继续讨论。

第2章　调整防洪格局

1992年，改革的春风吹遍了中国大地。苏州也迎来了新的发展机遇，在古城东侧规划建设中新合作苏州工业园区，古城西侧规划建设苏州国家级高新技术产业开发区。2001年，原吴县市撤市设区并入苏州市区，城南成立了吴中区，城北成立了相城区。城市面积扩大了很多，按照2000年国务院批复的《苏州市城市总体规划（1996—2010年）》，城市规划区范围达到2014.7km^2，城市空间布局也从“东园西区、古城居中”的一体两翼格局，迅速向“六区组团”方向发展。基于这一情况的变化，为与城市总体规划相适应，随即展开了城市防洪规划的修编工作。

2.1　规划背景

2.1.1　城市空间布局

《国务院关于苏州市城市总体规划的批复》（国函〔2000〕3号）文件中指出：

第三条：同意《总体规划》确定的2014.7平方公里的城市规划区范围。在城市规划区内，实行城乡统一规划管理。要保持“分散组团式”的布局，在保护古城的前提下，综合协调古城、苏州新区、工业园区、浒关新区、原吴县市区以及周边城镇的功能，切实保护好组团间的绿化隔离地带。严格限制城市跨越北部交通走廊发展。要控制古城人口容量，保持路河平行的双棋盘格局。

第六条：加强基础设施的规划建设。重视城市道路交通设施的建设，抓紧古城环路建设，优先发展城市公共交通，形成多种交通方式有机结合的综合交通体系。控制好公路及铁路设施的建设用地。提高京杭大运河作为国家水运主通道的建设标准，并保证其他航道的畅通。加强城市防灾系统建设，逐步建立以防洪排涝、抗震为主的综合防灾体系。

第七条：做好历史文化名城保护工作。要正确处理好历史文化名城保护与城市现代化的关系，继续贯彻全面保护古城风貌的原则。要保护好苏州市的各级文物保护单位及周围环境，同时保护好平江、拙政园、怡园、山塘等四处历史文化保护区及古城的传统格局和风貌。在14.2平方公里的古城内，要严格控制旅游环路宽度、建筑高度、建筑体量和建筑风格，保持苏州的历史文化特色。

第八条：注意保护和改善生态环境。要综合治理污染源，控制和减少大气、噪声及固体物的污染。苏州地处江南水网地区，要十分重视水环境的治理与保护，特别要保护好太湖、阳澄湖的水质。加强城市园林绿地系统、风景名胜区及生态绿地的建设和保护，充分发挥城市古典园林及自然山水的特色，形成苏州特有的绿化格局。

国务院的批复意见是做好其他各项专业规划的根本依据。城市空间格局的变化、综合防灾体系的建立、历史文化名城的保护、水环境的治理、生态环境的改善都是与城市防洪规划密切相关的要求。当时“六区组团”（城市中心区、苏州工业园区、苏州高新区、吴中区、相城区和浒关区）防洪排涝工程体系各自为政，相互之间没有统筹协调，边界地区甚至还会相互冲突。具体情况如下：

（1）城区。自1983年冬启动建设小包围工程体系以来，对小包围的保护范围逐步进行修订调整，1991年洪涝灾害后，根据防洪排涝调整规划，加大了城市防洪基础设施建设的力度，使城市抗御洪涝灾害的能力有了明显提高。1999年洪水后，又对防洪排涝规划进行了调整，规划的城区辖区面积为46.85km^2，规划防洪标准为200年一遇，设计防洪水位为4.8m，并结合城市规划建设，拆除了一批位于低洼地区的建筑，基本完成了开放性河道两侧低洼地的综合改造。城市中心区防洪排涝体系的具体布局是：将城区划分为古城、山塘、河东新区、胥江盘溪、城南、城东、城北共7个防洪排涝片，分片建设堤防、控制建筑物和排涝泵站。各片内共有防洪闸29座，泵站50座，排涝流量为126m^3/s，并建有若干个雨水提升泵站。但仍然存在不少问题，需要继续完善提高。

（2）苏州工业园区。1997年已完成了全区的防洪规划，防洪设计标准为100年一遇，设计防洪水位为4.52m。工程措施为：在充分利用湖泊、河道调蓄能力的基础上，根据区域地形、水系特点和“路河平行双棋盘”要求，以娄江和斜塘河为主要泄洪通道，整治内部排涝河道，抬高区域地面高程，满足防洪除涝要求。已基本完成金鸡湖以西的一期基础设施开发建设项目，达到了规划的防御100年一遇洪水要求，二期建设即将开始。机场路以南属斜塘镇民营开发区，除局部地面填高外，多为农田，尚无规划，水系比较零乱，防洪排涝标准较低。

（3）高新区。该区地形西高东低，东西向排水河道有前桥港、马运河、枫津河、金山浜，南北向排水河道有金枫运河、南北中心河、大轮浜。1991年洪水后，沿京杭大运河基本形成了三个联圩，兴建了防洪闸17座，泵站10座，排涝流量为27m^3/s，并对圩内河道进行全面整治。区域东南胥江与京杭大运河交汇处，兴建了菖蒲浜、扬安浜两座泵站，形成联圩，排涝流量为2.0m^3/s，初步解决了该片低洼地的排涝问题。即将开发的马运河以北12km^{2}范围内，河道水系混乱，亟待按标准整治。防洪标准为100年一遇，设计防洪水位为4.72m。

（4）吴中区。该区北起涸长河，东至京杭大运河，西至石湖，南至越湖路、南大环路的建成区部分，总面积为18.59km^2，规划防洪标准100年一遇，设计防洪水位为4.62m。城南部分已建有防洪闸18座，泵站4座，设计流量为13m^3/s。但这些工程大部分按农村联圩标准设计，标准较低。西北角即临胥江处是低洼地，1999年洪水后，已新建防洪闸2座，泵站7座，排涝流量为8.0m^3/s，形成了茭白荡圩、蒋墩圩2个联圩。

（5）相城区。相城区位于城市北部，元和塘将其分成东西两片，区域内有十多个联圩，均建于20世纪70年代，主要用于解决农田灌溉排涝问题。标准、功能都不适应城市发展需要。

（6）浒关区。浒关区位于城市西北角，以京杭大运河为界分成东西两片。沿京杭大运河两侧，地势低洼，高程在2.8～3.2m，西部及北部地势较高。浒关镇区坐落于京杭大运河两侧，地势低洼，防汛设施不完善，历年洪涝灾害严重。

从规划角度看，存在的主要问题是：缺乏统一的防洪排涝总体规划，不能满足城市发展的需要；受行政区划的影响，防洪工程标准不一，防洪能力参差不齐，防洪战线长，洪涝不分，防汛调度困难；城市防洪排涝标准偏低，排涝动力明显不足；挤占河道水面现象严重，水质污染，防洪工程不能兼顾水环境改善需要。

2.1.2 水情雨情变化

苏州市地处太湖之滨，水网稠密，地势低洼，历史上洪涝灾害频繁。1931年、1954年、1962年、1957年、1991年、1999年是太湖地区降雨量、成灾程度都有名的典型历史特征年，通过分析，有以下特点：

1931年，全流域仅有30站左右的实测雨量站资料，水文资料比较缺乏，且在流域上分布很不均匀，加之雨洪量级与其他大水年份相比并不突出，选其作为典型年不合适。

1954年，虽然全流域发生了大水，但是苏州市90天降雨量重现期只有11年，短历时暴雨重现期仅为2～3年，作为设计暴雨的典型标准偏小。

1962年，属于台风暴雨型洪水，虽然雨强大，但由于总量有限，加之雨前水位往往较低，其灾情的形成多是因为圩内抢排不及时造成的，并不是河湖水位太高的原因。

1957年，与1991年暴雨的时空分布有相似之处，暴雨中心都位于上游湖西区，苏州市降雨相对较小，对苏州防洪来说也不是最不利的情况。

1991年，流域降雨分为3个阶段：第一阶段为5月18日至6月19日，断断续续降雨398.4mm；第二阶段为6月30日至7月14日，降雨280.5mm；第三阶段为7月31日至8月7日，降雨126.1mm。总体来说，全流域30～60天雨量较大。其中30天和60天雨量为系列最大，重现期在30～36年。另外暴雨中心在湖西区和武澄锡虞区，两区域各种历时的降雨总量或雨量重现期显著高于其他分区。对苏州市而言，30天降雨重现期为19年，其他时段的降雨重现期在10年左右或10年以下。

1999年，梅雨，流域主雨期发生在6月7日至7月1日，其中又以6月23—30日降雨最为集中，是造成太湖最高水位的直接因素。7～90天内各统计时段的降雨量均超过历史实测值，但以7天和30天雨量超历史尤为明显，其中30天雨量被认为是造成太湖最高水位的主雨量。太湖流域遭受了严重的洪涝灾害，暴雨中心位于流域中下游区域，全流域、太湖湖区、杭嘉湖区、阳澄淀泖区和浦东浦西区30天暴雨重现期分别为238年、300年、240年、105年、285年，太湖最高水位达5.08m，苏州觅渡桥站和枫桥站水位分别达到4.28m和4.50m。上游来水大，下游下泄困难。暴雨时程分配上最大1天、3天前均有较大降水过程，河网底水位较高，对苏州城市防洪较为不利。暴雨的时空分布基本上反映了流域暴雨的典型分布特征。

进入20世纪，对苏州造成严重影响且有详细资料记载的洪涝灾害有4次，分别是1954年梅雨、1962年台风暴雨、1991年梅雨和1999年梅雨。

特别是1999年梅雨，入梅较常年提前7天，出梅迟于常年14天，梅雨期长达43天，比常年多23天，发生了20世纪有记录以来太湖流域最大的一次洪水[6]。

通常认为，对太湖流域产生严重影响的是梅雨型洪水。梅雨型洪水有3种类型：1954年型——降雨历时长（90天）、总量大，但空间分布均匀，暴雨中心不明显；1991年型——60天降雨集中且雨强大，暴雨中心在上游，太湖水位高；1999年型——30天降雨集中且雨强大，暴雨中心在下游，太湖水位高。台风型暴雨影响范围相对较小，降雨历时短，但短历时暴雨强度最大，更容易造成局部地区内涝，这是编制城市防洪排涝规划时应该考虑的重要因素。

2.2 规划目标和原则

2.2.1 规划目标

通过工程措施和非工程措施的综合运用，达到与苏州城市发展相适应的防洪除涝标准，确保规划标准下城区的防洪除涝安全，遇超标准洪水有对策措施；防洪工程与城市水环境治理、城市景观建设相结合，改善城区生态环境和旅游环境，确保苏州城市人口、资源、环境的协调和经济社会的可持续发展。

2.2.2 规划原则

（1）贯彻“全面规划、统筹兼顾、标本兼治、综合治理”的原则，在服从流域防洪总体安排的前提下，以区域防洪工程为依托，按照城市总体规划的要求，处理好防洪除涝工程建设与历史文化名城保护、水环境保护、旅游资源保护的关系。

（2）坚持以人为本、人与自然和谐相处的原则。根据水域特点，合理布局，促进城市经济、社会、人口、资源协调可持续发展。

（3）充分利用和改造现有的工程设施，发挥现有防洪工程的作用，节约工程投资，并为进一步提高标准留有余地。

（4）坚持工程措施和非工程措施相结合的原则。充分发挥非工程措施在防洪、除涝和改善水环境中的作用。

2.3 规划范围

考虑到2001年年初，原吴县市撤市建区，并入苏州市区，成立了吴中区和相城区，苏州的城市范围发生了重大变化。而且，吴中区南侧已开发至南大环路，运河以南地区已布满了工矿企业和居民住宅，已初具规模，并将逐步延伸至规划的绕城高速公路；相城区的北面边界为蠡太公路（近北河泾）；苏州工业园区斜塘河以南规划为斜塘镇民营开发区，机场路两侧已初具城市形态。因此，综合城区发展状况、河道水系、市政设施现状等因素，确定规划范围为：西起南阳山、天平山、灵岩山、上方山山脚，东至青秋浦，北以朝阳河、北河泾为界，南至规划的绕城高速公路，总面积约400km^2。

根据受洪水威胁地区的洪水特征、地形条件，以及河流、堤防、道路或其他地物的分隔作用，可以分为几个部分单独进行防护时，应划分为独立的防洪保护区，各个防洪保护区的防洪标准应分别确定。具体划分为以下6个分区：

（1）城区：西、南面以京杭大运河为界，北以沪宁高速公路为界，东至苏嘉杭高速公路，面积为75.5km^2。

（2）苏州工业园区：西以苏嘉杭高速公路为界，北至娄江，东至青秋浦，南至吴淞江、斜港，面积为141.14km²。

（3）苏州高新区：西起天平山、灵岩山，北以大白荡为界，东以京杭大运河为界，南依胥江，面积为49.10km²。

（4）吴中区：西起上方山，北至胥江、京杭大运河一线，东以京杭大运河为界，南至太湖梢、规划的环城高速公路，面积为47.24km²。

（5）相城区：西起十字洋河，北至朝阳河、北河泾，东以阳澄西湖为界，南至沪宁高速公路，面积为57.28km²。

（6）浒关区：西起南阳山，东至沪宁铁路，北面以市界为界，南至大白荡，面积为32.65km²。

对于各区的具体规划方案，本书为了前后章节研究范围一致，仅对城区范围进行讨论。苏州工业园区、苏州高新区、吴中区、相城区、浒关区的方案不在这里赘述。

2.4　规划标准

根据《防洪标准》（GB 50201—94）、水利部办规计〔1998〕91号《关于〈苏州市城市总体规划〉和〈无锡市城市总体规划〉意见的函》，以及国务院批复的《太湖流域近期（2010年）防洪建设的若干意见》中提出“苏州、无锡、常州……按100年一遇洪水设防，其中苏州、无锡中心城区按200年一遇水位设防”的意见，确定苏州市总体防洪标准的重现期为100～200年，其中城市中心区为200年，苏州新区、工业园区、吴中区、相城区、浒关区均为100年。

河道排涝标准为20年一遇1日降雨1日排出。

室外排水根据《室外排水设计规范》（GBJ 14—87）（1997年版）规定，一般选用重现期1年，重要地区适当提高。

2.5　防洪暴雨设计

苏州属平原河网地区，由于平原河网地区的水文站无明确的控制范围，且淹涝水量、工况变化等因素的影响较大，在水文计算中无法采用直接法求得设计洪水过程。因此，规划采用了设计暴雨推求设计洪水。

同时，苏州城区的洪水位不仅受本地降雨的影响，还受到其他地区的降雨影响。在推算设计洪水位时必须考虑其他地区的降雨情况。

2.5.1　设计暴雨雨量

规划范围内有苏州站、枫桥站两个雨量站，苏州站（觅渡桥站）设于1900年，枫桥站设于1976年。鉴于枫桥站系列较短，苏州站相对于规划区域位置居中，选用苏州站1924—1999年降雨资料系列进行频率分析计算，作为苏州城区设计暴雨。

采用年最大值法统计出1天、3天、7天、15天、30天各时段最大雨量，作为频率分析计算的基础。

各时段暴雨频率分布曲线的适线过程通过计算机实现。经验频率计算采用期望值公式，线型采用 $P-\mathrm{III}$ 线型，通过目估适线调整确定。

其中1天的频率曲线 C_v 值为0.53，与《江苏省水文手册》（1976年）中刊布的《最大24小时雨量 C_v 值等值线》中苏州市 C_v 值0.52相近。3天的频率曲线中，1962年的3天最大实测雨量达438mm，明显高于系列中的其他值，应作特大值处理，对其重现期考证如下：

根据苏州站1924—1999年暴雨频率分析成果，1962年一天暴雨量238.1mm虽居系列首位，但并不十分突出，适线拟合情况亦较理想，其成果应有一定的精度，因而以此为基础来分析推估1962年最大3天暴雨量的重现期。

根据1976年《江苏省水文手册》中"由24小时设计暴雨推求各种历时暴雨的简算系数表"，各种历时暴雨的均值公式为

$$H_T=\alpha H_{24}$$

式中：H_{24} 为24小时的设计暴雨；H_T 为所求的设计暴雨均值；α 为简算系数。

其中1天的简算系数 α_1 为0.91，由 $P=0.20\%$ 的一天暴雨量（320.5mm）求得 $P=0.2\%$ 年最大24小时暴雨 H_{24} 的值为352.2mm，进而可推求出0.2%年最大3天暴雨量应为455.9mm，即1962年的3天暴雨438.1mm的重现期接近500年；另考虑在设计条件下的暴雨量关系与均值条件下有所不同，暴雨历时越长，C_v 将减少，因而苏州站1962年最大3天暴雨量438.1mm的重现期估算应在500年以上。苏州站暴雨频率分析成果见表2.1。

表2.1　苏州站暴雨频率分析成果

参　数	1日	3日	7日	15日	30日
E_x	87.1	120.8	153.5	203.7	290.9
C_v	0.53	0.52	0.51	0.46	0.39
C_s/C_v	3.5	3.5	3.5	3.5	3.5
P（100）	249.9	341.3	426.7	521.6	659.7
P（200）	280.4	382.3	477.1	578.2	721.9

2.5.2 暴雨地区组合

通常将太湖流域划分为湖西区、武澄锡虞区、阳澄淀泖区、湖区、杭嘉湖区、浙西区、浦东浦西区等7大水利分区（图2.1）。其中湖西区和武澄锡虞区合称为北部；阳澄淀泖区、湖区、浙西区、杭嘉湖区、浦东浦西合称为南部；南部和北部组成全流域。

图2.1　太湖流域水利分区图

太湖流域上游和下游的划分以太湖为控制，降雨径流大部分汇入太湖的区域为上游区域，其他区域为下游区域。上游区域包括浙西区、湖西区、湖区3个区，下

游包括武澄锡虞区、阳澄淀泖区、杭嘉湖区、浦东浦西区4个区。各分区面积中不包括滨江、沙洲、上塘自排区的面积。太湖流域各分区面积见表2.2。

根据太湖流域水利分区情况，结合山丘区产汇流及平原区河网水利计算的特点，进一步将太湖流域划分为36个降雨产汇流片，如图2.2所示。其中平原区16个片，湖西丘陵区10个片，浙西山区10个片，编号分别为1～16、45～54、55～64。

表2.2 太湖流域各分区面积表

分区名称	全流域	南部	北部	上游	下游	阳澄淀泖
面积/km²	35811.6	25042.91	10768.7	17019.39	19875.48	4314.1
分区名称	武澄锡虞	浙西	杭嘉湖	湖区	湖西	浦东浦西
面积/km²	3199.02	6051.27	7019.15	3192.0	7569.68	4466.39

对应图2.1和图2.2，1、2、45～54片组成湖西区，3、4片组成武澄锡虞区，5片和6片组成阳澄淀泖区，7片和14片组成湖区，8、9、10片组成杭嘉湖区，11、12、13片为浦东浦西区，15、16和55～64片为浙西区。1、2、3、4片和45～54片为北部，5～16片及55～64片为南部。

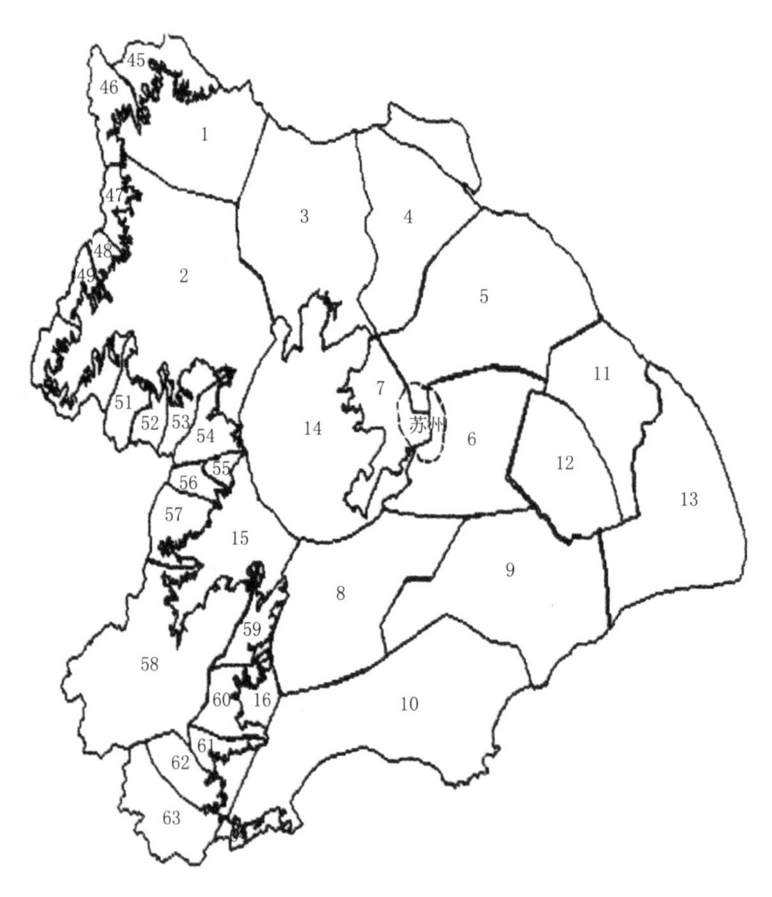

图2.2 太湖流域降雨产汇流分片示意图

（注：本图没有包含汇流不在太湖流域部分面积，与太湖流域全图稍有出入。）

苏州城区（编为第17片）由5、6、7片的部分区域组成，5片内包含苏州城区的面积为136.89km²，6片内包含苏州城区的面积为141.14km²，7片内包含的面积为121.96km²。

设计暴雨地区组成中考虑了流域、区域及苏州市城区间的组合。设计暴雨地区组成具体为：南部（浙西＋杭嘉湖＋太湖区＋阳澄淀泖区＋浦东浦西）与流域同频率（100年一遇或200年一遇），阳澄淀泖区与南部同频率，苏州市与阳澄淀泖区同频率，其他地区相应。100年一遇、200年一遇设计暴雨成果分别见表2.3和表2.4。

表2.3　100年一遇设计暴雨

区域	面积/km²	频率	1日	3日	7日	15日	30日
全流域	35811.6	*P*（100）	158.8	232.3	313.4	424.8	560.6
南部	25042.9	*P*（100）	182.8	253.5	330.2	431.2	564.5
北部	10768.7	相应	103.0	183.0	274.3	409.9	551.5
南部	25042.9	*P*（100）	182.8	253.5	330.2	431.2	564.5
阳澄淀泖	4314.1	*P*（100）	191.7	270.6	353.4	466.2	603.8
苏州	400.0	*P*（100）	249.9	341.3	426.7	521.6	659.7
其余地区一	20606.9	相应	180.5	249.4	324.7	423.3	555.7
阳澄淀泖	4314.1	*P*（100）	191.7	270.6	353.4	466.2	603.8
其余地区二	4036.1	相应	187.4	265.8	348.2	462.2	599.8

注　其余地区一、二表示不同的产流区。

表2.4　200年一遇设计暴雨

区域	面积/km²	频率	1日	3日	7日	15日	30日
全流域	35811.6	*P*（200）	177.6	256.7	344.1	463.1	605.9
南部	25042.9	*P*（200）	205.3	280.6	362.3	469.3	608.7
北部	10768.7	相应	113.3	201.1	301.8	448.7	599.2
南部	25042.9	*P*（200）	205.3	280.6	362.3	469.3	608.7
阳澄淀泖	4314.1	*P*（200）	214.2	300.1	390.5	513.3	657.0
苏州	400.0	*P*（200）	280.4	382.3	477.1	578.2	721.9
其余地区一	20606.9	相应	203.0	275.9	355.8	459.5	598.0
阳澄淀泖	4314.1	*P*（200）	214.2	300.1	390.5	513.3	657.0
其余地区二	4036.1	相应	209.5	294.3	384.4	508.7	652.4

注　其余地区一、二表示不同的产流区

其他地区的暴雨频率分析成果，直接采用由太湖流域管理局会同江苏、浙江和上海3省（直辖市）共同审查通过的《太湖流域防洪规划——设计暴雨及产流计算》（河海大学和太湖流域管理局，2000年12月）成果，见表2.5。

北部、南部其他地区、阳澄淀泖其他地区的相应设计暴雨按下列公式计算：

(1) $$雨量_{北部相应}=\frac{雨量_{全流域1\%}\times 面积_{全流域}-雨量_{南部1\%}\times 面积_{南部}}{面积_{北部}}$$

(2) $雨量_{南部,其他相应}=\dfrac{雨量_{南部1\%}\times面积_{南部}-雨量_{阳澄淀泖1\%}\times面积_{阳澄淀泖}-雨量_{苏州1\%}\times面积_{苏州(7)}}{面积_{南部-阳澄淀泖-苏州(7)}}$

(3) $雨量_{阳澄淀泖,其他相应}=\dfrac{雨量_{阳澄淀泖1\%}\times面积_{阳澄淀泖}-雨量_{苏州1\%}\times面积_{苏州(5)+(6)}}{面积_{阳澄淀泖-[苏州(5)+(6)]}}$

式中：$面积_{苏州(7)}$为苏州市在湖区（第7片）中的面积；$面积_{苏州(5)+(6)}$为苏州市在阳澄淀泖区（5、6片）中的面积之和。

表2.5　　太湖流域暴雨频率分析成果

区域	参数	1日	3日	7日	15日	30日	45日	60日	90日
流域	E_x	59.6	96.9	138.1	194.4	281.7	354.7	418.6	551.1
	C_v	0.47	0.41	0.38	0.37	0.32	0.30	0.29	0.26
	C_s/C_v	4.0	4.0	4.0	3.5	3.5	3.5	3.5	3.5
	P(50)	140	207.6	282.2	385.6	515.0	627.1	727.7	909.1
	P(100)	158.8	232.3	313.4	424.8	560.6	679.4	786.3	975.1
	P(300)	188.2	270.5	361.6	485.2	631.0	759.9	876.8	1076.7
上游区域	E_x	64.3	105.8	148.2	207.5	297.9	372.5	442.1	583.0
	C_v	0.44	0.38	0.36	0.34	0.32	0.31	0.29	0.26
	C_s/C_v	4.0	4.0	4.0	4.0	4.0	4.0	4.0	4.0
	P(50)	144.3	216.2	293.1	396.9	550.7	676.9	776.0	970.4
	P(100)	162.6	240.1	323.9	436.3	602.3	738.4	842.0	1044.5
	P(300)	191.0	227.0	371.3	497.2	682.0	833.3	943.9	1158.8
下游区域	E_x	61.2	94.8	135.3	188.4	271.5	341.8	402.9	526.2
	C_v	0.51	0.45	0.41	0.38	0.33	0.31	0.30	0.28
	C_s/C_v	4.0	4.0	4.0	4.0	3.5	3.5	3.5	3.0
	P(50)	152.4	216.0	289.9	385.0	504.6	614.5	712.3	889.6
	P(100)	174.5	244.0	324.4	427.6	550.7	667.4	771.7	955.1
	P(300)	209.0	287.5	377.7	493.3	621.7	748.8	863.2	1056.1
湖西	E_x	74.7	114.2	149.8	207.5	286.5	351.9	416.9	543.0
	C_v	0.44	0.40	0.40	0.39	0.36	0.34	0.32	0.30
	C_s/C_v	3.5	3.5	3.5	3.5	3.5	3.5	3.5	3.5
	P(50)	165.2	237.5	311.6	424.9	559.2	664.9	762.2	960.0
	P(100)	184.9	263.5	345.6	470.2	614.6	727.3	829.7	1040.0
	P(300)	215.3	303.5	398.1	540.1	700.1	823.6	933.9	1163.3
武澄锡虞	E_x	75.4	113.7	148.3	206.1	279.8	344.2	407.8	532.6
	C_v	0.46	0.43	0.43	0.39	0.36	0.34	0.32	0.30
	C_s/C_v	4.0	4.0	3.5	3.5	3.5	3.5	3.5	3.5
	P(50)	174.4	251.3	323.1	422.0	546.1	650.3	745.5	941.6
	P(100)	197.5	282.5	360.8	467.0	600.2	711.4	811.6	1020.1
	P(300)	233.3	330.9	419.0	536.5	683.7	805.6	913.5	1141.0

续表

区域	参数	1日	3日	7日	15日	30日	45日	60日	90日
阳澄淀泖	E_x	70.1	105.7	142.8	195.0	276.9	344.9	406.4	521.1
	C_v	0.50	0.46	0.44	0.42	0.38	0.35	0.33	0.31
	C_s/C_v	3.5	3.5	3.5	3.5	3.0	3.0	3.0	3.0
	P (50)	169.1	240.7	315.8	418.4	550.1	653.9	746.4	926.2
	P (100)	191.7	270.6	353.4	466.2	603.8	713.2	810.5	1001.0
	P (300)	226.8	316.8	411.5	539.9	686.7	804.6	909.3	1117.0
湖区	E_x	69.7	109.4	148.9	201.7	288.6	357.8	418.6	543.8
	C_v	0.51	0.45	0.42	0.40	0.36	0.34	0.32	0.30
	C_s/C_v	4.0	4.0	4.0	4.0	3.5	3.5	3.5	3.5
	P (50)	173.5	249.3	324.1	425.5	563.3	676.0	765.3	961.4
	P (100)	198.7	281.6	363.5	474.9	619.1	739.5	833.1	1041.5
	P (300)	238.0	331.7	424.4	551.2	705.2	837.4	937.7	1165.0
杭嘉湖	E_x	68.3	105.7	147.3	202.1	284.2	358.4	422.7	554.0
	C_v	0.55	0.48	0.42	0.37	0.33	0.30	0.29	0.27
	C_s/C_v	4.0	4.0	4.0	4.0	4.0	4.0	4.0	4.0
	P (50)	179.6	252.0	320.4	406.4	534.4	640.1	741.9	938.7
	P (100)	207.5	286.6	359.5	450.2	586.0	696.4	805.1	1013.2
	P (300)	251.3	340.4	419.9	517.7	665.6	783.3	902.4	1127.9
浙西	E_x	78.7	126.6	170.6	240.6	344.4	433.0	512.9	677.6
	C_v	0.49	0.41	0.39	0.36	0.32	0.30	0.29	0.26
	C_s/C_v	4.0	4.0	4.0	4.0	4.0	4.0	4.0	4.0
	P (50)	190.4	271.3	354.3	475.8	636.7	773.3	900.2	1127.9
	P (100)	217.0	303.5	394.4	525.8	696.4	841.4	976.9	1214.0
	P (300)	258.5	353.4	456.4	602.9	788.4	946.4	1095.0	1346.8
浦东浦西	E_x	73.6	105.5	144.8	196.7	275.7	343.3	400.5	516.0
	C_v	0.46	0.44	0.41	0.39	0.36	0.33	0.32	0.30
	C_s/C_v	3.5	3.5	3.5	3.5	3.0	3.0	3.0	3.0
	P (50)	167.6	233.3	305.9	402.8	531.0	630.5	723.7	902.1
	P (100)	188.4	261.1	340.1	445.7	580.4	684.7	784.1	973.0
	P (300)	220.6	304.0	392.8	512.0	656.5	768.1	877.2	1028.3
北部	E_x	72.5	112.4	146.9	204.8	281.6	347.2	411.8	538.6
	C_v	0.41	0.40	0.40	0.39	0.35	0.33	0.31	0.29
	C_s/C_v	3.5	3.5	3.5	3.5	3.5	3.5	3.5	3.5
	P (50)	153.2	233.8	305.6	419.3	540.8	645.3	740.4	936.3
	P (100)	170.3	259.3	338.9	464.1	593.0	704.2	804.1	1011.8
	P (300)	196.7	298.7	390.4	533.1	673.5	795.1	902.2	1128.1

续表

区域	参数	1日	3日	7日	15日	30日	45日	60日	90日
南部	E_x	63.7	100.7	143.1	201.0	289.1	363.8	427.8	563.6
	C_v	0.53	0.45	0.40	0.36	0.31	0.29	0.28	0.26
	C_s/C_v	3.5	3.5	3.5	3.5	3.5	3.5	3.5	3.5
	P (50)	160.3	226	297.6	392.3	519.8	632.4	730.9	929.7
	P (100)	182.8	253.5	330.2	431.2	564.5	683.4	787.9	997.2
	P (300)	217.9	296.0	380.3	491.1	633.4	762.0	875.7	1101.1

2.5.3 设计暴雨时程分配

在对设计暴雨进行时程分配之前，一般都应首先进行典型年选择。典型年选择应遵循的基本原则是：①历史上已经发生过的特大暴雨，雨量时空分布资料充分可靠；②水文气象条件比较接近设计情况；③暴雨类型和时空分布特征具有代表性；④对规划工程不利的雨型。

1999年暴雨太湖流域遭受了严重的洪涝灾害，暴雨中心位于流域中下游区域，太湖湖区、杭嘉湖区、阳澄淀泖区和浦东浦西区30天暴雨重现期分别为300年、240年、105年、285年一遇，太湖最高水位达5.08m，苏州站（觅渡桥站）和枫桥站水位分别达到4.28m和4.50m。上游来水大，下游下泄困难。暴雨时程分配上最大1天、3天前均有较大降水过程，河网底水位较高，对苏州城市防洪较为不利。暴雨的时空分布基本上反映了流域暴雨的典型分布特征，1999年30天暴雨量全流域重现期为238年，阳澄淀泖区的重现期为105年。鉴于1999年暴雨具有的典型性和代表性，资料也比较充分，此次设计暴雨典型年选用1999年。

按1999年实测降雨过程同频率控制缩放推求设计暴雨，统计时段以苏州发生的时间为准，苏州城区和阳澄淀泖区时段控制分下列四种情况：①1天、3天、7天同频率（简称1—3—7天同频率）；②3天、7天、15天同频率（简称3—7—15天同频率）；③3天、7天、30天同频率（简称3—7—30天同频率）；④1天、3天、7天、15天、30天同频率（简称多级同频率）。

其他地区均按最大控制时段进行控制缩放；最大控制时段以外的时段为实测降雨。

1—3—7天同频率控制缩放过程中，苏州市城区和阳澄淀泖区1日暴雨量的放大系数达2.13和1.78倍，1—3天放大1.38倍左右，3—7天缩小；南部地区相应缩小，北部地区相应放大，7天以后用实况。

3—7—15天同频率雨量过程中，3天以内苏州市城区和阳澄淀泖区的放大系数达1.86和1.62倍，1天的雨量虽然比1—3—7同频率中的1日小，但前一天的雨量却大，7—15天的放大系数达1.23和1.85倍，相应南部虽然缩小为0.90倍，而北部却放大至1.46倍，15天以后用实况。而实况30天最大雨量太湖、杭嘉湖、浙西频率均大大超过100年，有的接近200～300年，表明这两种过程最大30天实际上超过了100年一遇。

3—7—30天同频率过程中，苏州市城区和阳澄淀泖地区3天、7天的放大系数同3—7—15天中的前7天，但由于30天的控制，7—30天缩小为0.86和0.95倍，而流域内30天南部地区缩小为 0.8 倍，北部地区只放大至 1.08 倍。

多级同频率控制缩放过程中，各级同频率均按 100 年控制。

设计暴雨量的时程分配应符合大暴雨雨型特性的综合或典型雨型，采用不同历时设计暴雨同频率控制放大，但控制不宜过多，一般以 2～3 个为宜。多级同频率控制的时段太多，1—3—7 天和 3—7—15 天同频率均有超频率情况，另据有关分析研究表明，流域洪水的控制时段约为 30 天，区域洪水的控制时段约为 7 天，城市区域洪水控制时段约为 3 天。因此，按 2～3 个时段的同频率控制，规划采用 3—7—30 天同频率的设计降雨过程，见表 2.6 和表 2.7。

表 2.6　　3—7—30 天同频率控制缩放设计暴雨（100 年一遇）

区域	雨　量	1 日	3 日	7 日	15 日	30 日
苏州城区	设计频率雨量/mm	249.9	341.3	426.7	521.6	659.7
	1999 年实测雨量/mm	117.3	183.6	339.8	416.8	612.1
	放大系数 k	1.86		0.55	0.86	
	设计雨量/mm	218.2	341.3	426.7	493.4	659.7
阳澄淀泖其他区域	设计频率雨量/mm	191.7	270.6	353.4	466.2	603.8
	1999 年实测雨量/mm	107.9	165.8	332.6	394.9	595.9
	放大系数 k	1.62		0.50	0.95	
	设计雨量/mm	174.8	270.6	353.4	412.4	603.8
南部其他地区	设计频率雨量/mm	180.5	249.4	324.8	423.3	555.7
	1999 年实测雨量/mm	81.3	168.2	395.0	468.5	698.3
	放大系数 k	0.80				
	设计雨量/mm	65	134.6	316.0	374.8	555.7
北部相应	设计频率雨量/mm	103.0	183.0	274.3	409.9	551.5
	1999 年实测雨量/mm	36.8	77.3	237.6	281.4	508.9
	放大系数 k	1.08				
	设计雨量/mm	39.7	83.5	256.6	303.9	551.5

表 2.7　　3—7—30 天同频率控制缩放设计暴雨（200 年一遇）

区域	雨　量	1 日	3 日	7 日	15 日	30 日
苏州城区	设计频率雨量/mm	280.4	382.3	477.1	578.2	721.9
	1999 年实测雨量/mm	117.3	183.6	339.8	416.8	612.1
	放大系数 k	2.08		0.61	0.90	
	设计雨量/mm	244.0	382.3	477.1	546.3	721.9
阳澄淀泖其他区域	设计频率雨量/mm	214.2	300.1	390.5	513.3	657.0
	1999 年实测雨量/mm	107.9	165.8	332.6	394.9	595.9
	放大系数 k	1.80		0.55	1.03	
	设计雨量/mm	194.2	300.1	390.5	454.7	657.0

续表

区域	雨　量	1 日	3 日	7 日	15 日	30 日
南部其他地区	设计频率雨量/mm	203.0	275.9	355.8	459.5	598.0
	1999 年实测雨量/mm	81.3	168.2	395.0	468.5	698.3
	放大系数 k	0.86				
	设计雨量/mm	69.6	144.0	338.3	401.2	598.0
北部相应	设计频率雨量/mm	113.3	201.1	301.8	448.7	599.2
	1999 年实测雨量/mm	36.8	77.3	237.6	281.4	508.9
	放大系数 k	1.18				
	设计雨量/mm	43.4	91.2	280.3	332.0	600.5

1999 年实测降雨过程与 100 年一遇（3—7—30 天）同频率设计暴雨过程对比详见图2.3。

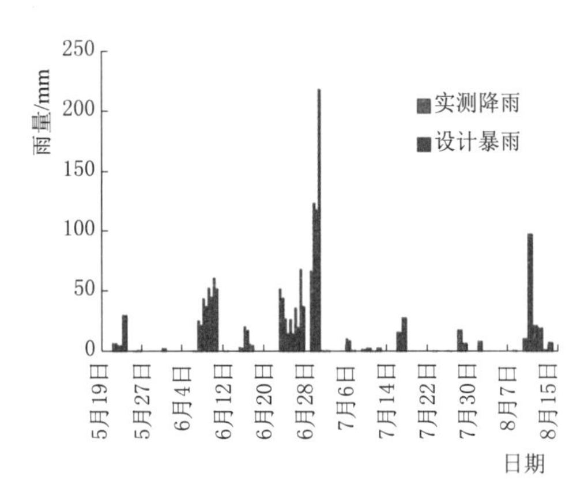

图 2.3　1999 年实测降雨过程与 100 年一遇（3—7—30 天）同频率设计暴雨过程对比图

2.6　排涝暴雨设计

2.6.1　管道排水

雨水管道的设计标准确定为 1 年一遇 1h 降雨。采用城市暴雨公式计算：

$$q = \frac{2887.45(1 + 0.794\lg P)}{(t + 18.8)^{0.81}}$$

式中：q 为降雨强度，L/（s·hm^2）；P 为重现期；t 为降雨历时，min，$t = t_1 + mt_2$，其中 t_1 为地面积水时间，t_2 为雨水在管道内的流行时间，m 为延缓系数。

根据公式计算，1 年一遇 60min 的降雨强度为 30.2mm。

2.6.2　降雨时程分配

对 1 日降雨过程按 1962 年 14 号台风雨型及 1999 年型 100 年一遇、200 年一遇 24 小时降雨过程为典型进行分配（表2.8、表2.9、图2.4、图2.5）。其中1962年型降雨最大1小时雨量为30.5mm，接近1年一遇降雨强度30.2mm；1999年型100年一遇最大1日降雨过程中最大1小时降雨为33.4mm，大于1年一遇，200年一遇最大1日降雨过程中最大1小时降雨为37.5mm，相当于2年一遇。

表2.8　1962年型各时段设计雨量分配表

时段/h	1	2	3	4	5	6	7	8
实测暴雨量/mm	3.7	5.9	13.2	17.4	13.3	13.3	14.6	18.3
20年一遇雨量/mm	1.8	2.8	6.3	8.3	6.3	6.3	6.9	8.7
时段/h	9	10	11	12	13	14	15	16
实测暴雨量/mm	20.9	26.8	28.1	4.3	4.1	7.7	10.4	13.6
20年一遇雨量/mm	9.9	12.7	13.4	2.0	2.0	3.7	4.9	6.5
时段/h	17	18	19	20	21	22	23	24
实测暴雨量/mm	8.3	13.6	11.4	28.2	31.4	1.7	1.7	64.1
20年一遇雨量/mm	3.9	6.5	5.4	13.4	14.9	0.8	0.8	30.5

表2.9　1999年型100年一遇、200年一遇各时段设计雨量分配表

时段/h	1	2	3	4	5	6	7	8
实测暴雨量/mm	8	12.3	19.5	5.9	7.9	3.8	1.6	4.9
100年一遇雨量/mm	13.6	21.0	33.3	10.1	13.5	6.5	2.7	8.4
200年一遇雨量/mm	15.3	23.5	37.3	11.3	15.1	7.3	3.1	9.4
时段/h	9	10	11	12	13	14	15	16
实测暴雨量/mm	6.6	5	9.3	19.6	8.4	3.1	1.3	3.6
100年一遇雨量/mm	11.2	8.5	15.9	33.4	14.3	5.3	2.2	6.1
200年一遇雨量/mm	12.6	9.5	17.8	37.5	16.0	5.9	2.5	6.9
时段/h	17	18	19	20	21	22	23	24
实测暴雨量/mm	10.8	3.3	2.9	0.8	5.3	0.89	0.88	0.88
100年一遇雨量/mm	18.4	5.6	4.9	1.4	9.0	1.5	1.5	1.5
200年一遇雨量/mm	20.6	6.3	5.5	1.5	10.1	1.7	1.7	1.7

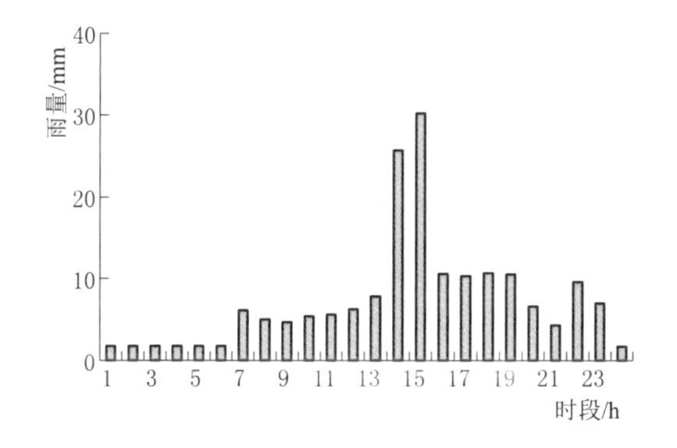

图2.4　1962年实况降雨时程分配图

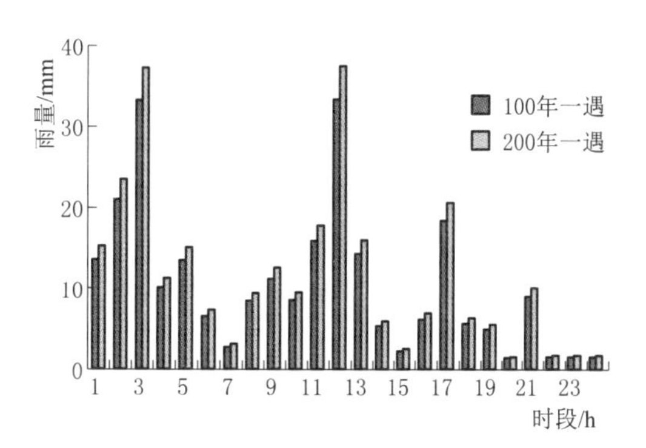

图2.5　1999年型设计暴雨时程分配图

2.7 水利计算

在太湖流域全流域水动力数学模型 HOHY23 中，计算范围除滨江、沙洲、上塘3个自排片外的整个太湖流域，平原区总面积约 $28582km^2$，山丘区总面积约 $7230km^2$。

经河网概化后，山丘区根据其水系不同分为20片，其中湖西山区概化为10片，浙西山区概化为10片，降雨产汇流后作为平原河网水利计算的集中入流边界；平原区共概化为1417条计算河道、4083个计算断面、1100个河道交叉节点，其中概化湖荡调蓄节点62个（包括太湖），控制建筑物205个。

2.7.1 计算方程

根据水流在明渠中运动的一维非恒定流 Saint-Venant 方程组，模拟水流运动，基本方程组为

连续方程：

$$\frac{\partial Q}{\partial x}+\frac{\partial(\alpha A)}{\partial t}=q$$

动力方程：

$$\frac{\partial Q}{\partial t}+\frac{\partial(Q^2/A)}{\partial x}+gA\frac{\partial Z}{\partial x}+\frac{gn^2|U|Q}{R^{4/3}}=0$$

式中：t、x 分别为时、空变量；Z、Q、U 分别为各断面的水位、流量和流速；A、B、R 分别为各断面的过水断面面积、水面宽和水力半径；α 为滩地系数；q 为单位河长的均匀旁侧入流（包括降雨产汇流）；n 为河道糙率系数；g 为重力加速度。采用四点隐式线性直接差分法离散求数值解。

2.7.2 产汇流

降雨产汇流计算不同区域采用不同的计算方法。平原区分为水面、水田、旱地和城镇（含其他不透水面积）四种情况分别进行计算，水面计算由降雨扣除蒸发即为产流；水田的计算考虑水稻不同生长期的蓄水系数、灌水深度、排灌方式及水田下渗，同时还考虑水田排灌的不均匀性；旱地计算采用一层蒸发一水源的蓄满产流模式；城镇及其他不透水面积的产流计算则以降雨扣除蒸发再乘以径流系数来处理。针对圩区和非圩区汇流方式不同，平原区汇流计算分圩区和非圩区两种情况分别模拟，其中圩区考虑排涝模数，非圩区采用平原汇流曲线。

湖西山丘区降雨产流计算方法与平原区基本相同。汇流计算采用瞬时单位线，同时考虑水库塘坝的调蓄作用，并对大中型水库进行调洪演算。

浙西山区因高程变化较大，降雨产汇流计算应用三水源、三层蒸发的新安江模型，并对大中型水库进行调洪演算。

2.7.3 计算条件

建筑物控制运行条件有：太浦闸、望虞河望亭立交、望虞河常熟枢纽、望虞河东岸控制线、阳澄淀泖区沿江口门等，均按各级防汛指挥部门批准的调度方案执行。

沿长江至杭州湾潮位边界采用典型年的实况潮位。具体计算时，依据镇江、江阴、浒

浦闸、杨林闸、吴淞、芦潮港、乍浦、澉浦、盐官等9个潮位站的实测高低潮位特征值，根据各站的单位潮位过程线推求相应的整点潮位过程，然后采用拉格朗日三点插值法内插确定无实测潮位口门的整点潮位边界。

湖西山丘区、浙西山区共20片经各自产汇流计算后形成出口断面流量过程，作为平原河网的集中入流流量边界。

初始水位采用计算典型年的分区实测水位，初始流量假定为零。计算中采用延长起始计算时段的方法来尽可能消除假定初始条件的影响。

2.8 工程方案

2.8.1 方案拟订

根据城区分为古城片、城北片、城东片、城南片、盘溪片、河东新区片、山塘片7片控制的现状防洪格局，先拟定3个方案进行比选。

(1) 方案一：大包围。北以沪宁高速公路为界，东以苏嘉杭高速公路为界，西、南沿京杭大运河左岸建设堤防及控制建筑物，形成一个大包围，面积为72.58km^2。新建上塘河枢纽、青龙桥枢纽、东风新枢纽、胥江枢纽、仙人大港枢纽、大龙港枢纽、澹台湖枢纽、娄江枢纽、外塘河枢纽、元和塘枢纽10个枢纽建筑物，以及11个外围控制水闸，沿京杭大运河、斜港等外河新建堤防护岸22.586km，增加泵站流量260m^3/s。

(2) 方案二：小包围。基本沿用现有7个防洪排涝控制片。存在主要问题是堤防高程不够、现有建筑物设计标准低，需要更新改造。具体如下：

1) 古城片：以环城河为界，面积14.2km^2，地势中间高、四周低，部分地面高程低于3.5m。片内已建泵闸20座，泵站流量33m^3/s，其中6台共14m^3/s，当外河水位超过4.2m时无法使用。

2) 城北片：东至苏嘉杭高速公路，向北延伸至沪宁高速公路，南以环城河为界，西至十字洋河，面积为11.41km^2。环城河现有驳岸，但高程不足，目前已建泵站流量3.6m^3/s。

3) 城东片：东至苏嘉杭高速公路，西临环城河、老运河，向南延伸至斜港，北至外塘河，总面积10.83km^2。现有排涝泵站流量13.8m^3/s，沿外河部分公路标高未达防洪标准。

4) 城南片：北至环城河，东至老运河，向南延伸至京杭大运河，西至大龙港，面积7.32km^2。现有排涝泵站流量13.5m^3/s，可利用流量7.5m^3/s。

5) 胥江盘溪片：北至胥江，东至大龙港，西、南至京杭大运河，面积10.88km^2。已建泵闸9座，泵站流量12.17m^3/s。

6) 河东新区片：东至环城河，北至上塘河，西至京杭大运河，南达胥江，面积10.6km^2。已建泵闸21座，泵站排涝流量24m^3/s，可利用泵站流量20m^3/s。

7) 山塘片：东至十字洋河及环城河，南至上塘河，西至京杭大运河，北至312国道，面积7.34km^2。已建排涝泵站流量26m^3/s，可利用泵站流量25m^3/s。

(3) 方案三：半包围。在小包围的基础上再加沿京杭运河口门的控制，即上塘河枢纽、青龙桥枢纽、东风新枢纽、胥江枢纽、仙人大港枢纽、大龙港枢纽、澹台湖枢纽7个

枢纽建筑物。

2.8.2　方案比选

1. 防洪

方案一沿京杭大运河左岸建控制建筑物，高水时关闸挡洪，不再进入城市中心区。在城市中心区建立一个大包围，城区内河水位较低，城内河道（如环城河、胥江、上塘河等）堤防已满足防洪要求；防洪措施主要对沿运河护岸按200年一遇水位（5.0～5.2m）加高加固，修建控制建筑物及泵站，外围堤防长20.6km。

方案二基本沿袭目前城市中心区分7片的防洪排涝格局，保留环城河、十字洋河、上塘河、胥江、西塘河、老运河、娄江、元和塘等主要排水河道为外河，目前这些外河的护岸高程基本上在5.0m左右，需按200年一遇水位（5.0～5.1m）对护岸及控制建筑物进行加高加固，同时加高加固沿运河的护岸，外围堤防长97.4km，防洪战线大大加长。

方案三沿京杭大运河建控制的同时，城市中心区还保留7片小包围。

经计算，100年一遇标准时方案一、方案二、方案三对应的觅渡桥水位为圩内设定水位3.80m、4.71m、4.73m，枫桥水位为4.99m、4.86m、4.96m；200年一遇标准时方案一、方案二、方案三对应的觅渡桥水位为圩内设定水位3.80m、4.89m、4.86m，枫桥水位为5.16m、5.02m、5.12m。

方案一对应的枫桥水位最高，主要是受排涝的壅高影响。

2. 排涝

设计排涝暴雨20年一遇1日雨量为178.7mm，时程分配以1962年为典型年。计算时考虑前期降雨影响，以及平原河网地区地下水埋深较浅、土壤含水量较大等因素，古城区径流系数采用0.85。河、湖调节水面率根据规划情况确定。

方案一城市中心区将环城河、十字洋河、上塘河、胥江、西塘河、老运河等河道作为内河，片内调蓄水面大、调蓄能力强，排涝模数较小，除利用西塘河引水工程的裴家圩枢纽泵站（40m^3/s）外，结合枢纽布置泵站如下：青龙桥河（20m^3/s）、东风泵站（20m^3/s）、胥江（20m^3/s）、仙人大港（20m^3/s）、大龙港（20m^3/s）、澹台湖（60m^3/s）、娄江（15m^3/s）、外塘河（15m^3/s）、元和塘（30m^3/s）。

方案二、方案三采用7个排涝片后，片内调蓄水面较小，排涝模数较大，对于利用现有的排涝设施，因原设计标准低，在200年一遇水位情况下难以使用，需拆除重建。共需排涝泵站流量346m^3/s，其中新建245m^3/s、利用101m^3/s。

再用防洪设计暴雨复核排涝计算。100年一遇1日暴雨量为249.9mm，200年一遇1日暴雨量为280.4mm。采用1999年实测最大1日降雨过程同比放大，100年一遇降雨过程最大1小时降雨量为33.42mm，大于1年一遇；200年一遇降雨过程中最大1小时降雨量为37.50mm，相当于2年一遇。

复核排涝计算成果表明，由于暴雨量已超过设计排涝标准，100年一遇设计暴雨情况下，有2～3个历时降雨量超过抽排能力，需要内河调蓄，但内河最高水位没有超过排涝设计水位3.80m；200年一遇设计暴雨情况下，有4～5个历时降雨量超过抽排能力，需要内河调蓄，内河最高水位略超内河排涝设计水位3.80m。

3. 改善水环境

由于京杭大运河的水质为劣Ⅴ类，近期水质难以改变，而京杭大运河又是城市中心区的主要来水水源，方案一可以挡污水于城市中心区之外，改善城区水环境。在西塘河引水入城时，方案一可利用控制工程灵活调度做到东排、南排，同时方案一提供了今后经外塘河引阳澄湖水入城的可能性。方案二、方案三基本维持现状，对改善水环境没有进一步提高的作用。

4. 城市景观

方案一建成大包围后，城区内河可控制水位，护岸（防汛墙）高程可基本与现状地面高程一致，通过护岸的亲水性设计，改善城市景观，更主要的是大包围建成后可逐步拆除部分内河水闸，恢复古城水网格局，为环城河、城内河道的水上旅游创造条件，这是恢复古城水乡特色的重要前提。同时，大型枢纽基本上都在城市外围，通过方案优化设计，不但不会影响城市景观，反而可以增加新的景点。方案二、方案三工程分散布置于城市中心区，环城河、上塘河、胥江、老运河上，护岸（防汛墙）较高，影响古城风貌，破坏城市景观。

5. 工程实施难度

方案一工程主要集中在城市中心区外围，施工影响较小。大型枢纽的布置和实施有一定难度，但技术可行。方案二需沿环城河、十字洋河、上塘河、胥江、西塘河、老运河等河道修建（或加高加固、改建）堤防护岸、支河水闸、排涝泵站等，工程分散，对城区施工影响面广、难度大，特别是古城区进一步提高堤防护岸十分困难。方案三综合了方案一和方案二的不利条件，难度更大。

6. 工程调度管理

方案一外河堤防护岸长 20.6km，泵站 20 多座，工程集中，防洪战线较短，工程管理相对方便。方案二、方案三外河堤防护岸长 97.4km，泵站多而分散，防洪战线长，难以进行全局性统一调度，运行管理难度大。

7. 工程投资

方案一、方案二、方案三的投资分别为 84128 万元、72924 万元、88756 万元，差别不是很大。

综合上述分析，大包围方案有利于防洪排涝，防汛压力相对较轻，工程投资相差不大，更主要的是有利于改善水环境，保护古城，符合苏州城市未来发展目标。因此，推荐大包围方案。

2.9 竖向高程控制

城市用地竖向规划是通过对一定规划用地范围内的用地控制高程进行统筹安排，综合协调用地平面布局与空间构图、用地与道路等各项工程建设、局部用地与整体环境之间的矛盾，使城市建设获得工程合理、造价经济、景观美好的集约效应。竖向规划控制不仅能够保证城市防洪安全目标的实现，更是保护苏州“小桥流水、枕河人家”古城风貌的重要措施。在编制完成《苏州市防洪排涝规划》的基础上，根据地面高程差别，又提出了城市用地竖向高程控制要求。这是恢复古城水网格局的又一重要措施。

根据地形高程分析，防洪大包围范围内地面高程低于 3.8m 的面积有 12.7km^2，占总面积的16.8%，其中古城片低于3.8m的面积有1.25km²（表2.10）。

表2.10　　大包围范围内地面高程分类统计表

地面高程/m	≤3.0	3.0～3.3	3.3～3.5	3.5～3.8	3.8～4.3	4.3～4.5	>4.5	小计
大包围总面积/km²	0.56	1.18	1.83	9.13	21.1	9.5	32.2	75.5
古城区面积/km²	0.01	0.09	0.19	0.96	2.72	1.56	8.67	14.2

竖向规划综合考虑后确定城区大包围内河控制最高水位3.8m。也就是说，当地面高程低于3.8m部分面积抬高后，小包围可以拆除，完全依靠大包围防洪。

2.9.1 小包围拆除方案

堤防高程及堤内最低控制标高的确定，除了综合考虑地形高程、防洪安全、周围道路、改造的难易程度、周边区域的开发情况、地块规划及利用等，还应与雨水排水、道路及景观竖向规划中提出的地面最低控制标高相协调，结合河道断面形式、堤防周边景观、环境，经多方案及多方面的综合平衡，确定最佳的堤防高程及堤内最低控制标高，体现人与自然的协调，沿河形成具有水乡特色的风景岸线，美化城市。

通过对中心城区最高控制水位的研究，城内小河控制最高水位3.80m。近期（2010年）需要保留部分小包围，如南园片、桃花坞片等，远期（2020年）城市中心区小包围均可拆除。具体方案如下：

（1）古城片局部低洼地经过改造后，拆除古城片包围。近期规划缩小桃花坞包围片，局部保留小包围，即保留平四闸、金平闸，沿中市河在学士河上新建1座水闸，保留尚义桥泵站、阊门泵站，同时拆除河沿闸、混堂弄闸、升平桥闸。实施后，将沿环城河、人民路、中市路形成一小包围片，片内控制水位3.10m。保留南园包围片，即保留二郎巷闸、南园泵站、苗家浜套闸、友谊闸、竹辉闸，片内控制水位2.90m。拆除北园小包围片，即拆除北园泵站、北园闸。远期规划拆除桃花坞及南园包围片。

（2）胥江盘溪片、城南片近期规划拆除解放桥、五十六间泵站、青阳河包围片，保留小桥浜排水片（即保留小桥浜泵站），片内控制水位2.90m。远期规划对低洼片进行整体填高处理，拆除片内包围。

（3）拆除河东新区包围片，片内小包围近期保留归泾桥泵站圩区，控制水位2.90m，拆除其余小包围。远期拆除归泾桥泵站圩区。

（4）山塘片近期维持现状，远期规划拆除片内包围。

（5）城北片元和塘以西排水片为平江新城规划用地范围，按照水系规划实施完成后，该片将形成以新莲河、塔影河、前塘河、西石曲浜、陆家庄河、平门塘为主的“三横三纵”骨干排涝河道，同时，沿元和塘新建幸福排涝站、石鱼桥泵站以保证区内排涝防汛的安全，沿西塘河新建仓河涵洞，以沟通水系。平江新城用地控制地面标高，以满足排涝需要，规划实施后，平江新城内雨水将通过管道收集后自流入片内河道，通过大包围工程抽排至外河。由于苏锦新村小区地面达不到规划要求的高程，无法满足大包围建好后的片内排水要求，无法完全按照平江新城规划实施，但该片区域有条件修建雨水强排系统，拆除南片联圩。

元和塘东排水单元内东环路以西范围面积约 2.4km²，该范围内低洼片处置应结合下一期平江新城规划进行，考虑整体填高地面，使得地面高程满足防洪排涝要求，满足设计最高水位 0.5m 以上。同时，考虑沟通挹绣河与梅莲河，打通挹绣河断头浜。待平江新城二期实施完成后可拆除南田村泵站、王家闸、杨家桥泵站、官渎套闸、挹绣泵站。该排水单元内东环路与外塘河间分布有零星低洼地，远期应整体改造，填高地面，近期对改造难度较大的区域，可以考虑修建雨水强排系统，通过管道抽排低洼片涝水进入河道，以保证排水安全。

(6) 城东片范围内，里河排水片远期应整体填高地面改造。近期可考虑修建雨水强排系统，统一收集雨水后由雨水管道泵提升至小区地块外部河道，以满足排水要求，同时，沿河不能满足地面标高的低洼地应加高加固挡墙。考虑到蒋家浜沿岸修建挡墙涉及大量房屋拆迁改造，因此，在蒋家浜上靠近葑门塘一侧新建闸门，控制蒋家浜水位。拆除徐家浜泵站、里河泵站、徐公桥闸，留出杨支塘河、徐家浜、葑门塘作为外河。实施后，将以相门塘、东环路、葑门塘、环城河东岸构成一小排水片，其他区域全部敞开，直接处于外围防洪工程控制保护中。

对于城东片内其他局部分布的低洼片规划远期整体填高地面进行改造，近期有条件的低洼片先行改造，拆迁改建有困难的地区，暂时修建雨水强排系统，统一收集雨水后由雨水管道泵提升至小区地块外部河道，以满足排水要求，同时，沿河不能满足地面标高的低洼地应加高加固挡墙。

2.9.2 桥梁梁底高程

桥梁梁底高程涉及水上旅游、河道保洁、河道清淤船只的通行及居民出行，小包围拆除后河道控制水位有所抬高，这些因素也是拆除小包围需要考虑的问题。对于桥梁梁底高程不满足要求的应考虑改造。

2005 年曾对城区 87 条河 433 座桥梁的梁底标高进行了调查。调查结果是：有 60 座桥梁底标高在 3.32m（黄海高程，下同）以上，这些桥梁大多位于河面较宽的主干道以及城外的河道上；3.00～3.32m 的有 94 座；2.50～3.00m 的有 166 座；还有 113 座的梁底标高低于 2.50m。

古城区 189 座桥梁中有 22 座梁底标高在 3.32m 以上；3.00～3.32m 的有 30 座；2.50～3.00m 的有 86 座；其余的梁底标高均低于 2.50m，其中有 14 座梁底标高低于 2.00m，梁底标高最低的桥梁为位于北园河的北园桥，梁底标高只有 0.90m。

通过对 4 家水上旅游公司、50 余艘旅游船的调查，平江历史街区河道的船只通航高度在水上 1.8m，山塘河的旅游船通航高度最大在水上 2.55m。通过调查 0.3m³、0.4m³、小浮吊、大浮吊、扒杆挖泥船和 12t、18t、30t 运泥船等 8 类河道疏浚船的通航高度，所需最小通航高度为水上 1.8m。河道保洁船目前基本为手摇船，考虑以身高 1.7m 的保洁员站在船上的高度为参考高度，加上水面到船面的高度，其通航高度也不宜低于水上 1.8m。桥梁净空不满足要求的，今后应考虑改建。桥梁梁底高程情况汇总见表 2.11 和表 2.12。从表中可以分析得出结论，因桥梁梁底高程不够需要改造的桥梁数量并不多，具体参见书后附录。

表 2.11　　古城区桥梁梁底高程调查情况汇总表

桥梁梁底高程（黄海高程）/m	数量/座	百分比/%	备注
≥3.32	22	12.02	
3.20～3.32	8	4.37	
3.10～3.20	12	6.56	
3.00～3.10	12	6.56	
2.90～3.00	26	14.2	
2.80～2.90	18	9.84	
2.70～2.80	12	6.56	
2.60～2.70	12	6.56	
2.50～2.60	5	2.73	
2.40～2.50	7	3.83	
2.30～2.40	7	3.83	
2.20～2.30	4	2.19	
2.10～2.20	8	4.37	
2.00～2.10	4	2.19	
1.90～2.00	2	1.09	
1.80～1.90	1	0.55	
1.70～1.80	2	1.09	
1.60～1.70	3	1.64	
1.50～1.60	2	1.09	
1.40～1.50	1	0.55	
1.30～1.40			
1.20～1.30			
1.10～1.20			
1.00～1.10			
0.90～1.00	1	0.55	

表 2.12　　古城外桥梁梁底高程调查情况汇总表

桥梁梁底高程（黄海高程）/m	数量/座	百分比/%	备注
≥3.32	38	15.20	
3.20～3.32	25	10.0	
3.10～3.20	18	7.20	
3.00～3.10	19	7.60	
2.90～3.00	19	7.60	
2.80～2.90	15	6.0	
2.70～2.80	18	7.20	
2.60～2.70	19	7.60	
2.50～2.60	8	3.20	

续表

桥梁梁底高程（黄海高程）/m	数量/座	百分比/%	备注
2.40～2.50	14	5.60	
2.30～2.40	8	3.20	
2.20～2.30	14	5.60	
2.10～2.20	10	4.00	
2.00～2.10	4	1.60	
1.90～2.00	7	2.80	
1.80～1.90	2	0.80	
1.70～1.80	5	2.0	
1.60～1.70	2	0.80	
1.50～1.60	1	0.40	
1.40～1.50	2	0.80	
1.30～1.40			
1.20～1.30	1	0.40	
1.10～1.20			
1.00～1.10			
0.90～1.00			

2.10 不应忽视的问题

国务院在1986年批复苏州市第一个城市总体规划时，明确指出苏州“要全面保护古城风貌”。苏州成为在中国一百多个历史文化名城中，唯一“全面保护古城风貌”的古城，其古城风貌主要反映在6个方面，虽各有鲜明的特点，但它们是相互融合、汇集成一个整体性的、综合性的古城风貌[7]。这6个方面主要反映在：

(1) 从春秋时期建城开始，就按规划逐步形成的“水陆相邻、河街平行”和“前街后河”的双棋盘式城市格局。

(2) 城河围绕城墙，城市河道纵横，桥梁众多，街道依河而建，民居临水而造，构成“小桥、流水、人家”的水乡城市特色。

(3) 城内东、北、西南三方面，有高耸挺拔的古塔，加上市中心玄妙观古建筑群，以及城门、城楼、城墙、寺庙、署馆、楼阁和成群、成片的老民居等，有机地构成古老而美丽的城市总体空间构图。

(4) 巧夺天工、艺术精湛、秀丽典雅、各具特色的古典园林。

(5) 淡雅朴素、粉墙黛瓦苏州风格的民居建筑群，以及幽深、洁净的小街和水巷，点缀着庭园绿地、老树古井，构成古朴、洁净、安宁的居住环境。

(6) 星罗棋布的文物古建筑和名胜古迹。

这6个方面古城风貌的概括，全面反映了苏州历史文化名城独具的特色和历史文化遗存表现出的形象环境和风貌，综合体现了古城历史文化的内涵和气质，并提升到理论高度，从形象风貌上予以概括反映出来。它们浑然一体，又各具鲜明个性，共同构成了一个整体的古城风貌。

伍子胥将楚国治水理水的经验，运用于吴国新建的都城并有所创新。在周王朝经纬涂制方格网道路基础上，结合苏州的实际，充分利用自然环境之优势，扬水之长，因水制宜，创造性地规划，以水系为脉络、河道为骨架、道路相依附，构成“水陆相邻、河街平行”“前街后河”的双棋盘式城市格局，河道与街巷纵横交织，水路陆路互相依靠。在此后的历次战乱中，城市建筑不断被毁，但城市的河道水系却保存了下来，正是这个以水为骨架的城市基础，给人们留下了弥足珍贵的水陆双棋盘式城市格局。

水陆双棋盘城市格局是城市规划的总体，由此建设的五六十个“前街后河”的街坊，构成了苏州城独特的城市肌理。水作为自然元素引入城市，为城市创造了一个虚实共生、虚实相间、水陆共融的自然生态空间。再加上街道、广场、园林、绿地和庭院、天井等组成了一个十分可观的虚空间，使苏州城要比一般城市多出很多虚空间。这些疏密有致、布局均匀的虚实共生空间，是现代城市规划所追求的生态平衡先进理念的体现。

城区防洪大包围工程是在2004年1月1日开始建设的，工程布置示意图见图2.6。后

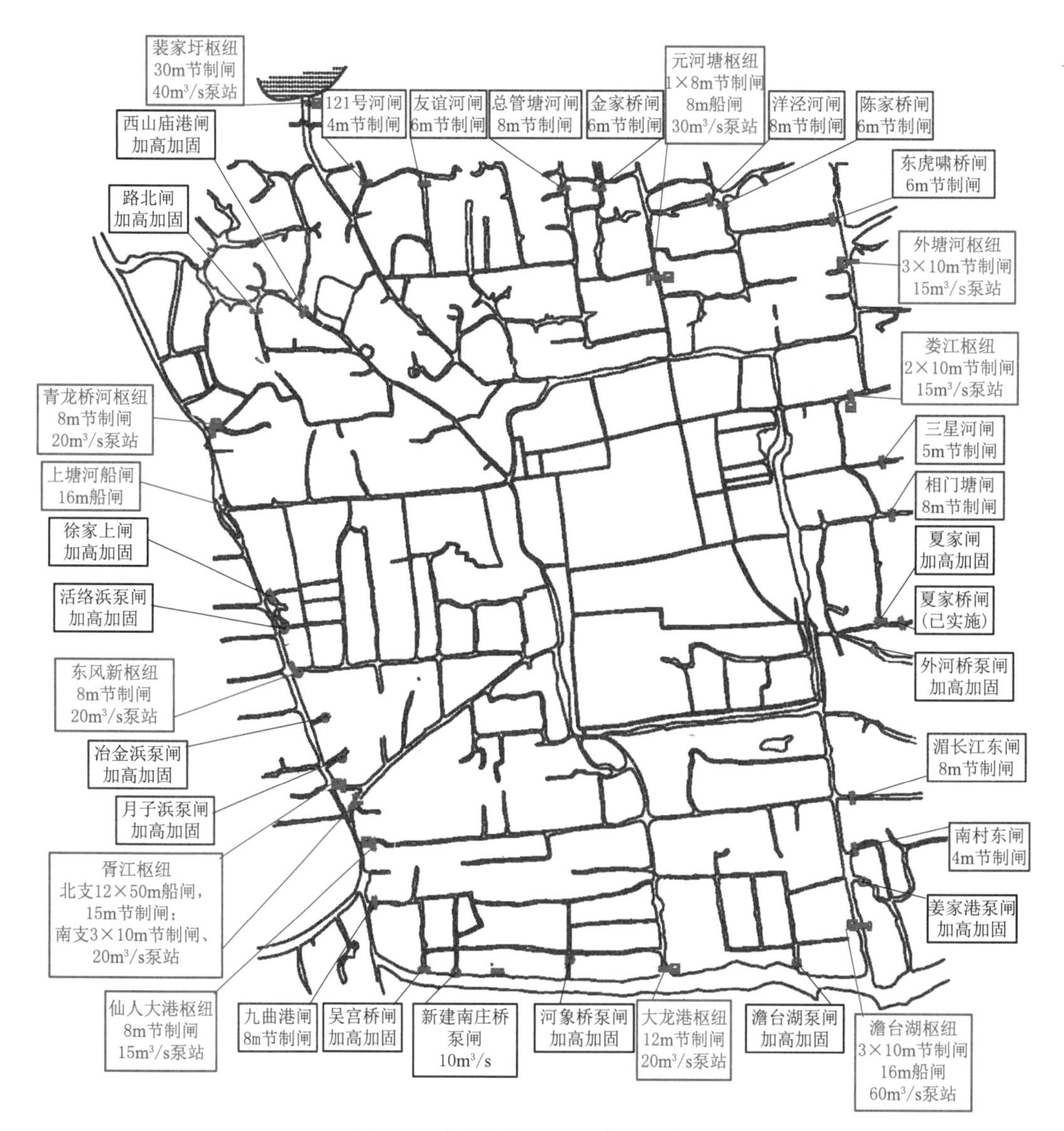

图2.6 防洪大包围工程布置示意图

经 6 年时间，至 2010 年年底，10 大水利枢纽、12 座外围控制闸，以及 14 座老闸改造工程全部完工。防洪大包围的建成，不仅意味着苏州城区的防洪进入 200 年一遇的时代，防洪安全进一步得到了保障，更重要的是城区零散的小包围具备了逐步取消的前提条件，为恢复城内小河之间、城内河道与环城河之间的自由流动，营造更好的“小桥流水”“前街后河”风貌创造了条件。这是当初采用防洪大包围方案的重要考虑因素，也是涉及城市格局和古城风貌保护的大事，遗憾的是在后续的建设中，由于种种原因，放松了竖向标高的控制，加上某些小包围“易建易成”“我建我管”的惯性思维影响，没有得到很好的贯彻落实。

如果在大包围建成之初，就着手考虑拆除小包围的阻水建筑物，保证城内、城外河道昼夜不停地水量交换，当外城河水质明显改善时，城内水质又将如何呢?

第3章 引水释污

在苏州城区防洪排涝问题不断凸显的同时，水环境污染问题也日趋严重。有关资料显示，苏州城区水环境问题其实从20世纪50年代开始就已出现了。随着工业发展，人口增长，排入河网的工业废水、生活垃圾、粪便污水逐渐增加，内城河、环城河、大运河（苏州段）以及市区民用水井开始受到污染。20世纪60年代，市区河道污染加重，水质急剧下降。1972年第一次进行水质调查，全市24个水质监测点，各类水质指标都很差，甚至还检出有毒有害物质。1973年、1974年的水质调查，污染情况更加加重。

1975年9月27日至10月10日，环城河全线出现黑臭，持续时间为14天，黑水向四周漫延，东至外跨塘，西至横塘、枫桥，北至陆墓，南至尹山、龙桥，东北至阳澄西湖。

1981年11月30日，《文汇报》刊登了题为“古老美丽的苏州园林名胜亟待抢救”的调研报告。文中写道：市内没有完整的排水系统，生活污水、工业污水直排于河，昔日的绿浪碧波已不复存在，环境污染严重，“天堂”遭受“祸害”。文章刊登后，中央和省、市领导先后作出重要批示。

1982年5—7月，环城河再次出现黑臭，持续时间长达53天，黑臭水域污染严重，失去了饮用、生活、水产养殖等功能。水污染还波及周边的郊区和原吴县。

针对水质日益恶化的状况，虽然从1976年开始已进行城内小河换水，但由于换水抽抽停停，且环城河水源水质较差，换水基本没有作用。同时，由于机械换水间隙式运行，内城河水体时停时流，经常发生滞流，有时反而诱发水体黑臭[8]。

鉴于河道水污染严重，迫切需要治理，恢复古城水乡风貌。苏州市人民政府于1990年3月委托有关单位开展苏州市水环境治理工程可行性研究工作，研究工作分古城区河道和环城河（亦称外城河）两部分进行，古城区部分简称“小引水”方案，环城河部分简称“大引水”方案。当时的要求是通过引水使苏州市水环境现状有所改善，同时加强污水处理和环境管理，搞活水流，消除黑臭，达到旅游景观要求。

3.1 大运河改道

京杭大运河（亦称江南运河）穿苏州古城而过，与苏州古城的水系形成了十分密切的关系。发达的漕运不仅繁荣了古代苏州的经济，形成了盘门、阊门等水陆城门的独特景观，也与城市的水环境密切有关。因此，在讲苏州古城水系之前，必须先讲京杭大运河与苏州古城水系的相互关系。

3.1.1 大运河苏州段河道变迁

周敬王六年（公元前514年），吴王阖闾命大夫伍子胥建城，伍子胥“相土尝水”，以城外自然的河流水系为依托，引太湖水进城，形成四通八达的水上交通体系。

周敬王十四年（公元前506年），吴王阖闾伐楚，命伍子胥开凿胥溪。现胥江，自胥门到胥口，通太湖的河道，系古胥溪起始段，成为运河的一部分。

周敬王二十五年（公元前495年），吴王夫差北上争霸，开河通运，自苏州经无锡至奔牛孟河入长江，计长170余里。苏州以北段运河开通。

周敬王二十六年（公元前494年），越王勾践伐吴，开百尺渎，沟通吴、越通道。

汉武帝年间（公元前140至公元前87年），沿太湖东缘开运河通闵越贡赋，首尾连绵百余里，接通了江南运河苏嘉段。

隋大业六年（610年），隋炀帝敕穿江南运河，自京口至余杭，八百余里，广十余丈，使可通龙舟，并置驿宫、草顿，欲东巡会稽。

宋、元、明、清时期，保持了隋唐大运河的形态。

1958年前，运河经铁铃关后，折东循上塘河流入阊门与城河汇合，再经胥门、盘门、南门出觅渡桥至宝带桥。1958年后，苏州市和原吴县实施彩云桥、枫桥航道急弯改善工程，运河过铁铃关后直线南下至横塘，再循胥江过泰让桥进入环城河。1980年后，运河在吴江平望镇南取道澜溪塘进入浙江乌镇市河，向南直趋杭州。

1985年，由于水上运输需要，经江苏省人民政府批准，由交通部、江苏省和苏州市共同投资7675万元，对苏州市区段航道进行改道整治。改道后的航道避开市区泰让桥、吴门桥、觅渡桥三处弯曲碍航段，开挖新航道。新航道自当时的郊区横塘镇大庆桥起，穿横塘市河后，折东经新郭镇北侧、经原吴县龙桥、五龙桥南侧直插澹台湖，至宝带桥北侧，与苏嘉运河段连接，全长9.3km，按Ⅳ级航道标准实施。1986年2月成立苏州大运河改道工程指挥部，同年3月4日正式动工，1992年7月15日通过竣工验收，正式通水通航。

3.1.2 航道改道后的影响

大运河苏州段航道在1985年改道前，从苏州、无锡交界的望亭进入苏州境内以后，一路向南，至苏州西北的白洋湾和枫桥两处分流，部分水量分别经山塘河和上塘河进入市区环城河。余下的大部水量仍向南流至横塘三角地带，和胥江的太湖来水汇合，经泰让桥进入市区环城河，再经盘门向东，最后在东南角觅渡桥处出市区折向南流去。胥江和环城河西线南段、南线是大运河的组成部分。

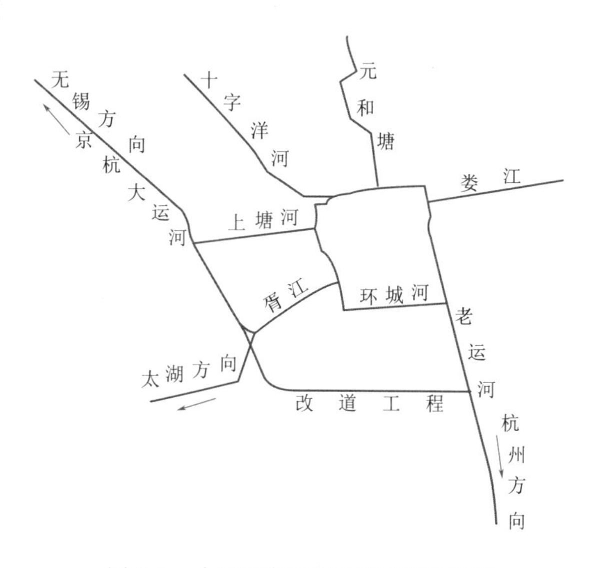

图3.1 大运河市区段改道工程示意图

改道后的大运河已绕开苏州古城，环城河已不再是大运河的组成部分，古城水系也发生了相应的变化。大运河市区段改道工程示意图见图3.1。

根据以往多年的实测资料分析，

大运河改道前进入环城河的水量比例如下：西线山塘河、上塘河、胥江泰让桥分别占比9%、9%、66%，北线十字洋河、元和塘分别占比10%、5%，其余小河占比1%。大运河入环城河水量占比达84%，尤其必须注意到的是在胥江泰让桥来水中有很大一部分是来自太湖的清水。

大运河改道后，由于胥江在大运河东、西两岸并不是正对的，且胥江河道断面远小于大运河断面，胥江来自太湖的清水已不再进城，直接南流。同时，由于新运河更加顺直通畅，经山塘河、上塘河、胥江的进城水量也大幅减少。模型计算表明，环城河各线流量损失不同，改道使南线流量损失最大，平水期损失率为47.4%，丰水期、枯水期损失率为44.3%、47.8%；北线损失相对小一些，平水期损失率为39.9%，丰水期、枯水期损失率为33.1%、40.4%。大运河改道使进入环城河的水量平均损失37%～47%。

环城河南线、东线的流速减小也非常明显。对环城河的水文情势产生了较大的影响，环城河进城水量的减小，使河网流动性更差，滞流概率大大增加，水质更恶化。大运河改道后的流量、流速变化详见表3.1和表3.2。

表3.1　　大运河改道前后入环城河流量表

实测时间	实测流量/（m^3/s）	计算流量/（m^3/s）		损失率/%
		改道前	改道后	
1983年2月	20.15	21.31	8.64	41
1983年4月	12.95	12.95	4.84	37
1984年1月	29.8	29.6	12.87	43
1984年5月	29.74	29.74	13.01	44
1984年8月	35.5	35.5	13.88	39
1984年9月	59.93	59.94	28.29	47

表3.2　　大运河改道前后流速变化表　　单位：m/s

计算期	河网平均		大运河		环城河西半区		环城河东半区	
	改道前	改道后	改道前	改道后	改道前	改道后	改道前	改道后
1984年3月	0.0242	0.0234	0.0264	0.0351	0.0200	0.0067	0.0243	0.0165
1984年5月	0.0531	0.0498	0.0594	0.0759	0.0468	0.0243	0.0467	0.0224

注　环城河西半区指环城河钱万里桥经吊桥至人民桥段；环城河东半区指相门至觅渡桥段。

3.1.3　大运河水质

20世纪80年代末期，在大运河苏州城区段工业污染大户林立，两岸污染非常严重。两岸COD_{Cr}排放量达80.8t/日，占城区总排放量的58%。

从表3.3表可以看出，大运河苏州段的水质非常差。化学耗氧量年均值均超过Ⅴ类水标准，枯水期DO仅为0～0.3mg/L。因此，以大运河为主要来水水源的环城河，其水质自然好不了。在大运河因改道而减少入城水量、水质又变得很差的情况下，要想改善城区的水环境状况，引水进城自然而然摆上了议事日程。

表 3.3 大运河枫桥段历年水质表

年份	DO/(mg/L)			COD_{Mn}/(mg/L)			BOD/(mg/L)			NH_3—N/(mg/L)		
	最大	最小	平均	最大	最小	平均	最大	最小	平均	最大	最小	平均
1986	10.4	0.1	3.7	29.1	3.4	11.6	45.0	1.6	9.3	6.1	0.5	1.9
1987	11.3	0.2	4.8	32.2	2.8	10.5	27.4	1.0	8.5	5.7	0.08	1.7
1988	9.1	0.0	3.3	77.2	4.3	15.4	62.0	1.6	9.4	8.7	0.06	2.1
1989	8.4	0.3	4.0	68.2	3.4	13.6	61.9	0.9	9.1	10.4	0.13	2.2
1990	9.6	0.0	4.3	46.9	4.2	10.7	51.3	2.0	7.1	4.5	0.01	1.5

3.2 河网水系

苏州古城的河道，从2500多年前伍子胥授命筑城开始就奠定了良好的基础。历经两汉及唐宋时期，在明代达到历史高峰，全城河道总长87～92km。清朝以后，河道不断被侵占填塞，填去河道50条（段），约27.44km；民国时期，河道淤塞情况继续恶化，填埋河道8条（段），长约6.67km；中华人民共和国成立后，因整治环境、填河建房、街巷道路用地等原因，再填埋河道23条（段），长约16.32km，直到1986年国务院批复苏州城市总体规划，河道水系作为古城风貌内容之一，才开始得到保护。

3.2.1 河网结构

京杭大运河改道以后，绕城而过，成为贯穿城市南北的水上交通大动脉。当时的建成区主要位于京杭大运河以东。城内水系可以分为三个层次。

1. 进出水河道

以古城的环城河为判别依据，进入环城河的为进水河道，流出环城河的为出水河道。

进水河道在古城的西北角，共有6条，分别是：元和塘（由齐门铁路桥进入）占5%；十字洋河（由钱万里桥进入）占10%；山塘河（由新民桥进入）占9%；上塘河（由广济桥进入）占8.8%；胥江（由泰让桥进入）占66%；盘门（由解放桥进入）占1.2%。其中元和塘有进有出。

出水河道在东南角，共有8条，分别是：糖坊湾河（由坝基桥流出）占7%；娄江（由永宁桥流出）占4%；相门塘（由后庄流出）占10%；葑门塘（由徐家桥流出）占5%；黄天荡（由小觅渡桥流出）占2%；大运河（由觅渡桥流出）占62%；南门（由朱公桥流出）占2%；南门大龙港（由裕塘桥流出）占8%。其中南门有进有出。

2. 环城河

环城河是联系沟通城内、城外河道的纽带，有着极其重要的作用，全长15.7km。依据流向可以大致划分为南线和北线两部分，南线从胥门经人民桥至觅渡桥，长约4.3km，平均水力坡降为0.912×10^{-5}；北线从胥门经平门、娄门、相门至觅渡桥，长约11.4km，平均水力坡降为4.48×10^{-5}。由于水力坡降小，流速缓慢，一般为0.1m/s。河道宽窄悬殊，最宽处近140m（相门桥附近），最窄处仅15m（阊门吊桥），水深2～3.5m。

3. 内城河

环城河将古城围成一个独立的区域。现存的宋《平江图》、明《苏州府城内水道图》、清《姑苏城图》、清《苏郡城三横四直图》、清《苏州巡警分区全图》、民国《原吴县城厢图》所展示的河道有所不同，其中宋《平江图》绘制于南宋绍定二年（1229年），是传世最早的一幅以水道、桥梁和坊市为主体的苏州古城地图。

宋《平江图》展示的城内主要河道有内城河和七直河、十四横河，大小河道78条；明《苏州府城内水道图》展示的主要河道与《平江图》一致，但其他零星小河减少了5处、增加了14处，净增长度约4100m；清代是填埋河道最多的时期，史料记载清代共填埋河道50条、27440m，基本上只剩下"三横四直"的骨干框架。此后，河道虽然也有填埋，但"三横四直"的基本格局一直维持着。这从另一个侧面也说明了"三横四直"河道是苏州古城满足排水和水上运输的最低要求，否则无法满足广大群众日常生产和生活的需要。

"三横四直"：第一横河自西内城河起，经板桥、桃花桥、临顿桥、拙政园桥等桥后，出娄门入环城河，即桃花坞河和东西北街河；第二横河自第一直河（内城河长船湾）起，经渡子桥、太平桥、乐桥、草桥、顾亭桥等桥后，由相门水关桥出环城河，即新开河和干将河；第三横河自第一直河起，经石岩桥、吉利桥、饮马桥、乌鹊桥、吴衙桥等桥后，由葑门出环城河，即道前河和十全河；第一直河北起第一横河，经皋桥、黄鹂坊桥、百花桥等桥后，至盘门水关，即学士河；第二直河自平门，经平四桥、吴场桥、单家桥等桥后，过第一横河至阊门下塘河，即平门小河；第三直河自齐门，经跨塘桥后与临顿河接通，入干将河，即齐门河、临顿河；第四直河由北园河、平江河、官太尉河组成，由葑门出环城河。城内河道宽窄悬殊，3～10m不等，常水位时水深1～2m，总蓄水量在30万m^3左右。古城"三横四直"示意图见图3.2。

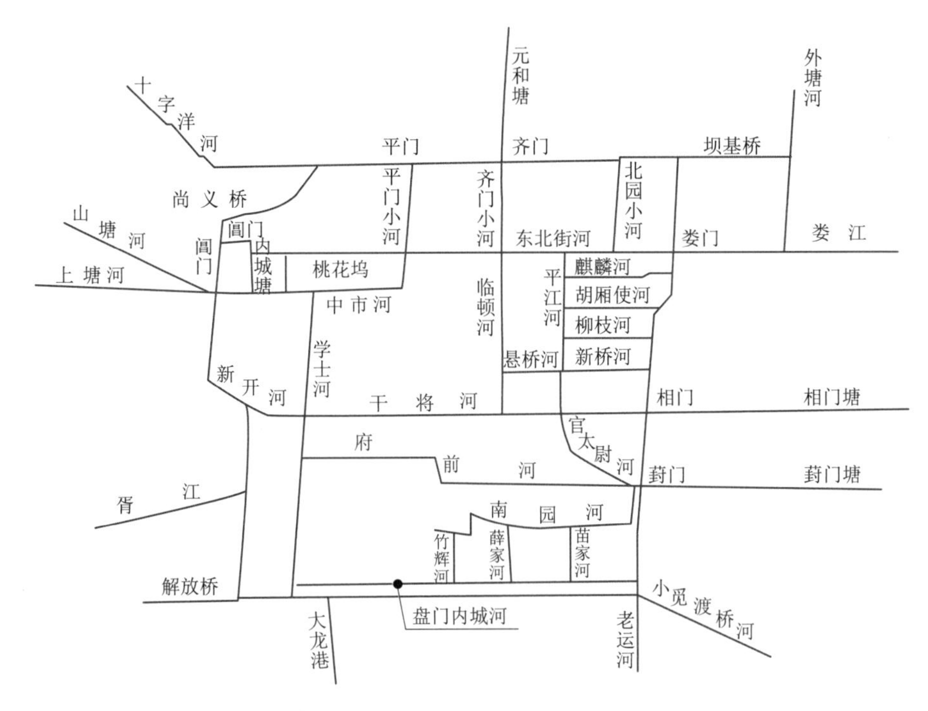

图3.2 古城"三横四直"示意图

3.2.2 水质与水量

至20世纪80年代末，苏州城区的污染已相当严重。有关统计资料表明，当时接纳的工业污水为38.5万t/d、生活污水为13.1万t/d。其中仅环城河接纳的工业污水就达4.8万t/d。作为城区主要来水水源的大运河，同样污染严重，从望亭至横塘段接纳工业污水12.7万t/d。1986年—1990年环城河5年平均水质指标：DO平均2.3mg/L，最低0；COD_{Mn}平均12.2mg/L，最大53.0mg/L；BOD_5平均8.7mg/L，最大48.9mg/L；NH_3—N平均2.1mg/L，最大10.2mg/L。远远超过Ⅴ类水标准，处于劣Ⅴ类状态。1986—1990年环城河及进水河道水质见表3.4。

表3.4　1986—1990年环城河及进水河道水质表　　单位：mg/L

河道（断面）	COD_{Mn}	BOD_5	DO	NH_3—N	备注
胥江（泰让桥）	13.4	9.2	3.3	1.35	进水河道
上塘河（广济桥）	13.1	9.1	1.9	2.18	进水河道
山塘河（新民桥）	12.0	8.6	1.0	4.4	进水河道
元和塘（洋泾桥）	11.1	11.5	2.5	1.64	进水河道
十字洋河（铁路桥）	6.4	4.3	0.9	1.67	进水河道
环城河（姑胥桥）	12.6	7.6	2.1	1.89	
环城河（平门桥）	10.4	7.4	1.6	2.86	
环城河五年平均	12.2	8.7	2.6	2.1	

同时，由于河道流速较小，更加恶化了水质。1992年汛期实测的环城河流量、流速表明流量、流速值均很小。环城河实测流量、流速见表3.5。

表3.5　环城河实测流量流速表

监测断面	1992年6月11—13日			1992年9月28—30日		
	流量/(m^3/s)	流速/(m/s)	流向	流量/(m^3/s)	流速/(m/s)	流向
环城河平门桥（北线）	6.5	0.03	E	16.2	0.07	E
环城河苏大桥（东线）	5.1	0.07	S	15.6	0.18	N
环城河人民桥（南线）	9.3	0.07	E	14.1	0.09	E
环城吊桥（西线）	1.1	0.04	S	7.9	0.23	N
胥江泰让桥	14.8	0.13	E	20.1	0.15	E
十字洋河新塘桥	1.9	0.12	S	3.5	0.16	S
坝基桥	−3.7	—	W	18.8	—	E
葑门塘徐公桥	2.5	0.18	E	4.1	0.19	E
觅渡桥	18.0	0.27	S	5.4	0.07	N

注　1. 实测时大运河改道工程已通水。
　　2. 流量向东、向南为正，反之为负。

环城河水质恶化的原因主要有三点：一是大运河市区段改道后来水量少，造成环城河流速缓慢，同时受沿江水闸特别是浏河水闸引排水影响，流向不定，局部河段经常会发生滞流现象，不利于水体水质稀释降解；二是来水水质差，环城河的大部分进水河道处于劣Ⅴ类水质状况，特别是主要来水水源的大运河水质已为劣Ⅴ类，原通过胥江进城的太湖清水已不再进入；三是污染负荷重，直接进入环城河的重点工业污染源有苏州味精厂、酿酒总厂、合成化工厂、第五制药厂、染织一厂、染织二厂等，工业污水总量达到4.8万t/d。

在这种情况下，城内小河的水质常年处于劣Ⅴ类状态。城内小河断面水质详见表3.6和表3.7。

表3.6　城内小河断面水质COD_{Mn}统计表　单位：mg/L

断面	采样水期	1986年	1987年	1988年	1989年
单家桥	丰水期	10.3	10.6	13.1	10.4
	平水期	11.4	8.7	19.4	9.1
	枯水期	13.3	17.2	14.2	22.4
	年平均	11.7	12.2	15.6	13.0
醋坊桥	丰水期	11.9	12.6	13.5	10.9
	平水期	23.8	9.3	20.7	11.8
	枯水期	29.3	29.8	16.8	24.2
	年平均	21.7	17.2	17.0	15.6
乌鹊桥	丰水期	11.7	7.3	12.8	7.8
	平水期	10.8	7.9	12.0	10.8
	枯水期	17.3	17.2	16.0	17.2
	年平均	13.3	10.8	13.6	11.9

表3.7　城内小河断面水质DO、BOD_5统计表　单位：mg/L

断面	兴隆桥	苑桥	顾家桥	善耕桥	潘家桥	望星桥	平均
BOD_5	19.66	21.65	16.10	11.01	11.74	17.59	19.29
DO	0.74	0.72	0.90	1.99	2.01	0.54	1.15

注　表中数值为1989年、1990年两年平均值。

3.3　引水方案

小引水与大引水方案是苏州城区水环境治理项目的两个子项目，小引水与大引水方案研究工作基本同步进行。鉴于古城内河道污染严重、迫切需要及早治理的原因，小引水方案的研究工作于1991年先行完成。小引水方案要解决的范围是城内小河，水质目标以地面水Ⅴ类为标准，达到一般景观用水要求。

大引水方案研究的启动时间是1992年。引水方案要解决的对象是环城河，目标是通过引水使环城河进水流量不低于大运河改道前的水平，对现状水环境有所改善，消除黑臭，达到旅游景观用水要求。其中，大运河改道需补偿的流量以往年实测流量为基准，即以 1984 年 5 月平水期为典型，入城总流量为 29.8m^3/s；以 1983 年 4 月为枯水期典型，入城总流量为 12.95m^3/s。

3.3.1 小引水

1. 引水水源

可供苏州作为引水水源选择的有长江、太湖、阳澄湖以及联结长江和太湖的望虞河 4 个水源。由于长江距离苏州较远，最近处也有 60km，而且在正在实施的太湖流域综合治理工程已考虑了利用望虞河“引江济太”。因此，当时没有把长江作为引水水源。

阳澄湖位于城市的东北角，离苏州城区约 7km，当时还是苏州北园水厂的水源地。由于阳澄湖周边工业污染较严重，以及湖面围网养殖大量投入饵料，阳澄湖水质为Ⅲ～Ⅳ类，NH_3-N 浓度超过 2mg/L。从阳澄湖向环城河引水，进水河道仅有元和塘可选择。由于水势不顺，元和塘进入环城河的水量大部分就从坝基桥分流，对环城河基本上没有作用。向东分流的水量经娄江混合后有部分又将流入阳澄湖，影响阳澄湖水质。而且，阳澄湖本身水量不足，还需从长江引水补给。

从太湖引水，源水水质是有保证的。引水河道可选择胥江。但胥江沿线经过胥口、木渎、横塘 3 个城镇，沿途污染严重。同时，由于大运河城区段的改道，从太湖引水入城，必须穿越大运河。如果平交穿越运河，则引来的清水有一半以上向新运河分流，绕城而去；另一半与运河污水相混合，水质大幅下降后再进城，引水效果大大降低。如果穿越运河建立交，投资太大，在当时的经济条件下无法承受。

在《太湖流域综合治理总体规划方案》中，望虞河是太湖流域两条主要泄洪河道之一。工程主要作用有：在洪水年份与太浦河共同承担太湖泄洪任务，遇 1954 年型洪水，5—7 月承泄太湖洪水 23.1 亿 m^3；在干旱年份从长江引水入太湖，补充流域用水，遇 1971 年型枯水，4—10 月引长江水 28 亿 m^3 入太湖。河道断面按泄洪要求控制，除沪宁铁路桥束水段外，一般底宽 90m，底高程－3.0m。1991 年太湖流域发生特大洪涝灾害后，望虞河拓浚整治工程已开工建设。当时预测，望虞河北连长江，南通太湖，与运河立交，在长江引水期间，望虞河水体为长江水，水质优异，可达Ⅱ类，非引水期间也能达到Ⅲ类；太湖泄洪期间，则为太湖水，水质可达Ⅱ～Ⅲ类，是有保证的。

基于上述考虑，否定了阳澄湖、太湖引水方案，仅剩望虞河一个水源可考虑。

从苏州城区到望虞河，有天然河道十字洋河连通，虽然规模较小，但周边为农村地区，易于拓宽整治，中间有一小湖泊裴家圩，有利于调蓄，可设置泵站抽水。因此，相比而言，选择望虞河作为水源实施起来较为容易。

经过对阳澄湖、太湖、望虞河水源地在水质、水势、工程难易程度、投资等方面进行比较后，最终选定十字洋河引水。

到 1995 年，小引水工程纳入《苏州市区水环境综合治理工程》，小引水工程才得以实施。但引水水源改为太湖金墅港，引水方案改为管道引水。《苏州市区水环境综合治理工程》的主要内容为：古城区引水工程，从太湖金墅港抽引太湖水 4m^3/s 清水进城；对建成区 65km 河道全面疏浚，整修驳岸和束水段拓宽；新建城市污水干管 120km，污水提升泵站 23 座，在 19 个新村内敷设污水管网；新增污水处理能力 14 万 t/d。总投资 11.4 亿元，其中从日本海外协力基金贷款 4.2 亿元。

2. 引水运行方式

将古城区作为整体全区运行和以临顿河为界分东区、西区分别单独运行两种方式。分区运行时，需在学士河北端黄鹂坊桥和东北街河香花桥设闸控制。

经过计算，按分区运行方式，在东区运行时，东区河网流速增加47%，而西区减少29%；在西区运行时，西区河网流速增加60%，而东区减少71%。这说明分区运行方式在提高本区流速的同时，会在另一区河网出现滞流或环流现象。因此，最终推荐以全区运行为主，特殊情况下按东、西分区运行的方式。不同运行方式流速比较见表3.8。

表3.8 不同运行方式流速比较

运行方式	流速/(m/s)		
	整体河网	东区河网	西区河网
全区运行	0.0520	0.0503	0.0517
东区运行	0.0540	0.0695	0.0364
西区运行	0.0507	0.0133	0.0829

3. 进水口门

进水口门的比选主要依据引水后河网的稀释程度进行判别。按照全区运行方式，在引水20h后，尚义桥进水河网稀释了10%，但东区平均浓度增加14%；平门进水河网稀释了12%，东区平均浓度降低6%。根据东区优先的要求，确定在平门引水进城。

在平门进水情况下，东区、西区的分流比为65∶35。

4. 出水口门

比较了娄门、相门、葑门、盘门4处口门出水的情况，发现4处口门分散出水对东、西两区的分流比影响不明显，但对临顿河、平江河、府前河3条主要河道的流量影响较大，分别减少65%、40%、39%。因此，确定以相门、葑门2处口门出水，相门、葑门的出流比为1∶1。

5. 引水流量

比较了引水流量为$3m^3/s$、$4m^3/s$、$5m^3/s$、$6m^3/s$、$7m^3/s$ 5个方案。

引水流量为$3m^3/s$时，河道各断面COD_{Mn}均大于Ⅴ类水标准。

引水流量为$4m^3/s$时，河道COD_{Mn}平均浓度为10.4mg/L，BOD_5平均浓度为9.2mg/L，接近或达到Ⅴ类水标准。

引水流量为$5m^3/s$、$6m^3/s$、$7m^3/s$时，COD_{Mn}指标下降不明显，BOD_5指标有一定效果。当引水流量为$7m^3/s$时，河道COD_{Mn}平均浓度为10.0mg/L，仅比引水流量为$4m^3/s$时下降0.4；BOD_5平均浓度为7.9mg/L，下降1.3mg/L，仍为Ⅴ类水标准。因此，引水流量确定为$4m^3/s$。

3.3.2 大引水

大引水方案的水源地选择与小引水方案一致。在此后的1995年曾研究过利用望亭电厂$40m^3/s$冷却水进城问题，但因冷却水的热污染问题被否定。

1. 进水口位置

可供选择的进水口位置有十字洋河、上塘河、山塘河、网船浜。经初步分析，如果单独由上塘河、山塘河、网船浜分别引水，仅对环城河西线和南线有作用，对环城河北线和东线基本没有效果。因此，初拟十字洋河集中抽引和十字洋河＋山塘河、十字洋河＋上塘河、十字洋河＋网船浜分散抽引4组方案进行比选。

若十字洋河集中抽引16m^3/s时，并将闾门吊桥处严重束水段拓宽至30m，加上西线其他河道的自然进城流量最高可达26.1m^3/s，与大运河改道前29.2m^3/s相比，流量损失率为10.6%，进城总流量基本补偿因运河改道减少的进城流量。

若十字洋河抽引10m^3/s ＋山塘河抽引6m^3/s，并将闾门吊桥处严重束水段拓宽至30m，进城总流量为25.6m^3/s，流量损失率为12.3%。

若十字洋河抽引10m^3/s＋上塘河抽引6m^3/s，并将闾门吊桥处严重束水段拓宽至30m，进城总流量为23.7m^3/s，流量损失率为18.8%。

若十字洋河抽引10m^3/s＋网船浜抽引6m^3/s，并将闾门吊桥处严重束水段拓宽至30m，进城总流量为23.5m^3/s，流量损失率为19.5%。

因此，十字洋河集中抽引时利用率最高，网船浜位置最不利，确定入城进水口为十字洋河。但是，环城河各线的流速仍达不到改道前的流速，环城河水质仍为劣Ⅴ类，没有得到明显改善，这说明十字洋河集中抽引16m^3/s还是不能满足要求的。

2. 十字洋河引水流量

当十字洋河引水为16m^3/s，环城各线COD_{Mn}平均为15.9mg/L，仍为劣Ⅴ类水。

当十字洋河引水达到24m^3/s，北线、东线COD_{Mn}分别为9.7mg/L、9.9mg/L，为Ⅴ类水；南线、西线分别为14.5mg/L、12.4mg/L，为劣Ⅴ类水。

当十字洋河引水达到29m^3/s，北线、东线、西线COD_{Mn}分别为9.2mg/L、9.4mg/L、10.8mg/L，基本达到Ⅴ类水；南线为12.7mg/L，为劣Ⅴ类水。

引水流量再继续增加，对环城河西线、南线的效果不明显。

考虑到还要进行污染源治理，因此，推荐十字洋河引水24m^3/s，闾门吊桥处按底高0m、河宽30m拓浚方案。环城河各线流量、COD_{Mn}浓度详见表3.9。

表3.9　环城河各线流量、COD_{Mn}浓度

引水流量/(m^3/s)	流量/(m^3/s)					COD_{Mn}/(mg/L)				
	北线	西线	南线	东线	平均	北线	西线	南线	东线	平均
16	8.48	4.24	6.56	2.57	5.46	12.4	18.9	20.8	11.4	15.9
24	12.04	7.56	7.71	3.66	7.74	9.7	12.4	14.5	9.9	11.6
29	14.35	9.46	8.34	4.36	9.13	9.2	10.8	9.4	9.4	10.5

3. 泵站位置

经现场查勘，可供选择的泵站位置有裴家圩湖泊和312国道安利桥。当引水量一定时，泵站位置对环城河各线的流量影响不大。不同泵站位置对环城河流量的影响见表3.10。

表3.10　不同泵站位置对环城河流量的影响　单位：m^3/s

引水流量	泵站位置	北线		南线	东线		西线
		平门桥	齐门桥	人民桥	娄门桥	相门桥	吊桥
24	裴家圩	12.53	11.56	7.71	4.91	2.41	−7.56
	安利桥	12.90	11.78	7.63	5.08	2.57	−7.85

因此，泵站位置的选择主要取决于征地拆迁、施工难度等其他因素的影响。

3.4 引水效果预测

3.4.1 水量水质模型

1. 水量模型

水量模型采用非恒定流圣维南方程组：

连续方程：
$$\frac{\partial Q}{\partial x}+B\frac{\partial H}{\partial t}=g$$

运动方程：
$$\frac{\partial u}{\partial t}+u\frac{\partial u}{\partial x}+g\frac{\partial H}{\partial x}+g\frac{u|u|}{C^2R}=0$$

式中：Q为流量；u为断面平均流速；R为谢才系数；H为水位；B为河宽。方程按微段、河段、汊点三级联解，河道糙率取值范围为0.028～0.033。

2. 水质模型

水质模型选用COD_{Mn}、BOD_5、NH_3—N、DO四项为水质指标，方程为

$$\frac{\partial B}{\partial t}+\frac{\partial(uB)}{\partial x}=E_x\frac{\partial^2 B}{\partial x^2}-k_1B+S_B$$

$$\frac{\partial D}{\partial t}+\frac{\partial(uD)}{\partial x}=E_x\frac{\partial^2 D}{\partial X^2}-k_2D+k_1B+4.57k_NN+S_D$$

$$\frac{\partial C}{\partial t}+\frac{\partial(uC)}{\partial x}=E_x\frac{\partial^2 C}{\partial X^2}-k_cC+S_C$$

式中：B、N、D、C分别为河流中BOD_5、NH_3－H、氧亏和COD_{Mn}的浓度，$D=D_s-D_0$，D_s为实测水温下的饱和DO，S_B、S_D、S_C分别为河流中BOD_5、氧亏、COD_{Mn}污染源入流项；k_1、k_N、k_C分别为BOD_5、NH_3－H、COD_{Mn}的降解系数，分别取值为0.335/d、0.263/d、0.278/d，k_2为大气复氧系数，取值为0.587/d，夏季温度高于20℃时进行修正；u为断面流速；E_x为纵向分散系数，取为0.5m^2/s；x为断面间距；t为时间。

3.4.2 污染源削减

在进行大引水、小引水方案研究时，市区共有850多个排污源，其中千吨以上的排污源有31家，涉及轻工造纸、食品加工、化工制药、印染、冶金等行业。排放的工业废水占市区总量的88%，排放废水中含有机污染物COD_{Cr}占总量的92%。

由于环城河两岸及城区小河的排污量较大，水网自净能力有限，在引清入城的同时，必须对市区的污染源进行治理。

对古城区而言，研究方案要求古城区一期污水截流工程COD_{Mn}削减18.2%，BOD_5削减26.3%；二期污水截流工程COD_{Mn}削减71.3%，BOD_5削减64.2%；两期工程合计COD_{Mn}削减89.5%，BOD_5削减90.5%。

对环城河而言，现状COD_{Cr}排放量为40638t/a，研究方案基于环保部门的计划，有三种削减方案：

方案一：COD_{Cr}削减24402t/a，削减率为60%。

方案二：COD_{Cr}削减24847t/a，削减率为61%。

方案三：COD_{Cr}削减6011t/a，削减率为15%。

3.4.3 效果预测

城内小河水质预测见表3.11，环城河水质预测见表3.12。

表3.11　城内小河水质预测　单位：mg/L

断面位置	现　状			预　测		
	COD_{Mn}	BOD_5	DO	COD_{Mn}	BOD_5	DO
天后宫桥	14.9	21.5	2.8	9.05	5.27	2.26
悬　桥	12.7	19.5	1.5	8.96	5.23	2.35
醋坊桥	12.4	20.5	0.5	8.89	5.19	2.43
潘家桥	12.4	26.2	0.7	8.93	5.21	2.40
苑　桥	11.7	19.85	0.5	9.32	6.66	2.29
黄鹂坊桥	15.2	27.2	3.5	9.10	6.06	2.60
歌薰桥	12.0	16.0	3.0	9.43	7.02	2.50
乌鹊桥	14.2	30.2	1.0	10.42	10.41	2.27
砖　桥	8.4	13.4	0.8	10.29	10.90	2.25
望星桥	15.0	22.6	0.4	9.36	7.38	2.47

表3.12　环城河水质预测　单位：mg/L

削减方案	引水流量	均值	西线	北线	东线	南线
方案一	24	9.2	9.6	8.9	8.2	9.9
方案二		9.0	9.6	8.7	8.0	9.8
方案三		10.9	11.9	9.6	9.0	13.0

3.5 预测与实际

小引水方案的研究工作完成后，并入《苏州市区水环境综合治理工程》，纳入日本海外协力基金贷款项目。苏州市水环境治理指挥部于1995年12月1日召开第一次成员会议，正式启动实施小引水工程，在2000年前后基本完成。工程方案略有调整，引水水源改为太湖金墅港，引水工程由 2×ϕ200cm 钢管组成，从太湖金墅港抽引太湖水 4m^3/s 清水进城，入城进水口为平门小河。

大引水工程由于种种原因，直到 2002 年后才予实施，并改称为西塘河引水工程。

小引水工程实施后，并未取得预期的效果，城内河道的水质没有得到明显改善，除了高锰酸盐指数外，其余指标仍严重超标，仍为劣Ⅴ类水。2000 年城内小河水质监测指标见表 3.13。

表 3.13　2000 年城内小河水质监测指标

位置	DO/（mg/L）	COD_{Mn}/（mg/L）	BOD_5/（mg/L）	NH_3-N/（mg/L）
府前河乌鹊桥	1.1/2.27	9.2/10.42	19.6/10.41	6.81
临顿河醋坊桥	1.0/2.43	11.3/8.89	29.9/5.19	8.35
平门河单家桥	1.9	8.6	16.4	7.28

注　表中数据表示实测值/预测值。

3.5.1　污染负荷估计不足

当时调查的数据认为古城内污水排放量为 9.2 万 t/d，其中工业污水 2.5 万 t/d，生活污水 5 万 t/d，商业污水 1.7 万 t/d；排放 COD_{Mn} 2.076 万 t/d、BOD_5 3.5 万 t/d。小引水方案研究时对污染源削减提出的要求是：古城区一期污水截流工程 COD_{Mn} 削减 18.2%，BOD_5 削减 26.3%；二期污水截流工程 COD_{Mn} 削减 71.3%，BOD_5 削减 64.2%；两期工程合计 COD_{Mn} 削减 89.5%，BOD_5 削减 90.5%。

实际上，如江苏化工农药集团有限公司、苏州精细化工集团有限公司、苏州合成化工厂、苏州安利化工厂、苏州染料厂、苏州市印染总厂等工业污染大户仍未搬离市区；服务行业数量较多，古城区范围内的三产（即第三产业）约有 1397 家，年用水量超过 5000t 的有 173 家，桃花坞河、中市河、府前河和学士河两侧三产密集，且多为中小型三产，污废水直排河道，南林饭店、南园宾馆、阊门饭店、吴宫喜来登大酒店等较大的宾馆酒店污水也直排入河，观前街、南门等商业地区污水管网还未到达，研究方案要求污染源削减的幅度较大，短期内难以达到。

另一方面，生活污水管网覆盖率、收集率较低。以古城区生活污水为例，2005 年 6 月对古城区 14.2km^2 范围内，共 50 个社区居委会、约 39.2 万人进行了生活污水“支管到户”工程实施情况调查。“污水支管”到户工程自 2002 年开始实施，共分 16 个片区进行（图 3.3）。当时还未实施的片区有桃坞片、竹辉片、东北街片、公园片、相王弄片和南园片；正在施工的片区有西北街片和府前片；工程已经结束的片区有羊王庙片、双塔片、平江片、金门片、干将河片、临顿河片、东大街片和南门片。

古城区生活污水收集率平均为 54.9%。在“支管到户”工程实施完成的地区，由于老建筑多，街巷比较狭窄，管网铺设不彻底，老旧小区居民自行对管网改造，造成大量污水接入雨水管网，还有居民使用马桶洗刷废水直接进入河道，以及管道施工时错接、混接等原因，生活污水收集率约为 75%[9]。根据居民生活用水量推算，古城区入河污水总量约为 17382t/a。社区生活污水收集情况见表 3.14。

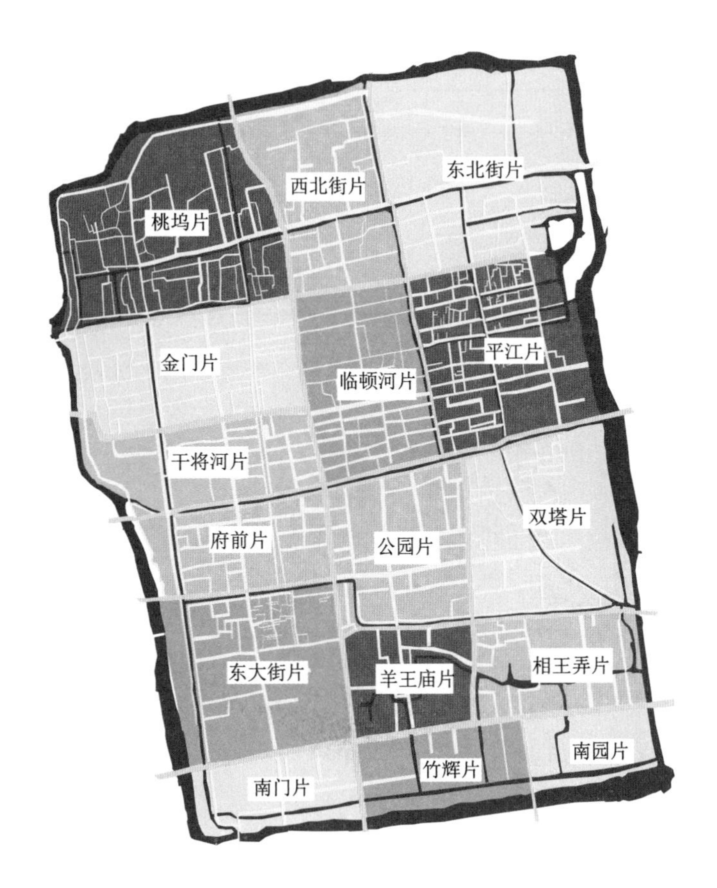

图 3.3 古城区“支管到户”工程片区分布图

表 3.14 **社区生活污水收集率调查表**

社区编号	特 点	主 要 社 区	污水收集率/%
1	人口密度在 3 人/100m² 以上，管网建设情况完善	环秀社区、装驾桥社区、金狮社区、唐家巷社区、中街路社区、通和社区	85
2	人口密度在 3 人/100m² 以上，管网建设情况一般	竹辉社区、道前社区、西大街社区	55
3	人口密度在 3 人/100m² 以上，管网建设情况较差	佳安社区、刘家浜社区、西中市社区、西街社区	10
4	人口密度在 1.5～3 人/100m² 范围内，管网建设情况完善	菉葭巷社区、大儒巷社区、中张家港社区、历史社区、玄妙观社区、旧学前社区、育巷社区、定慧寺巷社区、吉庆社区、察院场社区	80
5	人口密度在 1.5～3 人/100m² 范围内，管网建设情况一般	养蚕里第一社区、滚绣坊社区、东园社区、二郎巷社区、学士社区、香花桥社区、西美社区、玉兰社区	60
6	人口密度在 1.5～3 人/100m² 范围内，管网建设情况较差	石幢社区、仓桥社区、铁路社区、桃花坞社区、北园社区、西北街社区、钟楼社区	15
7	人口密度在 1.5 人/100m² 以下，管网建设情况完善	小公园社区	80

续表

社区编号	特　点	主 要 社 区	污水收集率/%
8	人口密度在 1.5 人/100m²以下，管网建设情况一般	养蚕里第二社区、百步街社区、沧浪亭社区、拙政园社区、东大街社区、桂花社区、大公园社区、瑞光社区	60
9	人口密度在 1.5 人/100m²以下，管网建设情况较差	平门社区、网师巷社区、锦帆路社区	25

此外，居民阳台由雨水管排出的洗衣废水也是一个重要的污染源。据调查，洗衣废水 pH 值为 7.7～9.6，偏碱性；COD 值介于 119～746mg/L，均值为 381mg/L，与生活污水的 COD 值大致相当；TN 值介于 6.4～17.4mg/L，均值为 12.2mg/L；TP 值介于 0.14～0.38mg/L，均值为 0.24mg/L，均低于生活污水的浓度。表面活性剂（LAS）值介于 32.7～97.3mg/L，洗衣废水的可生化性差。

3.5.2　模型计算误差偏大

水量（水动力学）模型一般都采用描述明渠非恒定流的圣维南方程组，仅是定解方法略有不同。

水质模型自从 1925 年美国两位工程师 Streeter、Phelps 在 Ohio 河上建立了世界上第一个水质数学模型（S—P 模型）后[10]，国际上对水质模型的开发与研究大体上可以分为四个阶段[11]：

（1）两变量的线性系统（1925—1965 年），建立了考虑生化需氧量 BOD 及 DO 耦合的双线性系统模型，如 Lis 模型（1962 年）、Camps 模型（1963 年）、Dobbins（1964 年）。

（2）六个变量的线性系统模型（1965—1970 年），随着计算手段的提高和对生物化学机理认识的深入，模型中考虑的因素越来越多，如 BOD、DO、有机氮、NH_3-N、亚硝酸盐氮和硝酸盐氮等，模型结构为多线性系统，空间维数为一维和二维，如 O'Conner 模型（1967）等。与此同时，也出现一些随机水质模型，如 Loucks—Lynns 模型（1966）、Thomanns 模型（1967）、Thayer—Krotehoffs 模型（1967）等。实质上，这类模型都可归类为氧平衡模型，有机物降解耗氧和大气复氧的动态平衡关系是其主要的理论依据。上述模型中以 O'Conner 和 Dobbins 模型最为重要，他们在 S—P 模型基础上增加了氮化物对底泥的作用研究，不论是模型参数形式还是求解技术方面都较以往有较大改进。

（3）非线性系统模型（1970—1975 年），涉及营养物质磷、氮的循环系统，浮游植物和浮游动物系统，生物生长率同这些营养物质、阳光、温度的关系，以及浮游植物和浮游动物生长率之间的关系。这些关系都是非线性的，适用于河流、河口、湖泊及水库等水域的一维、二维水质模拟，一般只能用数值法求解。

（4）多元交互系统的多维模型（1975 年以后），包括水生生态系统生物量和水中有毒物质的积累与转化的交互、水质与底质的交互、水相与固相的交互等方面，适用于河流、河口、湖泊、水库及海湾等水域。

方案研究时，模型的计算范围很小，仅为古城区部分。对苏州河网来说，定解条件的取用本来就很复杂，受到沿江潮汐的影响，也受到大量水利工程的调度影响，在忽略这些影响后取用的定解条件，势必会严重影响计算结果。水量模型仅用1990年6月25日的实测水文资料率定河道糙率为0.028～0.033；水质模型用1991年1月28日的实测水文和水质资料，推算各河段纵向离散系数E_x为0.5m^2/s，污染物反应动力参数大气复氧系数、COD_{Mn}、BOD_5、NH_3-N的降解系数，分别取值为0.587、0.278、0.335、0.263。这些率定比较简单，可靠性差，易导致计算结果偏差。

事实上，DO系统存在着复杂的物理-化学过程，各类营养物、浮游植物、碳质物质都和DO之间存在迁移和相互作用关系。图3.4描述了营养物和DO之间的关系。氮的循环系统同样如此，浮游植物氮、有机氮、NH_3-N、硝酸盐氮之间相互作用和转化，图3.5反映了它们之间的关系。

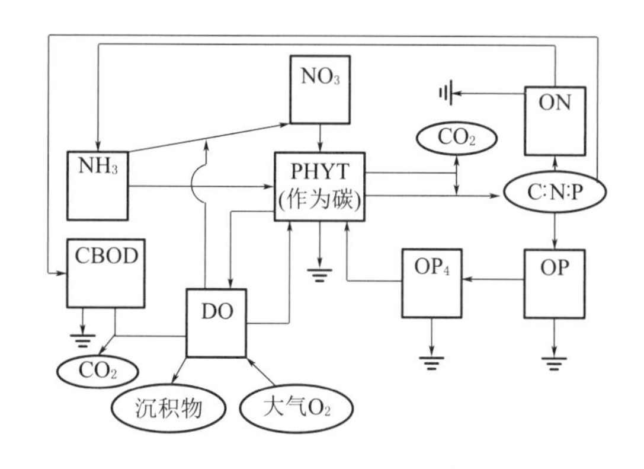

图3.4 营养物质与DO关系图

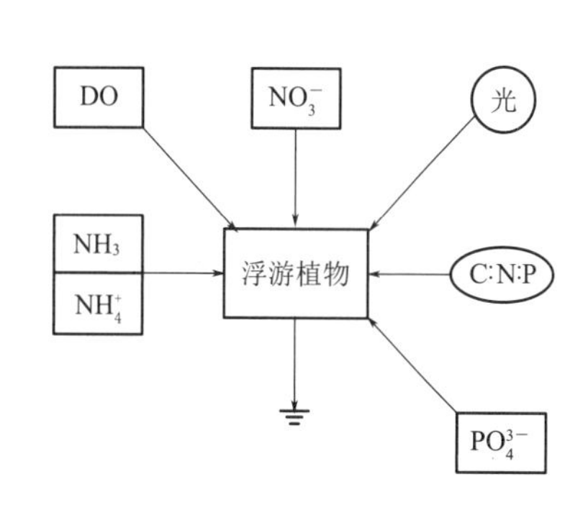

图3.5 氮循环系统图

同时，DO还与水深、流速、能量梯度等有关。反映碳化耗氧和氮化耗氧的降解系数，也受到河床、水流、污染程度等因素影响。一般来说，水体水质和相应污染物的降解系数成正比，水体污染严重，降解系数就大；反之，降解系数就小。

邻近的上海市，其河网特性和污染特性与苏州河网有一定的相似性，在嘉宝北片、蕴南片、淀北片、青松片等调水计算时的取值范围：复氧系数为0.2～0.32/d，碳化耗氧速率为0.01～0.13/d，氮化耗氧速率为0.01～0.13/d[12]；在2001年进行的《苏州水网水质改善综合治理工程研究报告》[13]中的取值范围：复氧系数为0.1～0.3/d，COD_{Mn}降解系数为0.0095～0.30/d，NH_3-N降解系数为0.02～0.25/d，都与此有较大的差异。

另外，通常情况下苏州城区河道的流速都很小，而且主要体现在河道断面的表层，河道底层基本没有流速，甚至处于滞流状态。在一维水动力模型计算中，河道的断面流速为平均流速，这会造成计算的引水量偏小，实际效果与计算结果有较大的出入。

第4章　借力引江济太

第3章讨论的大引水工程，其研究工作在1993年就完成了，由于种种原因一直没有实施。小引水工程虽已实施，但距预期的效果仍有很大的差距。社会经济在快速发展，生产、生活污水排放量在不断增加，苏州城区及周边河网的水环境质量继续呈现下降趋势。到2000年，流入环城河的元和塘、十字洋河、上塘河、胥江水质均为劣Ⅴ类；环城河水质为劣Ⅴ类；城内小河为劣Ⅴ类；流出环城河的老运河、相门塘、娄江水质为劣Ⅴ类。苏州城区处于劣Ⅴ类水的包围之中。

根据已有的大引水工程研究成果，大引水工程再次摆上了议事日程。大引水方案的水源是望虞河，沿线经过琳桥港—西塘河—十字洋河进入环城河，为简单形象起见，大引水工程被改称为西塘河引水工程。

在西塘河引水工程正式实施之前，为更好地解决苏州城区水环境问题，在以往研究成果的基础上，2001年4月苏州市水利局与河海大学环境工程系进行更大范围的研究，研究范围北至望虞河，南至太浦河，西至太湖边，东至长江，包括了阳澄、淀泖、滨湖3个水利分区，总面积近4800km^2。

4.1　项目背景

4.1.1　污染负荷调查

污染调查的范围为苏州市区及周边的原吴县，污染源包括工业污染源、城乡居民生活污染源、服务业污染源、污水处理厂、农业面源。时间以2000年为基准。

1. 工业污染

苏州市区重点工业污染源共有企业83家，废水排放量为7840万t/a，COD_{Cr}排放量为6144t/a，主要污染行业有钢铁、化工、纺织、电力、医药等。COD_{Cr}排放量位于前三位的是钢铁、化工、纺织，COD_{Cr}排放量，分别为2165t/a、1497t/a、946t/a，分别占排污总量的29.63%、20.48%、12.95%。污染物排放以挥发酚、石油类、铅为主的重点企业有苏州钢铁厂、江苏化工农药集团有限公司、苏州精细化工集团有限公司。其中，苏州古城区虽然近年来根据环境保护要求搬迁了部分重污染企业，但仍有14家企业排放的废水直接进入内城河、外城河，COD_{Cr}排放量为535t/a，废水排放量为630万t/a。

原吴县重点工业污染源共有65家，废水排放量为7133万t/a，COD_{Cr}排放量为7188t/a。主要污染行业有化工、纺织、食品、建材。其中化工、纺织是排污量最大的两个行业，COD_{Cr}排放量分别为3980t/a、2806t/a，分别占排污总量的47.88%、33.76%。排放污染物以挥发酚、石油类、六价铬为主的重点排污企业是原吴县化肥厂、原吴县东吴染料厂、原吴县陆慕助剂厂。

2. 生活污染

生活污染考虑住房成套率、污水处理厂的处理能力及化粪池的处理效率等因素推算城镇人口生活污染物的入河系数：COD_{Cr}为0.49，NH_3-N为0.86。考虑农村居民生活污水和人粪尿分流，生活污水绝大部分直接排入水体；人粪尿主要以积粪池的形式将粪尿储存用于农肥，少量直接进入水体，所以农村人口生活污染物的入河系数：COD_{Mn}为0.37，NH_3-N为0.24。根据以下公式计算区域生活污染源的排污及入河量：

生活源污水排放量＝人口数×用水定额×85%

生活源入河量＝人口数×人口排污系数×入河系数

苏州市区生活污水排放总量为7698万t/a，入河COD_{Cr}为11421t/a，NH_3-N为5455t/a。其中，古城区沿河的老街、老房卫生设施不完善，生活污水直接排入河道，污水排放总量为3118万t/a，根据古城区居民人口数及人均入河系数计算古城区生活污染源COD_{Cr}入河量为4328t/a，NH_3-N入河量为2270t/a，分别占市区的40.5%、37.9%、41.6%。

原吴县生活污水排放总量4110万t/a，入河COD_{Cr}为8507t/a，NH_3-N为2493t/a。

3. 服务行业及污水处理厂

古城区服务业23家，主要分布在古城区内、外城河周围，其废水绝大多数就近排入水体。推算其废水排放量为205万t/a，排放COD_{Cr}为1329t/a。

古城区排放入河为COD_{Cr} 6129t/a，其中工业为535t/a，居民生活为4328t/a，服务业为1329t/a，分别占比8.6%、69.9%、21.5%。古城区污染源COD_{Cr}比例见图4.1。

现有的城西、城南、城东3家污水处理厂，废水排放总量为2233.75万t/a，COD_{Cr}排放总量为554.7t/a。

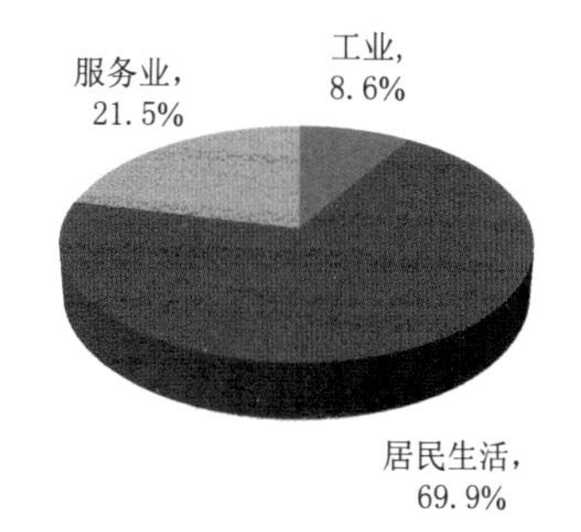

图4.1 古城区污染源COD_{Cr}比例图

4. 农业面源

参照太湖流域《太湖流域污染源调查及污染负荷分析报告》所提供的农业面源负荷估算方法，径流系数取0.243，农田地表径流污染物浓度见表4.1。

表4.1　农田地表径流污染物浓度　　单位：mg/L

项　目	COD_{Cr}	NH_3-N
稻田排水	62.82	7.31
稻田旱作径流	30.30	1.82
旱地径流	58.12	1.89

农业面源污染物入河量计算公式：污染物入河量＝（稻田排水＋旱作径流＋旱地径流）流量×污染物浓度＋稻田渗流量×污染物浓度。推算COD_{Cr}为9759t/a，NH_3-N为1033t/a。

4.1.2　水环境质量评价

1. 评价方法和标准

水质评价的基准年为2000年。水环境质量评价标准采用《地面水环境质量标准》(GB 3838—88) 并配合《地表水环境质量标准》(GHZB 1—1999) 中 NH_3-N 和TN的标准，评价方法采用单因子标准指数法及综合污染指数法。前者用来划分水质类别，后者用以确定污染程度。水质污染程度分级标准见表4.2。

综合污染指数计算公式如下：

$$P_i = \frac{C_i}{C_0}$$

$$P = \sum_{i=1}^{n} P_i$$

$$\overline{P} = P/n$$

式中：C_i 为第 i 项污染物浓度年均值，mg/L；C_0 为第 i 项污染物浓度评价标准，mg/L；P_i 为第 i 项污染物的污染指数；n 为参与评价的污染物项数；$\overline{P}$ 为综合污染指数（均值型）。

表4.2　水质污染程度分级标准

均值型综合污染指数 $\overline{P}$	污染级别	分级参考依据
<0.2	清洁	多数项目未检出，个别项目检出也在标准以内
0.2～0.4	尚清洁	平均值均在标准内，个别项目接近标准
0.4～0.7	轻污染	个别项目平均值超过标准
0.7～1.0	中污染	两个项目平均值超过标准
1.0～2.0	重污染	相当一部分项目平均值超过标准
>2.0	严重污染	相当一部分项目平均值超过标准数倍甚至几十倍

2. 评价结论

(1) 区域主要调控河道。进行区域调控河道评价的目的是寻找有无更好的、可能成为引水水源的河道。区域主要调控河道水环境质量评价结果见表4.3。

大运河：共设监测断面9个，单因子评价结果为劣Ⅴ类水体。主要超标因子为 NH_3-N、挥发酚、COD_{Mn}，最大超标倍数分别为7.39、2.56、0.16；最严重污染水情发生在枯水期望亭五七大桥和望亭南桥断面。在无锡—苏州交界处望亭五七大桥断面水质类别为劣Ⅴ类，5项评价因子均超标，其中 NH_3-N 枯水期最大超标倍数为7.39；大运河与太浦河的交界断面平望运河桥水质类别为劣Ⅴ类，5项评价因子中主要是 NH_3-N 超标，超标倍数为2.39。

望虞河：北起常熟耿泾口，南至原吴县沙墩港口，全长60.3km。设监测断面8处。水质为劣Ⅴ类，5项评价因子均超标。其中 NH_3-N、COD_{Mn} 在所有断面均超标，最大超标倍数分别为22.58、0.60，最严重污染水情发生在枯水期常熟市境内望虞河大桥（大义）

断面。

杨林塘：西起昆山市斜塘河，东至太仓市杨林口，全长 32.4km。共设监测断面 5 处，水质类别为劣Ⅴ类，5 项评价因子均超标，其中 NH_3-N 污染最严重，最大超标倍数为 13.16，发生在枯水期杨林大桥断面。

娄江（浏河）：西起苏州市娄门，东至昆山太仓交界处的草芦村，下接浏河，出浏河闸入长江。设监测断面 9 处，水质为劣Ⅴ类，5 项评价因子均超标。其中 NH_3-N 在所有断面均超标，最大超标倍数为 5.53，发生在枯水期太仓市境内浏河闸断面。

吴淞江：自东太湖瓜泾口起，至上海市苏州河。在苏州市境内长 61km，共设监测断面 7 处。吴淞江水质为劣Ⅴ类，主要超标因子为 NH_3-N、COD_{Mn}、BOD_5，最大超标倍数分别为 6.07、0.31、0.38；吴淞江与大运河相交的上游断面（瓜泾口），水质为劣Ⅴ类，5 项评价因子中 NH_3-N、COD_{Mn}、DO 超标，超标倍数分别为 2.78、0.31、0.10；与大运河相交的下游断面（车坊），水质类别为劣Ⅴ类，5 项评价因子中 NH_3-N、COD_{Mn}、BOD_5 超标，超标倍数分别为 4.07、0.04、0.38。

七浦塘：西起阳澄湖，东至太仓市七丫口，全长 48km。共设监测断面 5 处，水质类别为劣Ⅴ类。5 项评价因子中 NH_3-N、COD_{Mn}、BOD_5、DO 均超标，其中 NH_3-N 污染最严重，最大超标倍数 7.90。

（2）环城河及周边河道。环城河水质类别为劣Ⅴ类。在评价的 15 项因子中，有 7 项超标，分别是 COD_{Mn}、DO、BOD_5、NH_3-N、挥发酚、TP、TN。其中 TN、NH_3-N、TP 最大超标倍数分别为 27.03、12.82、1.70，最严重污染水情为枯水期，水质污染程度为重污染。环城河及周边河道水环境质量评价见表 4.4 和表 4.5。

流入环城河的元和塘、十字洋河（西塘河）、上塘河、胥江水质类别为劣Ⅴ类，水质污染程度为重污染。主要超标因子为 TN、NH_3-N、TP，最大超标倍数分别为 27.03、12.82、1.70。

流出环城河的老运河、相门塘、娄江水质类别为劣Ⅴ类，水质污染程度为重污染。主要超标因子为 TN、NH_3-N、TP，最大超标倍数分别为 14.15、6.54、4.55。

表 4.3　区域主要调控河道水环境质量评价表

名称	断　面	水质目标	水期	现状评价	主要超标因子	最大超标倍数
大运河	五七大桥	Ⅳ	丰	劣Ⅴ	NH_3-N、COD_{Mn}、挥发酚	NH_3-N (7.39)、COD_{Mn} (0.16)、挥发酚 (0.43)
			枯	劣Ⅴ		
			年均	劣Ⅴ		
	望亭南桥	Ⅳ	丰	劣Ⅴ	NH_3-N、DO、挥发酚	NH_3-N (5.66)、DO (0.16)、挥发酚 (2.65)
			枯	劣Ⅴ		
			年均	劣Ⅴ		
	浒关兴贤桥	Ⅳ	丰	劣Ⅴ	NH_3-N、挥发酚	NH_3-N (6.10)、挥发酚 (0.10)
			枯	劣Ⅴ		
			年均	劣Ⅴ		

续表

名称	断　面	水质目标	水期	现状评价	主要超标因子	最大超标倍数
大运河	何山桥	Ⅳ	丰	劣Ⅴ	NH_3-N、挥发酚	NH_3-N (5.39)、挥发酚 (0.70)
			枯	劣Ⅴ		
			年均	劣Ⅴ		
	晋源桥	Ⅳ	丰	劣Ⅴ	NH_3-N、挥发酚	NH_3-N (5.53)、挥发酚 (1.00)
			枯	劣Ⅴ		
			年均	劣Ⅴ		
	长桥	Ⅳ	丰	劣Ⅴ	NH_3-N、挥发酚	NH_3-N (4.46)、挥发酚 (0.30)
			枯	劣Ⅴ		
			年均	劣Ⅴ		
	尹山桥	Ⅳ	丰	劣Ⅴ	NH_3-N、挥发酚	NH_3-N (4.84)、挥发酚 (0.30)
			枯	劣Ⅴ		
			年均	劣Ⅴ		
	同里云里桥	Ⅳ	丰	劣Ⅴ	NH_3-N	NH_3-N (3.88)
			枯	劣Ⅴ		
			年均	劣Ⅴ		
望虞河	大义桥	Ⅲ	丰	劣Ⅴ	NH_3-N、COD_{Mn}、BOD_5、DO	NH_3-N (22.57)、COD_{Mn} (0.47)、BOD_5 (2.55)、DO (1.32)
			枯	劣Ⅴ		
			年均	劣Ⅴ		
	练塘桥	Ⅲ	丰	劣Ⅴ	NH_3-N、COD_{Mn}	NH_3-N (10.65)、COD_{Mn} (0.53)
			枯	劣Ⅴ		
			年均	劣Ⅴ		
	张桥向阳大桥	Ⅲ	丰	劣Ⅴ	NH_3-N、COD_{Mn}	NH_3-N (6.50)、COD_{Mn} (0.58)
			枯	劣Ⅴ		
			年均	劣Ⅴ		
	甘露团结桥	Ⅲ	丰	劣Ⅴ	NH_3-N、COD_{Mn}、BOD_5	NH_3-N (5.66)、COD_{Mn} (0.16)、BOD_5 (0.60)
			枯	劣Ⅴ		
			年均	劣Ⅴ		
	南塘大桥	Ⅲ	丰	Ⅴ	NH_3-N	NH_3-N (5.28)
			枯	劣Ⅴ		
			年均	劣Ⅴ		
	沙墩港大桥	Ⅲ	丰	Ⅴ	NH_3-N	NH_3-N (2.14)
			枯	劣Ⅴ		
			年均	劣Ⅴ		

续表

名称	断　面	水质目标	水期	现状评价	主要超标因子	最大超标倍数
杨林塘	周市新造桥	Ⅲ	丰	Ⅴ	NH_3-N、COD_{Mn}、BOD_5、DO	NH_3-N（7.87）、COD_{Mn}（0.73）、BOD_5（0.28）、DO（1.25）
			枯	劣Ⅴ		
			年均	劣Ⅴ		
	太常公路桥	Ⅲ	丰	劣Ⅴ	NH_3-N、COD_{Mn}、BOD_5、DO	NH_3-N（13.16）、COD_{Mn}（0.60）、BOD_5（0.53）、DO（1.19）
			枯	Ⅴ		
			年均	Ⅴ		
	岳王大桥	Ⅲ	丰	Ⅳ	NH_3-N、COD_{Mn}、BOD_5	NH_3-N（7.76）、COD_{Mn}（0.43）、BOD_5（0.25）
			枯	劣Ⅴ		
			年均	劣Ⅴ		
	杨林闸上游	Ⅲ	丰	Ⅴ	NH_3-N、COD_{Mn}、BOD_5	NH_3-N（2.87）、COD_{Mn}（0.43）、BOD_5（1.16）
			枯	劣Ⅴ		
			年均	劣Ⅴ		
娄江	跨塘大桥	Ⅳ	丰	劣Ⅴ	NH_3-N、BOD_5	NH_3-N（4.78）、BOD_5（0.02）
			枯	劣Ⅴ		
			年均	劣Ⅴ		
	唯亭大桥	Ⅳ	丰	劣Ⅴ	NH_3-N	NH_3-N（1.05）
			枯	劣Ⅴ		
			年均	劣Ⅴ		
	正仪大桥	Ⅳ	丰	劣Ⅴ	NH_3-N	NH_3-N（1.23）
			枯	劣Ⅴ		
			年均	劣Ⅴ		
吴淞江	瓜泾口	Ⅳ	丰	Ⅴ	NH_3-N、COD_{Mn}	NH_3-N（2.78）、COD_{Mn}（0.31）
			枯	劣Ⅴ		
			年均	劣Ⅴ		
	车坊大桥	Ⅳ	丰	Ⅴ	NH_3-N、COD_{Mn}	NH_3-N（4.07）、COD_{Mn}（0.04）
			枯	劣Ⅴ		
			年均	劣Ⅴ		
	胜浦大桥	Ⅳ	丰	劣Ⅴ	NH_3-N	NH_3-N（2.35）
			枯	劣Ⅴ		
			年均	劣Ⅴ		
	昆山原吴县交界	Ⅳ	丰	Ⅳ	NH_3-N	NH_3-N（2.25）
			枯	劣Ⅴ		
			年均	劣Ⅴ		

续表

名称	断　面	水质目标	水期	现状评价	主要超标因子	最大超标倍数
七浦塘	石牌大桥	Ⅳ	丰	劣Ⅴ	NH_3-N	NH_3-N（5.34）
			枯	劣Ⅴ		
			年均	劣Ⅴ		
	直塘大桥	Ⅳ	丰	劣Ⅴ	NH_3-N、COD_{Mn}、BOD_5	NH_3-N（6.17）、COD_{Mn}（0.11）、BOD_5（0.06）
			枯	劣Ⅴ		
			年均	劣Ⅴ		
	七浦闸上游	Ⅳ	丰	劣Ⅴ	NH_3-N	NH_3-N（4.08）
			枯	Ⅴ		
			年均	Ⅴ		

表4.4　　环城河水环境质量评价表

河段位置	进水河道	现状水质	主要超标因子及超标倍数	水质污染程度
环城河西线	十字洋河	劣Ⅴ	TN（27.03）、NH_3-N（12.83）、TP（1.70）	严重污染
	上塘河	劣Ⅴ		
	胥江	劣Ⅴ		
环城河南线	老运河	劣Ⅴ	TN（12.66）、NH_3-N（6.06）、TP（1.06）	重污染
环城河东线	娄江	劣Ⅴ	NH_3-N（4.78）	重污染
环城河北线	元和塘	劣Ⅴ	TN（12.30）、NH_3-N（4.51）、TP（0.64）	重污染
	外塘河	劣Ⅴ		

表4.5　　环城河周边河道水环境质量评价表

名称	断　面	水质目标	水期	现状评价	主要超标因子	最大超标倍数
上塘河	江枫桥	Ⅳ	丰	劣Ⅴ	NH_3-N、TP、TN	NH_3-N（3.31）、TP（0.74）、TN（12.30）
			枯	劣Ⅴ		
			年均	劣Ⅴ		
胥江	大庆桥	Ⅳ	丰	劣Ⅴ	NH_3-N、TP、TN	NH_3-N（6.27）、TP（0.54）、TN（11.55）、COD_{Mn}（0.16）
			枯	劣Ⅴ		
			年均	劣Ⅴ		
	枣市桥	Ⅳ	丰	劣Ⅴ	NH_3-N、TP、TN、COD_{Mn}	NH_3-N（6.83）、TP（0.94）、TN（13.59）、COD_{Mn}（0.11）
			枯	劣Ⅴ		
			年均	劣Ⅴ		
老运河	觅渡桥	Ⅳ	丰	劣Ⅴ	NH_3-N、TP、TN、COD_{Mn}、BOD_5	NH_3-N（6.06）、TP（1.06）、TN（12.66）、COD_{Mn}（0.11）、BOD_5（0.25）
			枯	劣Ⅴ		
			年均	劣Ⅴ		
	农科所	Ⅳ	丰	劣Ⅴ	NH_3-N、TP、TN、COD_{Mn}、BOD_5	NH_3-N（6.54）、TP（4.55）、TN（14.15）、COD_{Mn}（0.37）、BOD_5（1.48）
			枯	劣Ⅴ		
			年均	劣Ⅴ		

续表

名称	断　面	水质目标	水期	现状评价	主要超标因子	最大超标倍数
相门塘	相门桥	Ⅳ	丰	劣Ⅴ	NH_3-N、BOD_5	NH_3-N（7.91）、BOD_5（0.12）
			枯	劣Ⅴ		
			年均	劣Ⅴ		
官渎港	徐河浜桥	Ⅳ	丰	劣Ⅴ	NH_3-N、TP、TN	NH_3-N（7.02）、TP（0.27）、TN（18.64）
			枯	劣Ⅴ		
			年均	劣Ⅴ		
元和塘	陆墓中桥	Ⅴ	丰	劣Ⅴ	NH_3-N	NH_3-N（3.03）
			枯	劣Ⅴ		
			年均	劣Ⅴ		
十字洋河	新塘桥	Ⅲ	丰	劣Ⅴ	NH_3-N、TP、TN、COD_{Mn}	NH_3-N（12.82）、TP（1.70）、TN（27.03）、COD_{Mn}（0.41）
			枯	劣Ⅴ		
			年均	劣Ⅴ		

经调查评价，可以看出由于周边河网及城区河网承受的污染负荷非常严重，进入古城区环城河的污水排放总量，已远远超过1992年研究大引水方案时估算的古城区9.2万t/a的污水排放总量，苏州城区处于劣Ⅴ类水的包围之中。

再从古城区的污染状况分析，是以居民生活和服务业的有机污染为主，两者COD_{Cr}总和占古城区污染源的91.4%。造成这种现状的主要原因如下：

1）居民生活污染源：古城区内老街、老建筑无完善的卫生排水设施，这部分居民生活污水直接排入内、环城河；早期建成的管网老化漏失，部分污水外泄至附近地表水体，致使生活污水收集率下降；城西、城南、城东3个生活污水处理厂实际已处于满负荷或超负荷运行状况，无法接收更多的生活污水。

2）服务业：环城河两岸的服务业如绝大多数饭店、宾馆、美容美发店等，虽然规模小，但COD_{Cr}浓度高，大多没有进行治理或采取控制措施，直接排入内、外城河。

3）古城内仍有14家工业企业，其排放的废水大部分直接排入内、外城河，加剧了环城河的水体污染。

4）由于上下游工情和水情的变化，环城河水体大部分时间处于滞流状态，其枯水期平均流速小于0.1m/s，平水期平均流速也只有0.1m/s。环城河自净能力以及与外界水体没有基本交换，水体更新能力较差，也是环城河水质恶化的重要因素之一。

环城河评价断面的综合污染指数范围达到0.789～3.621，水质污染程度为重污染。水环境污染已经给苏州城市的社会形象、经济发展和人民生产生活带来了严重的不利影响。河网水质恶化使苏州江南水乡、小桥流水的特色失去了美感，水域功能的衰退，使其原有的美化环境、调节城市小气候、旅游景观等功能急剧萎缩，景观黯然失色，水上旅游资源受到严重损害，有损于苏州作为一个国家历史文化名城和重要的风景旅游城市的形象。实施西塘河引水工程，改善环城河水环境，恢复古城水乡风貌已显得十分紧迫。

4.2　引水水源论证

第3章对“大引水、小引水”方案的水源地作了初步论证，推荐引水水源为望虞河。在此研究成果的基础上，再作补充论证。

4.2.1　阳澄湖

阳澄湖位于市区东北约10km，跨苏州工业园区、相城区、常熟和昆山市，是太湖平原上的第三大淡水湖泊，也是苏州市的重要饮用水水源地之一。它四周河道稠密，进出河流有63条，其中，西线23条，北线7条，东线13条，南线20条，其入湖口大多集中在西线和北线，其中又以西线为主，出湖口多集中在东线和南线。阳澄湖为吞吐型湖泊，上承西及西北部望虞河、常熟等地来水，东出七浦塘、杨林塘，南入娄江，经浏河入长江。其水动力场的变化与长江引排水密切相关，是阳澄淀泖水系的调节中心。

阳澄湖可分为东、中、西三湖，以东湖面积最大，西湖最深，三湖平均水深分别为1.70m、1.80m、2.65m，西湖底的狭长河槽水深2～4m，湖中最深处达9.5m。湖泊容积较小，年内水位变幅一般在1.2m以下，总水面积为118km^2，常水位湖泊蓄水量为2.22亿m^3。三湖之间有众多港汊相通，使阳澄湖三湖既相互独立，又相互联系，浑然一体。

阳澄湖担负着苏州市区、昆山市、相城区等沿湖乡镇近百万人的饮用水供给任务，同时兼有渔业养殖、工业用水、灌溉、旅游、航运及防汛等多种功能，也是苏州市区唯一能应对突发性事件的应急重要水源。近几年来，随着沿湖地区工农业生产的迅速发展和过快的人口增长，污染湖泊的因素不断增多，尤其是大量未经处理的生活污水及部分工业污水就近排入入湖河道；农田化肥、农药大量流失；水产养殖规模的不断扩大，极大地增加湖体的污染物质及营养物水平；入湖口及重要功能区域的沉积物多年未曾清淤，致使阳澄湖的水质污染日趋严重，富营养化水平日益加重。

阳澄湖为吞吐型湖泊，其流型分为顺流型和逆流型，两种流型共有五种流态：顺流型有西进东出、西进南出和西进北出为主的三种流态，其中又以前两种流态最为常见；逆流型有北进南出和三面进南面出为主的两种流态。当阳澄湖水位高于长江水位时（或长江落潮），可通过沿江的浏河、杨林塘、七浦塘、白茆塘等沿江口门自流排江；当阳澄湖水位低于长江水位时（或长江涨潮），也可通过沿江口门自流引江。因此阳澄湖的水环境特征受周边入湖河道水质的影响较大。

经过模拟计算，在阳澄湖西湖取水40m^3/s情况下，西湖、中湖水位比现状均有所下降，下降幅度为4～6cm，对东湖没有影响。这说明阳澄湖水量不够。阳澄湖作为引水水源，需要解决两个问题：一是要有足够的水源保证阳澄湖供水，这需要对七浦塘或杨林塘进行河道整治，使之达到一定的规模，保证引入足够的长江水补充；二是克服水势不顺问题，这需要在环城河四周全部建闸，强制性地把觅渡桥出水改为胥江出水，但这样做带来的负面影响相当大。因此，由于当时不具备这两个条件，只能暂时放弃阳澄湖引水方案，留待以后作补充水源。

4.2.2 太湖

以太湖为水源，能选择的河道是胥江。按照环城河正常的自然流向，胥江从泰让桥进城后，经环城河西线向南，过人民桥后从觅渡桥流出，能改善的是西线南段和南线。

以1979年枯水年型为例，自流状态下南线水量增加19.50m^3/s，西线减少2.83m^3/s，北线减少22.00m^3/s，东线减少2.46m^3/s。这意味着，在增加南线水质改善效果的同时，北线、东线、西线的水质反而会下降，说明太湖引水只能起补充作用或者局部作用。

如果胥江引水要对改善整个环城河水质都起作用，需要人为调整环城河东线和西线的流向，由原来由北向南的自然流向调整为由南向北的逆行流向，将觅渡桥出水调整为娄江出水，这样做带来的影响是难以接受的。

从工程施工角度来说，由于大运河改道，胥江在大运河的东西两侧河口上下相差300m左右，需要下穿大运河建立交，在不断航情况下施工难度和工程投资在当时的条件下都是巨大的。

再从太湖水资源供给量分析，正常水位下太湖的容积约为44.3亿m^3，平均水深1.89m，太湖换水周期约为300天。现状太湖的年取水量约为43亿m^3，其中浙江约10亿m^3，苏州约21亿m^3，无锡约12亿m^3。根据太湖流域管理局的预测，如考虑今后用水量的增加及向上海供水等因素，太湖供水量将达到60亿m^3。因此，苏州市要大规模地增加环境用水的可能性不大。

此前，河海大学环境水利研究所于1995年12月，在《苏州水环境治理方案研究》中曾设想，将望亭电厂取自太湖的冷却水40m^3/s，通过新开专渠引进苏州市区，但该方案因冷却水带来的热污染问题无法解决而被放弃。

4.2.3 望虞河

望虞河最终被选择为引水水源，一是在无法实施阳澄湖引水和太湖引水的情况下，有点无奈之举；二是太湖流域管理局正在谋划“引江济太”事宜，简单来说“引江济太”就是在不危及太湖防汛安全的前提下，通过望虞河常熟枢纽引长江水补充太湖，计划每年引长江水20亿m^3，其中入太湖10亿m^3，这对西塘河引水工程来说是极大的利好消息，对此寄予很大的期望；三是当时的望虞河水质虽然不理想，尚未达到水功能区设定的Ⅲ类水目标，但在望虞河琳桥港口，其水质为Ⅲ～Ⅳ类，总体上要比环城河水质好得多。望虞河琳桥港口历年水质见表4.6。

表4.6　望虞河琳桥港口历年水质监测表　　单位：mg/L

年份	日期	DO		COD_{Mn}		BOD_5		NH_3-N		ROH	
		实测	类别	实测	类别	实测	类别	实测	类别	实测	类别
1997	4月22日	3.1	Ⅳ	9.7	Ⅴ	3.3	Ⅲ	8.24	Ⅴ	0.005	Ⅲ
	8月29日	5.3	Ⅲ	5.0	Ⅲ	2.1	Ⅰ	1.10	Ⅳ	—	Ⅰ
	12月7日	4.9	Ⅳ	7.3	Ⅳ	1.8	Ⅰ	5.72	Ⅴ	0.009	Ⅳ
	年均	4.4	Ⅳ	7.3	Ⅳ	2.4	Ⅰ	5.02	Ⅴ	0.006	Ⅲ

续表

年份	日期	DO		COD_{Mn}		BOD_5		NH_3-N		ROH	
		实测	类别	实测	类别	实测	类别	实测	类别	实测	类别
1998	2月20日	11.1	Ⅰ	3.2	Ⅱ	1.8	Ⅰ	0.65	Ⅲ	—	Ⅰ
	9月19日	5.1	Ⅲ	4.2	Ⅲ	1.3	Ⅰ	1.15	Ⅳ	0.003	Ⅲ
	12月14日	8.5	Ⅰ	5.4	Ⅲ	2.2	Ⅰ	1.23	Ⅳ	0.003	Ⅲ
	年均	8.2	Ⅰ	4.3	Ⅲ	1.8	Ⅰ	1.01	Ⅳ	0.002	Ⅲ
1999	3月12日	8.4	Ⅰ	6.5	Ⅳ	3.0	Ⅱ	2.44	Ⅴ	—	Ⅰ
	7月26日	5.7	Ⅲ	3.5	Ⅱ	0.9	Ⅰ	0.18	Ⅱ	—	Ⅰ
	11月15日	5.4	Ⅲ	5.4	Ⅲ	2.1	Ⅰ	2.60	Ⅴ	0.011	Ⅴ
	年均	6.5	Ⅱ	5.1	Ⅲ	2.0	Ⅰ	1.74	Ⅳ	0.004	Ⅲ
2000	3月18日	6.6	Ⅱ	5.9	Ⅲ	2.9	Ⅰ	3.13	Ⅴ	0.009	Ⅳ
	7月8日	4.8	Ⅳ	7.6	Ⅳ	3.6	Ⅲ	1.68	Ⅳ	0.004	Ⅲ
	11月8日	4.9	Ⅳ	6.5	Ⅳ	4.1	Ⅳ	2.60	Ⅴ	—	Ⅰ
	年均	5.4	Ⅲ	6.7	Ⅳ	3.5	Ⅲ	2.47	Ⅴ	0.004	Ⅲ
2001	3月20日	2.7	Ⅴ	8.7	Ⅴ	3.6	Ⅲ	6.99	Ⅴ	0.005	Ⅲ
	7月20日	7.5	Ⅱ	7.0	Ⅳ	2.3	Ⅰ	2.11	Ⅴ	0.011	Ⅴ
	11月11日	3.8	Ⅳ	4.9	Ⅲ	3.3	Ⅲ	2.25	Ⅴ	—	Ⅰ
	年均	4.7	Ⅳ	6.9	Ⅳ	3.1	Ⅲ	3.78	Ⅴ	0.005	Ⅲ
2002	3月13日	5.9	Ⅲ	3.3	Ⅱ	2.0	Ⅰ	0.93	Ⅲ	—	Ⅰ

4.3　计算模型

1. 水量模型基本方程

连续方程：
$$\frac{\partial Q}{\partial x}+B_{\mathrm{T}}\frac{\partial A}{\partial t}=q_{A}+\delta$$

运动方程：
$$\frac{\partial Q}{\partial t}+2u\frac{\partial Q}{\partial x}+(gA-Bu^{2})\frac{\partial Z}{\partial x}+g\frac{n^{2}\mid u\mid Q}{R^{4/3}}=0$$

式中：x 为距离，m；t 为时间，s；A 为过水面积，m^2；Z 为水位，m；u 为流速，m/s；R 为水力半径，m；q_A为施加在陆域宽度的流量，m^3/s，入注为正，出流为负；δ 为非守恒修正量，m^3/s；B 为河宽，m。

水量模型由河网及湖泊、边界条件、降雨蒸发、产汇流、建筑物及其运行方式五部分组成：

（1）河网及湖泊模拟。根据实际河网、湖泊资料适当合并后概化，对于一般小湖泊作为面上调蓄处理，概化为河道附加的陆域宽度，即单位河长的汇水面积；大、中型湖泊作为0维调蓄节点。

（2）边界条件模拟。

潮位边界：利用现有沿江潮位站的整点实测潮位过程线，用拉格朗日三点插值法确定潮位边界。

水位、流量：采用太湖、太浦河、望虞河水位流量资料。

（3）降雨蒸发：降雨及蒸发利用研究区域内苏州市区、吴江、常熟、昆山、太仓五个分区范围内，以及周边雨量站、蒸发站的日雨量和蒸发量计算各分区的日平均雨量和蒸发量。在进行时间离散时，用日降雨量描述降雨的时间变化，忽略降雨在一天内的变化对河网水流的影响；在进行空间离散时，用分区日平均雨量描述雨量的空间变化，忽略降雨在分区内部的变化对河网水流的影响。

（4）产汇流。产流过程将降雨经过折损变成净雨，按水面、水田、旱地、城镇四种类型进行产流计算。汇流过程将各分区净雨汇集到出口控制断面或排入河网。其中，圩区产水量先在圩内调蓄，调蓄水深 40cm，超过 40cm 部分按排涝模数外排；非圩区按 0.4、0.4、0.2 分配，即 1 天产水量分 3 天汇入河网。

（5）建筑物及其运行方式。工程规模、位置按实际确定，在控制建筑物上、下游设置节点，忽略两节点之间的距离，节点之间的水位差与流量按堰流公式计算。运行方式按各级防汛指挥部门制订的调度运行方案执行。

2. 水质模型

水质模型采用美国国家环保局（EPA）推荐的 WASP5 模型。基本方程为

$$\frac{\partial(AC)}{\partial t}=\frac{\partial}{\partial x}\left(-U_xAC+E_xA\frac{\partial C}{\partial x}\right)+A(S_L+S_B)+AS_k$$

式中：C 为水质组分浓度，mg/L；t 为时间步长，d；U_x 为纵向对流速度，m/d；E_x 为纵向扩散系数，m^2/d；S_L 为点源和面源，g/（$m^3\cdot d$）；S_B 为边界负荷，g/（$m^3\cdot d$）；S_k 为源漏项，g/（$m^3\cdot d$），（正值为源，负值为漏）；A 为面积，m^2。

方程求解按时间前差分、空间中心差分，将污染物对流扩散方程写成线性差分，再迭代求解。

对于水中污染物的物理-化学过程，在计算时作了简化处理。DO 系统考虑了 NH_3-N、碳化需氧量和 DO 之间的反应关系；氮的循环系统只考虑了 NH_3-N 的硝化过程。

模型参数取值：NH_3-N 降解系数为 0.02～0.25，COD_{Mn} 降解系数为 0.0095～0.30，大气复氧系数为 0.10～0.30。

COD_{Mn} 与 COD_{Cr} 的转换关系通过 5 个典型断面的对比测定，取两者的平均比值 4.0 用于计算，两者关系见表 4.7。

表 4.7　COD_{Mn} 与 COD_{Cr} 关系表

水样检测点	COD_{Mn}/（mg/L）	COD_{Cr}/（mg/L）	比值
娄江	24.28	6.30	3.85
运河枫桥	24.35	5.90	4.13
环城河齐门	25.90	6.76	3.83
环城河相门	27.89	6.84	4.08
城内小河	35.06	6.84	5.13

3. 典型年

根据1954—2000年共48年8站的降水量、年平均水位及年最低水位统计资料，通过水位频率分析结合降雨量资料的方法，确定1988年为平水典型年，保证率为50%；1979年为枯水典型年，保证率为90%。

水量、水质模型均采用2000年实测资料进行率定。

4.4 流量确定

4.4.1 以流向为目标判别

在现状不引水情况下，外城河北线和东线呈明显往复流，南线流向全年自西向东，西线阊门至钱万里桥段有往复流，万年桥至阊门段全年自北向南。通过西塘河引水，希望理顺环城河的自然流向，不出现往复流。即北线自西向东，西线自北向南，南线自西向东，东线自北向南（汛期受沿江浏河闸排水影响，出现自南向北排水的情况除外）。

1979枯水年型，不引水时，环城河北线和东线呈明显往复流，南线流向全年自西向东，不受引水影响，西线阊门至钱万里桥段有往复流，万年桥至阊门段全年自北向南。当引水流量为$0m^3/s$（不引水）、$20m^3/s$、$30m^3/s$、$40m^3/s$、$50m^3/s$时，北线正向流天数分别为245天、363天、365天、365天、365天，依次递增48%、1%、0、0；东线正向流天数分别为260天、282天、299天、332天、352天，依次递增8%、7%、13%、7%；西线正向流天数分别为284天、354天、365天、365天、365天，依次递增25%、4%、0、0。1979年型环城河引水前后平均流量变化见表4.8。

1988平水年型，不引水时，环城河北线流向以自西向东正向流为主（全年356天），东线以自南向北反向流为主，南线全年自西向东正向流为主，西线的阊门至钱万里桥段以自南向北为主，而万年桥至阊门段则全年自北向南北线。当引水流量为$0m^3/s$（不引水）、$20m^3/s$、$30m^3/s$、$40m^3/s$、$50m^3/s$时，东线正向流天数分别为70天、125天、173天、221天、269天，依次递增78%、69%、138%、206%；西线正向流天数分别为196天、280天、365天、365天、365天，依次递增43%、45%、0、0。1988年型环城河引水前后平均流量变化见表4.9。

通过枯水年型和平水年型引水前后河道流态的分析，引水改善了河网往复流态及局部滞流，引水流量越大，河道依据于河势的状态表现为自北向南、由西向东的自然通畅的流动状态，仅东线局部河段在丰水期由于受沿江水闸排水影响，仍表现为由南向北的反向流。随着引水量的增加，无论是在1979枯水年型，还是1988平水年型，环城河各线流量也在增加，当引水增加到$40m^3/s$时，北、西、南三线均为正向流，东线虽没全年达到正向流，但也达到了332天和221天，扣除汛期排水影响，基本能够接受。

表 4-8　　1979 年型环城河引水前后平均流量变化表

河流	时期	不引水				引水 $20m^3/s$				引水 $30m^3/s$				引水 $40m^3/s$				引水 $50m^3/s$				流向正向
		正向		反向		正向		反向		正向		反向		正向		反向		正向		反向		
		流量/(m^3/s)	天数/d	流量/(m^3/s)	天数/d	流量/(m^3/s)	天数/d	流量/(m^3/s)	天数/d	流量/(m^3/s)	天数/d	流量/(m^3/s)	天数/d	流量/(m^3/s)	天数/d	流量/(m^3/s)	天数/d	流量/(m^3/s)	天数/d	流量/(m^3/s)	天数/d	
环城河北线	枯水期	1.50	38	2.17	52	11.92	89	0.01	1	18.76	90	0.00	0	25.34	90	0.00	0	31.89	90	0.00	0	自西向东
	平水期	2.82	89	2.04	63	14.00	151	0.01	1	21.06	152	0.00	0	27.88	152	0.00	0	34.68	152	0.00	0	
	丰水期	10.78	118	0.08	5	16.46	123	0.00	0	22.71	123	0.00	0	29.23	123	0.00	0	35.78	123	0.00	0	
	年均值	5.15	245	1.42	120	14.30	363	0.01	2	21.03	365	0.00	0	27.69	365	0.00	0	34.35	365	0.00	0	
环城河东线	枯水期	2.59	82	0.20	8	8.86	88	0.06	2	9.57	88	0.06	2	10.44	88	0.05	2	11.36	88	0.05	1	自北向南
	平水期	3.79	142	0.09	11	7.37	150	0.03	2	8.09	151	0.01	1	9.28	152	0.00	0	10.44	152	0.00	0	
	丰水期	0.97	36	3.45	86	1.45	44	2.97	79	2.00	60	1.80	63	3.70	92	0.66	31	5.78	112	0.15	12	
	年均值	2.55	260	1.24	105	5.77	282	1.02	83	6.43	299	0.62	66	7.71	332	0.23	33	9.12	352	0.06	13	
环城河南线	枯水期	5.81	90	0.00	0	4.93	90	0.00	0	5.56	90	0.00	0	6.32	90	0.00	0	7.29	90	0.00	0	自西向东
	平水期	7.87	152	0.00	0	7.85	152	0.00	0	8.56	152	0.00	0	9.03	152	0.00	0	9.65	152	0.00	0	
	丰水期	12.66	123	0.00	0	13.24	123	0.00	0	14.45	123	0.00	0	14.89	123	0.00	0	15.17	123	0.00	0	
	年均值	8.96	365	0.00	0	8.91	365	0.00	0	9.77	365	0.00	0	10.31	365	0.00	0	10.90	365	0.00	0	
环城河西线	枯水期	1.66	81	0.10	9	6.54	90	0.00	0	7.77	90	0.00	0	9.19	90	0.00	0	10.71	90	0.00	0	自北向南
	平水期	2.52	134	0.11	18	6.13	152	0.00	0	7.55	152	0.00	0	9.26	152	0.00	0	11.00	152	0.00	0	
	丰水期	1.94	69	1.22	55	2.90	112	0.07	11	5.19	123	0.00	0	7.42	123	0.00	0	9.58	123	0.00	0	
	年均值	2.11	284	0.48	81	5.15	354	0.03	11	6.82	365	0.00	0	8.63	365	0.00	0	10.45	365	0.00	0	

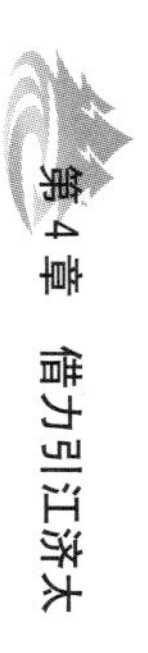

表 4-9　　**1988 年型环城河引水前后平均流量变化表**

河流	时期	不引水				引水 $20m^3/s$				引水 $30m^3/s$				引水 $40m^3/s$				引水 $50m^3/s$				流向正向
		正向		反向		正向		反向		正向		反向		正向		反向		正向		反向		
		流量/(m^3/s)	天数/d	流量/(m^3/s)	天数/d	流量/(m^3/s)	天数/d	流量/(m^3/s)	天数/d	流量/(m^3/s)	天数/d	流量/(m^3/s)	天数/d	流量/(m^3/s)	天数/d	流量/(m^3/s)	天数/d	流量/(m^3/s)	天数/d	流量/(m^3/s)	天数/d	
环城河北线	枯水期	5.66	81	0.26	10	13.35	91	0.00	0	19.82	91	0.00	0	26.24	91	0.00	0	32.80	91	0.00	0	自西向东
	平水期	12.79	152	0.00	0	15.82	152	0.00	0	21.89	152	0.00	0	28.38	152	0.00	0	35.04	152	0.00	0	
	丰水期	16.75	123	0.00	0	16.23	123	0.00	0	22.34	123	0.00	0	28.58	123	0.00	0	35.21	123	0.00	0	
	年均值	12.33	356	0.07	10	15.34	366	0.00	0	21.53	366	0.00	0	27.91	366	0.00	0	34.54	366	0.00	0	
环城河东线	枯水期	1.18	47	1.73	44	4.56	74	0.52	17	5.69	82	0.30	9	6.84	84	0.24	7	7.31	86	0.20	5	自北向南
	平水期	0.25	17	5.44	135	0.47	34	3.59	118	1.11	60	2.57	92	2.22	88	1.28	64	3.78	122	0.44	30	
	丰水期	0.09	6	7.82	117	0.38	17	5.39	106	0.75	31	4.24	92	1.48	49	2.82	74	2.32	61	1.66	62	
	年均值	0.43	70	5.31	296	1.46	125	3.42	241	2.13	173	2.56	193	3.13	221	1.53	145	4.18	269	0.79	97	
环城河南线	枯水期	8.44	91	0.00	0	8.71	91	0.00	0	9.21	91	0.00	0	9.82	91	0.00	0	11.52	91	0.00	0	自西向东
	平水期	13.50	152	0.00	0	13.57	152	0.00	0	15.10	152	0.00	0	15.92	152	0.00	0	16.68	152	0.00	0	
	丰水期	16.41	123	0.00	0	14.16	123	0.00	0	16.81	123	0.00	0	18.01	123	0.00	0	19.15	123	0.00	0	
	年均值	13.20	366	0.00	0	12.55	366	0.00	0	14.19	366	0.00	0	15.09	366	0.00	0	16.22	366	0.00	0	
环城河西线	枯水期	1.29	59	0.65	32	4.41	89	0.01	2	6.10	90	0.00	1	7.81	91	0.00	0	9.35	91	0.00	0	自北向南
	平水期	1.52	76	1.74	76	1.93	130	0.18	22	4.40	152	0.00	0	6.64	152	0.00	0	8.73	152	0.00	0	
	丰水期	1.72	61	2.39	62	0.95	61	0.99	62	3.65	123	0.00	0	6.20	123	0.00	0	8.29	123	0.00	0	
	年均值	1.53	196	1.69	170	2.22	280	0.41	86	4.58	365	0.00	1	6.79	366	0.00	0	8.74	366	0.00	0	

4.4.2 以水质为目标判别

环城河的水质目标设定为地面水Ⅳ类标准。考虑到环城河水质的好坏不仅受到城区污染的直接影响，周边河网污染物的输送也是重要的影响原因之一。因此，污染源削减的范围包括城区和周边地区。研究方案对污染源的削减分三个阶段进行。

第一阶段：市区及周边有关的生活污染源进厂处理率增加15%，列为工业污染大户的52家企业达到一级排放标准（以下简称削一）。

第二阶段：市区及周边有关的生活污染源进厂处理率在第一阶段基础上再增加10%；所有工业企业污水全部进厂处理且达到一级排放标准，水产养殖污染削减15%（以下简称削二）。

第三阶段：在第二阶段的基础上，市区生活污水处理率达到80%、周边有关地区达到60%，水产养殖污染再削减10%（以下简称削三）。

考虑只削减污染源不引水（简称只削不引）、只引水不削减污染源（简称只引不削）、既引水又削减污染源（简称既引又削）三种情况，再加上 $20m^3/s$、$30m^3/s$、$40m^3/s$ 三种不同引水流量的 COD_{Mn}、NH_3-N 两个指标，以及1979枯水年和1988平水年两个典型年，共有60个方案组合，主要研究结论详见表4.10～表4.21。

1. 只削不引

对 COD_{Mn} 指标，当污染源削减达到第一阶段和第二阶段时，平水年环城河各线的 COD_{Mn} 值均达到Ⅳ类水体标准，枯水年仅在环城河东线出现 COD_{Mn} 劣于Ⅳ类水体的情况。当污染源削减达到第三阶段时，平水年和枯水年环城河各线的 COD_{Mn} 值均达到Ⅳ类水体标准。

对 NH_3-N 指标，不论污染源削减达到哪个阶段，平水年和枯水年环城河各线的 NH_3-N 值均劣于Ⅳ类水体。平水年 NH_3-N 的最大年均超标倍数为3.56倍、2.45倍、2.36倍，枯水年 NH_3-N 的最大年均超标倍数为6.42倍、6.07倍、5.70倍。

这表明仅考虑污染源的削减，仍不能达到环城河Ⅳ类水质的目标。

2. 只引不削

(1) 引水 $20m^3/s$：平水年环城河各线的 COD_{Mn} 基本达到Ⅳ类水体；枯水年 COD_{Mn} 稍劣于Ⅳ类，COD_{Mn} 的超标倍数为1.11倍。平水年 NH_3-N 在东线和南线劣于Ⅳ类水体，超标倍数分别为5.49倍和2.33倍，北线和西线基本满足Ⅳ类水体；枯水年 NH_3-N 各线均劣于Ⅳ类水体，其中最劣水体出现在环城河东线，年均超标倍数为6.64倍。

(2) 引水 $30m^3/s$ ：平水年环城河各线的 COD_{Mn} 均能满足Ⅳ类水体；枯水年 COD_{Mn} 也基本满足Ⅳ类水体。平水年东线和南线 NH_3-N 劣于Ⅳ类水体，超标倍数分别为4.83倍和1.79倍，北线和西线 NH_3-N 基本满足Ⅳ类水体；枯水年各线 NH_3-N 均劣于Ⅳ类水体，其中最劣水体出现在环城河东线，年均超标倍数为5.85倍。

(3) 引水 $40m^3/s$ ：平水年环城河各线的 COD_{Mn} 基本达到Ⅳ类水体。NH_3-N 在平水年东线和南线劣于Ⅳ类水体，超标倍数分别为4.41倍和1.57倍，北线和西线 NH_3-N 基本满足Ⅳ类水体；枯水年各线 NH_3-N 均劣于Ⅳ类水体，其中最劣水体出现在环城河东线，年均超标倍数为5.33倍。

这表明仅考虑引水不削减污染源，不能达到环城河Ⅳ类水质的目标。

3. 既引又削

(1) 引水 $20m^3/s$。

第一阶段削减：环城河 COD_{Mn} 在平水年和枯水年均达到Ⅳ类水体。NH_3-N 在平水年东线和南线劣于Ⅳ类水体，超标倍数分别为 2.17 倍和 1.99 倍，北线和西线达到Ⅳ类水体；枯水年仅北线达到Ⅳ类水体，东线、南线和西线劣于Ⅳ类水体，年均超标倍数分别为 3.46 倍、4.41 倍和 2.44 倍。

第二阶段削减：环城河 COD_{Mn} 在平水年和枯水年均达到Ⅳ类水体。NH_3-N 在平水年东线和南线劣于Ⅳ类水体，超标倍数分别为 1.58 倍和 1.49 倍，北线和西线达到Ⅳ类水体。枯水年仅北线达到Ⅳ类水体，东线、南线和西线劣于Ⅳ类水体，年均超标倍数分别为 2.44 倍、3.18 倍和 1.88 倍。

第三阶段削减：环城河 COD_{Mn} 在平水年和枯水年均达到Ⅳ类水体。NH_3-N 在平水年东线和南线劣于Ⅳ类水体，超标倍数分别为 1.34 倍和 1.4 倍，北线和西线达到Ⅳ类水体。枯水年仅北线达到Ⅳ类水体，东线、南线和西线劣于Ⅳ类水体，年均超标倍数分别为 1.91 倍、2.77 倍和 1.83 倍。

表明引水 $20m^3/s$，污染源削减达到第三阶段，NH_3-N 仍不能达到Ⅳ类水体要求。

(2) 引水 $30m^3/s$。

第一阶段削减：环城河 COD_{Mn} 在平水年和枯水年均达到Ⅳ类水体。NH_3-N 在平水年东线和南线劣于Ⅳ类水体，超标倍数分别为 1.85 倍和 1.73 倍，北线和西线达到Ⅳ类水体；枯水年仅北线达到Ⅳ类水体，东线、南线和西线劣于Ⅳ类水体，年均超标倍数分别为 2.63 倍、3.52 倍和 1.80 倍。

第二阶段削减：环城河 COD_{Mn} 在平水年和枯水年均达到Ⅳ类水体。NH_3-N 在平水年东线和南线劣于Ⅳ类水体，超标倍数分别为 1.38 倍和 1.31 倍，北线和西线达到Ⅳ类水体；枯水年仅北线达到Ⅳ类水体，东线、南线和西线劣于Ⅳ类水体，年均超标倍数分别为 1.62 倍、2.38 倍和 1.49 倍。

第三阶段削减：环城河 COD_{Mn} 在平水年和枯水年均达到Ⅳ类水体。NH_3-N 在平水年东线和南线劣于Ⅳ类水体，超标倍数分别为 1.14 倍和 1.23 倍，北线和西线达到Ⅳ类水体；枯水年仅北线达到Ⅳ类水体，东线、南线和西线劣于Ⅳ类水体，年均超标倍数分别为 1.48 倍、2.29 倍和 1.39 倍。

表明引水 $30m^3/s$，污染源削减达到第三阶段，NH_3-N 指标有较大的改善，但仍不能达到Ⅳ类水体要求。

(3) 引水 $40m^3/s$。

第一阶段削减：环城河 COD_{Mn} 在平水年和枯水年均达到Ⅳ类水体。NH_3-N 在平水年东线和南线劣于Ⅳ类水体，超标倍数分别为 1.56 倍和 1.47 倍，北线和西线达到Ⅳ类水体；枯水年仅北线达到Ⅳ类水体，东线、南线和西线劣于Ⅳ类水体，年均超标倍数分别为 2.04 倍、2.80 倍和 1.43 倍。

第二阶段削减：环城河 COD_{Mn} 在平水年和枯水年均达到Ⅳ类水体。NH_3-N 在平水年东线和南线劣于Ⅳ类水体，超标倍数分别为 1.20 倍和 1.15 倍，北线和西线达到Ⅳ类水体；枯水年仅北线达到Ⅳ类水体，东线、南线和西线劣于Ⅳ类水体，年均超标倍数分别为

1.44 倍、1.91 倍和 1.24 倍。

第三阶段削减：环城河 COD_{Mn} 在平水年和枯水年均达到Ⅳ类水体。NH_3-N 在平水年基本满足Ⅳ类水体；枯水年除南线略超Ⅳ类水体，北线、东线和西线均达到或基本达到Ⅳ类水体。

上述各方案分析表明，只削不引和只引不削都不能达到水质目标要求，在削减污染源和引水措施并举的情况下，引水 $20m^3/s$ 流量就能使 COD_{Mn} 达标。但对 NH_3-N 来说，需引水流量达到 $40m^3/s$、且污染源削减达到第三阶段时，才能基本达标。这一方面说明治理的难点在东线和南线，也说明引水稀释对 NH_3-N 的作用比较小。1988 年型和 1979 年型不同引水量水质分析见表 4.22 和表 4.23。因此，确定引水流量为 $40m^3/s$。

表 4.10　　1988 年型引水 $20m^3/s$ 流量 COD_{Mn} 变化表　　单位：mg/L

河流	水期	现状流量均值	引水流量均值	只引不削	只削不引			既引又削		
					削一	削二	削三	削一	削二	削三
环城河北线	枯水期	5.09	13.35	3.89	6.00	3.97	2.88	3.07	2.33	1.36
	平水期	12.79	15.82	2.22	3.83	2.37	1.79	1.73	1.20	0.51
	丰水期	16.75	16.23	2.08	2.93	2.00	1.23	1.57	1.12	0.41
	年均值	11.98	15.34	2.77	4.23	2.75	1.93	2.12	1.56	0.76
环城河东线	枯水期	1.71	3.97	9.84	6.77	4.12	3.40	4.82	3.39	1.89
	平水期	5.06	3.49	7.27	4.60	2.42	2.18	3.04	1.95	1.01
	丰水期	7.63	4.99	6.69	3.63	1.94	1.57	2.93	1.70	0.97
	年均值	4.61	3.13	8.03	4.99	2.80	2.36	3.61	2.35	1.29
环城河南线	枯水期	8.44	8.71	4.32	4.38	2.66	2.08	3.14	2.13	1.54
	平水期	13.50	13.57	2.18	2.51	1.28	1.05	1.79	1.05	0.75
	丰水期	16.41	14.16	1.70	2.20	1.25	0.98	1.79	1.08	0.81
	年均值	13.20	12.55	2.75	3.02	1.70	1.34	2.25	1.43	1.04
环城河西线	枯水期	1.66	4.35	5.29	8.14	6.14	4.45	4.28	3.54	2.62
	平水期	3.26	1.86	3.69	5.86	4.45	3.51	3.04	2.43	1.80
	丰水期	4.11	1.17	3.68	6.52	5.30	3.99	3.13	2.59	1.78
	年均值	3.06	1.95	4.25	6.82	5.28	3.95	3.53	2.88	2.08

表 4.11　　1988 年型引水 $20m^3/s$ 流量 NH_3-N 变化表　　单位：mg/L

河流	水期	现状流量均值	引水流量均值	只引不削	只削不引			既引又削		
					削一	削二	削三	削一	削二	削三
环城河北线	枯水期	5.09	13.35	2.08	3.07	2.30	2.19	1.56	1.42	1.26
	平水期	12.79	15.82	0.50	1.65	1.26	1.27	0.25	0.19	0.18
	丰水期	16.75	16.23	0.49	1.44	1.17	0.89	0.20	0.21	0.07
	年均值	11.98	15.34	1.07	2.04	1.52	1.41	0.68	0.60	0.50

续表

河流	水期	现状流量均值	引水流量均值	只引不削	只削不引			既引又削		
					削一	削二	削三	削一	削二	削三
环城河东线	枯水期	1.71	3.97	6.70	5.01	3.59	3.43	3.10	2.32	2.00
	平水期	5.06	3.49	4.71	3.00	2.17	1.88	1.43	0.97	0.85
	丰水期	7.63	4.99	4.61	2.66	2.10	1.88	1.79	1.31	1.16
	年均值	4.61	3.13	5.49	3.56	2.45	2.36	2.17	1.58	1.34
环城河南线	枯水期	8.44	8.71	4.12	4.75	3.32	3.21	3.03	2.37	2.22
	平水期	13.50	13.57	1.65	2.40	1.58	1.55	1.31	0.98	0.93
	丰水期	16.41	14.16	1.19	2.07	1.39	1.36	1.51	1.14	1.00
	年均值	13.20	12.55	2.33	3.06	2.15	2.12	1.99	1.49	1.40
环城河西线	枯水期	1.66	4.35	2.18	3.49	2.71	2.47	1.68	1.51	1.38
	平水期	3.26	1.86	0.64	1.87	1.60	1.57	0.42	0.30	0.34
	丰水期	4.11	1.17	0.54	1.83	1.39	1.10	0.42	0.39	0.19
	年均值	3.06	1.95	1.12	2.39	1.81	1.67	0.90	0.75	0.65

表 4.12　　1979 年型引水 $20m^3/s$ 流量 COD_{Mn} 变化表　　单位：mg/L

河流	水期	现状流量均值	引水流量均值	只引不削	只削不引			既引又削		
					削一	削二	削三	削一	削二	削三
环城河北线	枯水期	2.05	11.83	3.79	6.45	4.45	3.04	2.94	2.18	1.28
	平水期	2.70	13.88	2.73	4.90	3.40	2.62	1.81	1.22	0.48
	丰水期	10.37	16.46	2.49	8.47	6.26	4.48	1.89	1.31	0.49
	年均值	4.01	14.22	3.18	6.57	4.68	3.35	2.23	1.58	0.75
环城河东线	枯水期	2.44	8.67	10.15	6.81	4.03	3.09	4.99	3.14	1.91
	平水期	3.63	7.29	8.27	4.95	2.50	2.06	3.86	1.93	1.28
	丰水期	3.10	2.93	7.26	5.79	3.03	2.16	3.62	1.89	1.14
	年均值	2.32	4.81	8.84	5.82	3.18	2.43	4.26	2.35	1.47
环城河南线	枯水期	5.81	4.93	4.05	4.67	2.84	2.22	3.83	2.39	1.92
	平水期	7.87	7.85	3.10	3.38	1.85	1.69	2.98	1.64	1.43
	丰水期	12.66	13.24	2.37	3.93	2.25	1.89	2.88	1.64	1.37
	年均值	8.96	8.91	3.37	3.97	2.31	1.92	3.33	1.94	1.62
环城河西线	枯水期	1.58	6.54	5.87	9.54	7.65	5.91	4.92	3.96	2.98
	平水期	2.37	6.13	5.33	9.84	8.19	7.42	4.45	3.49	2.67
	丰水期	2.88	2.79	5.17	14.32	12.38	10.66	5.12	4.04	2.96
	年均值	2.11	5.05	5.70	11.20	9.39	7.96	4.99	3.94	2.94

表 4.13　　1979 年型引水 $20m^3/s$ 流量 NH_3-N 变化表　　单位：mg/L

河流	水期	现状流量均值	引水流量均值	只引不削	只削不引			既引又削		
					削一	削二	削三	削一	削二	削三
环城河北线	枯水期	2.05	11.83	1.99	4.55	3.69	3.70	1.49	1.34	1.25
	平水期	2.70	13.88	0.97	3.89	4.18	3.36	0.52	0.48	0.27
	丰水期	10.37	16.46	0.83	9.82	8.85	9.04	0.32	0.26	0.32
	年均值	4.01	14.22	1.48	6.04	5.50	5.35	0.82	0.69	0.61
环城河东线	枯水期	2.44	8.67	7.46	5.83	4.11	3.74	3.92	2.79	2.44
	平水期	3.63	7.29	6.57	4.27	3.37	2.29	3.05	2.31	1.59
	丰水期	3.10	2.93	5.68	5.88	3.90	3.46	2.85	1.99	1.50
	年均值	2.32	4.81	6.64	5.30	3.77	3.16	3.46	2.44	1.91
环城河南线	枯水期	5.81	4.93	4.82	5.76	4.03	3.87	4.76	3.41	3.29
	平水期	7.87	7.85	3.51	4.06	3.19	2.32	3.80	2.93	2.27
	丰水期	12.66	13.24	3.49	5.40	3.64	3.18	4.00	2.71	2.34
	年均值	8.96	8.91	4.42	5.03	3.59	3.11	4.41	3.18	2.77
环城河西线	枯水期	1.58	6.54	2.75	4.86	4.00	4.11	2.27	1.90	1.84
	平水期	2.37	6.13	2.02	5.12	5.07	4.05	1.70	1.23	1.37
	丰水期	2.88	2.79	1.81	9.61	9.31	8.99	2.60	2.07	1.89
	年均值	2.11	5.05	2.61	6.42	6.07	5.70	2.44	1.88	1.83

表 4.14　　1988 年型引水 $30m^3/s$ 流量 COD_{Mn} 变化表　　单位：mg/L

河流	水期	现状流量均值	引水流量均值	只引不削	只削不引			既引又削		
					削一	削二	削三	削一	削二	削三
环城河北线	枯水期	5.09	19.82	2.95	6.00	3.97	2.88	2.60	1.99	1.18
	平水期	12.79	21.89	1.71	3.83	2.37	1.79	1.44	0.99	0.38
	丰水期	16.75	22.34	1.63	2.93	2.00	1.23	1.33	0.94	0.31
	年均值	11.98	21.53	2.14	4.23	2.75	1.93	1.81	1.31	0.62
环城河东线	枯水期	1.71	5.27	8.63	6.77	4.12	3.40	4.39	3.17	1.79
	平水期	5.06	2.93	6.42	4.60	2.42	2.18	2.73	1.80	0.91
	丰水期	7.63	4.03	6.15	3.63	1.94	1.57	2.58	1.58	0.82
	年均值	4.61	2.96	7.16	4.99	2.80	2.36	3.26	2.18	1.17
环城河南线	枯水期	8.44	9.21	3.34	4.38	2.66	2.08	2.93	2.05	1.47
	平水期	13.50	15.10	1.80	2.51	1.28	1.05	1.65	1.00	0.69
	丰水期	16.41	16.81	1.54	2.20	1.25	0.98	1.62	1.01	0.69
	年均值	13.20	14.19	2.25	3.02	1.70	1.34	2.09	1.37	0.95

续表

河流	水期	现状流量均值	引水流量均值	只引不削	只削不引			既引又削		
					削一	削二	削三	削一	削二	削三
环城河西线	枯水期	1.66	6.08	4.48	8.14	6.14	4.45	3.89	3.26	2.45
	平水期	3.26	4.40	3.32	5.86	4.45	3.51	2.82	2.28	1.69
	丰水期	4.11	3.65	3.33	6.52	5.30	3.99	2.85	2.38	1.62
	年均值	3.06	4.57	3.79	6.82	5.28	3.95	3.25	2.67	1.94

表4.15　　1988年型引水30m³/s流量NH_3—N变化表　　单位：mg/L

河流	水期	现状流量均值	引水流量均值	只引不削	只削不引			既引又削		
					削一	削二	削三	削一	削二	削三
环城河北线	枯水期	5.09	18.76	1.55	3.07	2.30	2.19	1.40	1.32	1.21
	平水期	2.70	21.06	0.33	1.65	1.26	1.27	0.21	0.17	0.19
	丰水期	10.37	22.71	0.33	1.44	1.17	0.89	0.16	0.20	0.07
	年均值	4.01	21.03	0.80	2.04	1.52	1.41	0.63	0.56	0.49
环城河东线	枯水期	2.44	9.39	5.83	5.01	3.59	3.43	2.79	2.17	1.92
	平水期	3.63	8.05	4.03	3.00	2.17	1.88	1.17	0.88	0.68
	丰水期	3.10	2.66	4.14	2.66	2.10	1.88	1.38	1.08	0.84
	年均值	2.32	5.56	4.83	3.56	2.45	2.36	1.85	1.38	1.14
环城河南线	枯水期	5.81	5.56	3.02	4.75	3.32	3.21	2.72	2.18	2.06
	平水期	7.87	8.56	1.15	2.40	1.58	1.55	1.10	0.82	0.80
	丰水期	12.66	14.45	1.20	2.07	1.39	1.36	1.20	0.90	0.79
	年均值	8.96	9.77	1.79	3.06	2.15	2.12	1.73	1.31	1.23
环城河西线	枯水期	1.58	7.77	1.64	3.49	2.71	2.47	1.51	1.39	1.29
	平水期	2.37	7.55	0.48	1.87	1.60	1.57	0.39	0.30	0.34
	丰水期	2.88	5.19	0.42	1.83	1.39	1.10	0.33	0.34	0.15
	年均值	2.11	6.82	0.93	2.39	1.81	1.67	0.82	0.70	0.61

表4.16　　1979年型引水30m³/s流量COD_{Mn}变化表　　单位：mg/L

河流	水期	现状流量均值	引水流量均值	只引不削	只削不引			既引又削		
					削一	削二	削三	削一	削二	削三
环城河北线	枯水期	2.05	18.76	2.95	6.45	4.45	3.04	2.52	1.94	1.13
	平水期	2.70	21.06	2.03	4.90	3.40	2.62	1.49	1.01	0.38
	丰水期	10.37	22.71	2.03	8.47	6.26	4.48	1.60	1.11	0.39
	年均值	4.01	21.03	2.44	6.57	4.68	3.35	1.89	1.36	0.63

续表

河 流	水期	现状流量均值	引水流量均值	只引不削	只削不引			既引又削		
					削一	削二	削三	削一	削二	削三
环城河东线	枯水期	2.44	9.39	9.17	6.81	4.03	3.09	4.42	2.98	1.74
	平水期	3.63	8.05	7.52	4.95	2.50	2.06	3.17	1.74	1.01
	丰水期	3.10	2.66	6.80	5.79	3.03	2.16	3.04	1.71	0.91
	年均值	2.32	5.56	8.07	5.82	3.18	2.43	3.61	2.16	1.23
环城河南线	枯水期	5.81	5.56	3.72	4.67	2.84	2.22	3.40	2.26	1.69
	平水期	7.87	8.56	2.45	3.38	1.85	1.69	2.52	1.48	1.17
	丰水期	12.66	14.45	2.10	3.93	2.25	1.89	2.50	1.52	1.17
	年均值	8.96	9.77	2.98	3.97	2.31	1.92	2.89	1.80	1.37
环城河西线	枯水期	1.58	7.77	5.02	9.54	7.65	5.91	4.30	3.56	2.68
	平水期	2.37	7.55	4.53	9.84	8.19	7.42	3.75	3.02	2.32
	丰水期	2.88	5.19	4.56	14.32	12.38	10.66	4.41	3.58	2.60
	年均值	2.11	6.82	4.88	11.20	9.39	7.96	4.27	3.46	2.56

表 4.17　　1979 年型引水 30m³/s 流量 NH_3-N 变化表　　单位：mg/L

河 流	水期	现状流量均值	引水流量均值	只引不削	只削不引			既引又削		
					削一	削二	削三	削一	削二	削三
环城河北线	枯水期	2.05	18.76	1.55	4.55	3.69	3.70	1.34	1.26	1.15
	平水期	2.70	21.06	0.62	3.89	4.18	3.36	0.25	0.19	0.23
	丰水期	10.37	22.71	0.72	9.82	8.85	9.04	0.56	0.54	0.36
	年均值	4.01	21.03	1.12	6.04	5.50	5.35	0.76	0.67	0.59
环城河东线	枯水期	2.44	9.39	6.73	5.83	4.11	3.74	3.26	2.34	2.16
	平水期	3.63	8.05	5.36	4.27	3.37	2.29	2.13	1.17	1.34
	丰水期	3.10	2.66	4.66	5.88	3.90	3.46	2.08	1.24	1.11
	年均值	2.32	5.56	5.85	5.30	3.77	3.16	2.63	1.62	1.48
环城河南线	枯水期	5.81	5.56	4.09	5.76	4.03	3.87	3.94	2.82	2.71
	平水期	7.87	8.56	2.73	4.06	3.19	2.32	2.92	1.97	1.78
	丰水期	12.66	14.45	2.30	5.40	3.64	3.18	3.14	2.01	1.91
	年均值	8.96	9.77	3.54	5.03	3.59	3.11	3.52	2.38	2.29
环城河西线	枯水期	1.58	7.77	2.01	4.86	4.00	4.11	1.83	1.62	1.50
	平水期	2.37	7.55	1.35	5.12	5.07	4.05	1.13	0.88	1.00
	丰水期	2.88	5.19	1.51	9.61	9.31	8.99	2.04	1.69	1.49
	年均值	2.11	6.82	1.93	6.42	6.07	5.70	1.80	1.49	1.39

表 4.18 1988年型引水 $40m^3/s$ 流量 COD_{Mn} 变化表 单位：mg/L

河流	水期	现状流量均值	引水流量均值	只引不削	只削不引			既引又削		
					削一	削二	削三	削一	削二	削三
环城河北线	枯水期	5.09	26.24	2.46	6.00	3.97	2.88	1.98	1.73	1.05
	平水期	12.79	28.38	1.39	3.83	2.37	1.79	1.12	0.82	0.30
	丰水期	16.75	28.58	1.32	2.93	2.00	1.23	1.31	0.78	0.23
	年均值	11.98	27.91	1.75	4.23	2.75	1.93	1.37	1.11	0.52
环城河东线	枯水期	1.71	6.46	7.94	6.77	4.12	3.40	3.96	2.95	1.68
	平水期	5.06	2.74	5.88	4.60	2.42	2.18	2.70	1.67	0.81
	丰水期	7.63	3.40	5.70	3.63	1.94	1.57	2.81	1.49	0.69
	年均值	4.61	3.23	6.60	4.99	2.80	2.36	3.03	2.04	1.06
环城河南线	枯水期	8.44	9.82	3.20	4.38	2.66	2.08	2.92	1.96	1.39
	平水期	13.50	15.92	1.77	2.51	1.28	1.05	1.78	0.95	0.62
	丰水期	16.41	18.01	1.49	2.20	1.25	0.98	1.70	0.94	0.59
	年均值	13.20	15.09	2.09	3.02	1.70	1.34	1.90	1.29	0.87
环城河西线	枯水期	1.66	7.81	4.06	8.14	6.14	4.45	3.80	2.96	2.26
	平水期	3.26	6.64	2.97	5.86	4.45	3.51	3.16	2.07	1.55
	丰水期	4.11	6.20	2.99	6.52	5.30	3.99	3.56	2.15	1.46
	年均值	3.06	6.79	3.38	6.82	5.28	3.95	3.25	2.42	1.77

表 4.19 1988年型引水 $40m^3/s$ 流量 NH_3-N 变化表 单位：mg/L

河流	水期	现状流量均值	引水流量均值	只引不削	只削不引			既引又削		
					削一	削二	削三	削一	削二	削三
环城河北线	枯水期	5.09	26.24	1.36	3.07	2.30	2.19	1.27	1.21	1.14
	平水期	12.79	28.38	0.27	1.65	1.26	1.27	0.19	0.16	0.19
	丰水期	16.75	28.58	0.25	1.44	1.17	0.89	0.15	0.18	0.06
	年均值	11.98	27.91	0.67	2.04	1.52	1.41	0.57	0.52	0.47
环城河东线	枯水期	1.71	6.46	5.40	5.01	3.59	3.43	2.51	2.02	1.83
	平水期	5.06	2.74	3.61	3.00	2.17	1.88	0.95	0.74	0.58
	丰水期	7.63	3.40	3.75	2.66	2.10	1.88	1.02	0.82	0.63
	年均值	4.61	3.23	4.41	3.56	2.45	2.36	1.56	1.20	1.01
环城河南线	枯水期	8.44	9.82	2.75	4.75	3.32	3.21	2.44	2.02	1.91
	平水期	13.50	15.92	0.96	2.40	1.58	1.55	0.90	0.70	0.68
	丰水期	16.41	18.01	0.85	2.07	1.39	1.36	0.94	0.71	0.61
	年均值	13.20	15.09	1.58	3.06	2.15	2.12	1.47	1.15	1.07

续表

河　流	水期	现状流量均值	引水流量均值	只引不削	只削不引			既引又削		
					削一	削二	削三	削一	削二	削三
环城河西线	枯水期	1.66	7.81	1.43	3.49	2.71	2.47	1.33	1.24	1.17
	平水期	3.26	6.64	0.40	1.87	1.60	1.57	0.32	0.26	0.30
	丰水期	4.11	6.20	0.34	1.83	1.39	1.10	0.27	0.30	0.12
	年均值	3.06	6.79	0.79	2.39	1.81	1.67	0.70	0.62	0.54

表 4.20　　1979 年型引水 40m³/s 流量 COD_{Mn} 变化表　　单位：mg/L

河　流	水期	现状流量均值	引水流量均值	只引不削	只削不引			既引又削		
					削一	削二	削三	削一	削二	削三
环城河北线	枯水期	2.05	25.34	2.45	6.45	4.45	3.04	2.23	1.69	0.93
	平水期	2.70	27.88	1.59	4.90	3.40	2.62	1.21	0.85	0.31
	丰水期	10.37	29.23	1.66	8.47	6.26	4.48	1.17	0.96	0.33
	年均值	4.01	27.69	1.97	6.57	4.68	3.35	1.63	1.17	0.52
环城河东线	枯水期	2.44	10.27	8.36	6.81	4.03	3.09	4.00	2.79	1.54
	平水期	3.63	9.28	6.90	4.95	2.50	2.06	2.46	1.60	0.83
	丰水期	3.10	3.53	6.39	5.79	3.03	2.16	2.37	1.60	0.74
	年均值	2.32	7.20	7.37	5.82	3.18	2.43	3.15	2.01	1.04
环城河南线	枯水期	5.81	6.32	3.41	4.67	2.84	2.22	2.72	2.11	1.46
	平水期	7.87	9.03	2.25	3.38	1.85	1.69	1.52	1.31	0.95
	丰水期	12.66	14.89	1.84	3.93	2.25	1.89	1.45	1.37	0.98
	年均值	8.96	10.31	2.71	3.97	2.31	1.92	2.18	1.64	1.16
环城河西线	枯水期	1.58	9.19	4.39	9.54	7.65	5.91	3.50	3.20	2.36
	平水期	2.37	9.26	3.90	9.84	8.19	7.42	2.55	2.67	2.06
	丰水期	2.88	7.42	4.00	14.32	12.38	10.66	2.57	3.16	2.28
	年均值	2.11	8.63	4.19	11.20	9.39	7.96	3.21	3.06	2.26

表 4.21　　1979 年型引水 40m³/s 流量 NH_3－N 变化表　　单位：mg/L

河　流	水期	现状流量均值	引水流量均值	只引不削	只削不引			既引又削		
					削一	削二	削三	削一	削二	削三
环城河北线	枯水期	2.05	25.34	1.32	4.55	3.69	3.70	1.27	1.15	1.01
	平水期	2.70	27.88	0.44	3.89	4.18	3.36	0.23	0.20	0.28
	丰水期	10.37	29.23	0.63	9.82	8.85	9.04	0.57	0.56	0.42
	年均值	4.01	27.69	0.91	6.04	5.50	5.35	0.70	0.65	0.57

续表

河流	水期	现状流量均值	引水流量均值	只引不削	只削不引			既引又削		
					削一	削二	削三	削一	削二	削三
环城河东线	枯水期	2.44	10.27	6.07	5.83	4.11	3.74	2.77	2.09	1.90
	平水期	3.63	9.28	4.80	4.27	3.37	2.29	1.50	1.11	0.88
	丰水期	3.10	3.53	4.32	5.88	3.90	3.46	1.51	1.09	0.89
	年均值	2.32	7.20	5.33	5.30	3.77	3.16	2.04	1.44	1.25
环城河南线	枯水期	5.81	6.32	3.59	5.76	4.03	3.87	3.27	2.41	2.28
	平水期	7.87	9.03	2.19	4.06	3.19	2.32	2.22	1.48	1.45
	丰水期	12.66	14.89	1.53	5.40	3.64	3.18	2.43	1.57	1.50
	年均值	8.96	10.31	2.88	5.03	3.59	3.11	2.80	1.91	1.83
环城河西线	枯水期	1.58	9.19	1.65	4.86	4.00	4.11	1.52	1.39	1.24
	平水期	2.37	9.26	1.01	5.12	5.07	4.05	0.82	0.68	0.83
	丰水期	2.88	7.42	1.29	9.61	9.31	8.99	1.63	1.43	1.23
	年均值	2.11	8.63	1.54	6.42	6.07	5.70	1.43	1.24	1.14

表 4.22　　1988年型不同引水量水质分析表

引水量及削减污染方案		环城河 COD_{Mn}				环城河 NH_3-N			
		东线	南线	西线	北线	东线	南线	西线	北线
20m³/s	削一	√	√	√	√	×	×	√	√
	削二	√	√	√	√	×	×	√	√
	削三	√	√	√	√	×	×	√	√
30m³/s	削一	√	√	√	√	×	×	√	√
	削二	√	√	√	√	×	×	√	√
	削三	√	√	√	√	×	×	√	√
40m³/s	削一	√	√	√	√	×	×	√	√
	削二	√	√	√	√	×	×	√	√
	削三	√	√	√	√	√	√	√	√

注　√表示达到Ⅳ类水目标，×表示没有达到Ⅳ类水目标。

表 4.23　　1979年型不同引水量水质分析表

引水量及削减污染方案		环城河 COD_{Mn}				环城河 NH_3-N			
		东线	南线	西线	北线	东线	南线	西线	北线
20m³/s	削一	√	√	√	√	×	×	×	√
	削二	√	√	√	√	×	×	×	√
	削三	√	√	√	√	×	×	×	√

续表

引水量及削减污染方案		环城河 COD_{Mn}				环城河 NH_3-N			
		东线	南线	西线	北线	东线	南线	西线	北线
$30m^3/s$	削一	√	√	√	√	×	×	×	√
	削二	√	√	√	√	×	×	×	√
	削三	√	√	√	√	×	×	×	√
$40m^3/s$	削一	√	√	√	√	×	×	×	√
	削二	√	√	√	√	×	×	×	√
	削三	√	√	√	√	√	基本	√	√

注 √表示达到Ⅳ类水目标，×表示没有达到Ⅳ类水目标。

4.5 工程方案

西塘河引水工程的河道路线：从望虞河东岸的琳桥港开始，沿线经过琳桥港、西塘河、十字洋河三条河道（统称西塘河），在钱万里桥处接通环城河。河道全线需进行拓宽整治，河道长度为17.87km。全线拓宽疏浚，底高程为0.0m，底宽40m。沿线两侧有大小支河72条，全部建涵闸控制或封堵，沿线共新建47座建筑物，其中河口琳桥港引水闸1座、裴家圩泵站枢纽1座、4m防洪闸3座、6m防洪闸3座、7m防洪闸1座、8m防洪闸1座、6m套闸2座、8m套闸2座、涵洞20座、桥梁13座。

1. 河道断面

(1) 河底高程。根据本地经验及土质情况，并考虑与环城河的衔接等因素，设计河底高程定为0.0m。

(2) 河道边坡。根据河道土质资料，在高程0.0～1.5m处以黏土、亚黏土为主，河道边坡采用1∶2；至高程1.5m后设宽2m的平台，建浆砌块石挡墙。

(3) 河道宽度。河道宽度主要考虑两个因素：一是尽可能发挥河道的自引功能，减少日常运行费用；二是尽可能地减少工程占地和投资。经底宽30m、40m、50m方案（相应面宽分别为40m、50m、60m）三种方案比选，当河道底宽40m时，基本达到了自引天数占全年总天数1/3的目标。确定河道底宽为40m（即面宽50m）。

由于依靠河道的自流引水方案，不能完全满足引水需要，因此采用自流引水与泵站抽引相结合的办法。抽水泵站设在西塘河裴家圩处，规模为$40m^3/s$。西塘河泵站以上段与望虞河直接相通，不设控制，两岸堤防与望虞河的防洪要求相适应；泵站以下段的河道堤防与苏州城市防洪的要求相适应。

为使引进的清水不致流失并能最大限度地发挥作用，拟将河道建成全封闭式的清水通道，原敞开的支河口门根据其所起的作用，分别予以建涵闸控制或筑坝封堵。

2. 引水泵站

西塘河河道的自引能力主要取决于望虞河琳桥港口与环城河钱万里桥处的水位差，根据要求河道自引能力为100天，其余时间均需靠泵抽引。同时，根据同步编制的《苏州市城市防洪规划报告》，西塘河裴家圩泵站承担城市防洪$40m^3/s$的排涝任务。因此，裴家圩枢纽采用双向泵站，引排结合，一站多用。

排涝时涝水的排水路线：西塘河—黄埭塘—元和塘—阳澄区—通江河道—长江。由于泵站地处平原河网地区，水流扩散条件较好，涝水扩散较快，泵站排涝对周边区域基本没有影响。

裴家圩泵站采用闸站结合布置形式，泵站装机为 $5\times8=40\text{m}^3/\text{s}$，布置在西侧；节制闸为 3 孔，单孔净宽 10m，布置在东侧。裴家圩泵站为竖井式贯流泵，是当时国内第一座建成的竖井式贯流泵，其装机规模也是当时苏州市最大的泵站。

竖井贯流式由于竖井是开敞的，通风、防潮条件较好，运行和维护方便，机组结构相对于灯泡贯流式结构要简单、造价也降低。竖井的大小和形状通常是由齿轮箱和电动机的大小、人行通道、静力和水力的要求及基础的需要而决定的。竖井的结构设计应遵循的准则：在所有荷载、力和扭矩的组合下安全可靠；具有足够的刚度以保持导叶和叶轮的间隙在容许限度内相对运动；保证每个方向的动力稳定性。设计竖井结构时应考虑的特点：①外形要简单，便于施工浇筑混凝土；②满足受力及传力到基础的要求；③便于维护电动机、齿轮箱和密封。

对于竖井贯流式机组的竖井本身尺寸笨重、刚度大，受力及变形分析比较简单，传力路径明确，不像灯泡贯流式机组那样需要进行结构应力与变形的模拟分析和模型试验。但是竖井贯流式和灯泡贯流式的出水流道均较短，一般仅为（2.5～3.0）D，因此对出水流道和后导叶体等水力部件的设计有特殊要求，并非简单的立式机组水平布置。与此同时，对断流方式提出了较为苛刻的要求，应尽可能避免机组启动时电动机的超载。

3. 特征水位

根据西塘河沿线断面变化情况共分 4 个河段（包含琳桥引水闸、裴家圩湖荡扩散段、裴家圩枢纽、新塘桥分流段），按明渠恒定非均匀流计算（当时许可的引水流量为 $24\text{m}^3/\text{s}$，实际装机 $40\text{m}^3/\text{s}$）。

基本方程：

$$Z_2+\frac{\alpha_2 v_2^2}{2g}=Z_1+\frac{n^2\overline{v}^2}{(\overline{R})^{1+2y}}L+\xi\left(\frac{v_2^2}{2g}-\frac{v_1^2}{2g}\right)+\frac{\alpha_1 v_1^2}{2g}$$

$$h_{\mathrm{f}}=\frac{n^2\overline{v}^2}{(\overline{R})^{1+2y}}L$$

$$h_{\mathrm{j}}=\xi\left(\frac{v_2^2}{2g}-\frac{v_1^2}{2g}\right)$$

式中：Z_1，Z_2 为下、上游断面的水位高程，m；α_1，α_2 为下、上游动能修正系数；v_1，v_2 为下、上游断面平均流速，m/s；L 为计算河段长度，m；n 为糙率；y 为指数，对平原河流，$y=1/6$；$\overline{R}$ 为两断面水力半径的平均值，m；$\overline{v}$ 为两断面流速的平均值，m/s；ξ 为局部损失系数，河段逐渐缩窄时取 0～0.1，河段突然缩窄时取 0.5，河段逐渐扩宽时取 0.10～0.33，河段突然扩宽时取 0.5～1.0，河流急弯段时取 0.05；α_1，α_2 为动能修正系数，一般河段取 1.1～1.5，河道断面发生突变的地方最大取值控制在 2.1；n 为糙率，取值为 0.025。

河口引水闸闸底高程为 0.0m，闸孔总净宽 18m。经计算，特征点水位如下：琳桥闸上 3.20m，琳桥闸下 3.19m，裴家圩枢纽闸上 3.12m，裴家圩枢纽闸下 3.10m，新塘桥

2.97m，钱万里桥 2.90m，确保能够引水进城。

4.6 问题及争议

西塘河引水工程自 2002 年年底启动工程的征地拆迁工作，至 2004 年 1 月 1 日河道正式通水。河道通水后，环城河水质直观感觉有了明显改善。同年 6 月 28 日至 7 月 7 日，第 28 届世界遗产大会在苏州召开，来自世界 104 个国家的 559 名代表，参观苏州“小桥流水，粉墙黛瓦”的东方水城风韵时，给予了高度评价。

根据《苏州市环境质量报告书》公布的数据，2004 年环城河水质比工程开工前的 2000 年有了明显改善，DO 在Ⅳ～Ⅴ类水之间，COD_{Mn}在Ⅲ～Ⅳ类水之间，BOD_5基本在Ⅲ～Ⅳ水类，NH_3-N 虽然还是劣Ⅴ类水，但已有明显改善。2000 年/2004 年环城河水质指标监测结果见表 4.24。

表 4.24　　2000 年/2004 年环城河水质指标监测表　　单位：mg/L

位　置	DO	COD_{Mn}	BOD_5	NH_3-N
西线姑胥桥	2.4/3.0	8.2/7.3	10.5/6.1	7.0/6.0
南线人民桥	2.7/1.8	7.8/7.0	7.7/4.6	5.6/6.5
东线相门桥	4.0/4.6	8.1/5.7	7.1/3.6	3.3/2.9
北线平门桥	2.7/4.8	7.9/5.9	6.8/3.6	4.3/2.3

1. 水源可靠性

西塘河引水工程选择望虞河为引水水源，很大程度上依托望虞河引水。1997 年，太湖流域降雨偏少，通过常熟枢纽闸站联合运行，仅用 5 天时间，就将长江水送到望亭立交枢纽，并具备了向太湖送水的水质条件，当年汛期共引水 33 天，引入长江水 2.97 亿 m^3。2000 年汛期，从 7 月 24 日常熟枢纽开闸引水，7 月 31 日望亭立交开闸向太湖送水，至 8 月 23 日常熟枢纽关闸，共引长江水 4.6 亿 m^3。通过对 2000 年常熟枢纽引水能力的分析，当长江高潮位大于 4.00m 时，日自引水量大于 1500 万 m^3；当长江高潮位大于 3.50m 时，日自引水量大于 1000 万 m^3；当长江高潮位在 3.00m 左右时，日自引水量在 200 万～300 万 m^3；当长江潮位较低时，自引水量较少。在一般水情年份下，全年引水量可达 25 亿 m^3，其中 10 亿 m^3进入太湖。

2002 年，根据国务院对太湖水污染防治工作的要求，太湖流域管理局编制了《引江济太调水试验方案》，并于 1 月 30 日正式启动了该项试验。引江济太试验工程是实现“静态河网、动态水体、科学调度、合理配置”战略目标的重大举措，最终目标是通过望虞河将长江水引入太湖，改善太湖水环境，由此带动其他水利工程的优化调度，加快水体流动，提高水体自净能力，缩短太湖换水周期，实现流域水资源优化配置。

引江济太调水试验启动以后，太湖流域水环境监测中心和流域三省市水环境监测部门进行了跟踪监测，数据表明引水 3 天后望亭立交断面的 COD_{Mn}下降到 4mg/L 以下，引水到第 6 天 TP 下降到 0.1mg/L 以下，望虞河河道水质已经从调水前的Ⅴ类或劣于Ⅴ类转为Ⅲ类，引水期间望虞河水质一直维持在Ⅱ～Ⅲ类之间，达到望虞河水功能区标准，也满足向太湖供水的要求。

2002年实际引水18亿m^3。按照调水方案计划，“十五”期间将进一步扩大引江水量，非汛期每年增加10亿～15亿m^3的长江清水入太湖，以保证太湖的水环境容量，增加向下游地区的供水量，进一步改善下游地区的水环境。2003年实际引水24亿m^3，2004年实际引水23亿m^3。因此，从当时的情况来看，选择望虞河作为引水水源地还是比较可靠的。但是，由于其他因素的影响，2005年实际引水9.5亿m^3，2006年实际引水14.6亿m^3，望虞河水质除了引水期间均下降为劣Ⅴ类。2007年太湖蓝藻暴发，引水量超过20亿m^3，此后每年（2009年除外，太湖流域降雨1347mm，比常年多14.4%。）的引水量都在20亿m^3以上，望虞河水质全年、非汛期、汛期均达到Ⅲ类水[14]。

很显然，望虞河水质受到引江济太的很大影响，望虞河作为西塘河引水水源确实存在着一定的不稳定性。同时，随着流域机构对水资源管控力度的加大，西塘河的引水量也引起了流域管理机构的高度关注。

2. 支河口门管控与沿线环境保护

西塘河通水后，河道沿线地区都希望利用西塘河引水改善本地水环境，连续几年在市人大、政协会议上总有一些提案希望分配一定的水量，以致进入环城河的水量得不到保证。从两次实测的结果分析，进入环城河的水量最高也仅在30m^3/s左右，从未达到预期的40m^3/s，平均入城流量仅为引水流量的55%（表4.25）。这既说明了西塘河引水工程的管理不到位，也说明了西塘河引水工程的作用超过了预期目标。

表4.25　　引水入城流量分析表

序号	1	2	3	4	5	6	7	8	9	10
引水流量/(m^3/s)	45.4	50.1	49.5	47.2	40.0	37.8	39.1	40.6	40.2	42.4
入城流量/(m^3/s)	19.9	22.7	28.7	33.2	31.2	25.5	7.2	22.6	24.6	23.4
序号	11	12	13	14	15	16	17	18	平均	
引水流量/(m^3/s)	41.2	39.6	42.0	38.8	37.1	40.0	35.0	38.0	41.3	55%
入城流量/(m^3/s)	22.6	21.7	24.5	20.1	19.2	21.6	19.6	20.8	22.7	

西塘河沿线的环境保护也成为影响西塘河发挥作用的重要因素。西塘河开通之前，沿线地区荒废的农田和没有利用的水塘较多，交通十分不便，污染相对不重。在建设西塘河引水工程过程中，为方便当地群众出行，当地政府强烈要求将原设计的防汛巡查通道改为7m宽的农村公路。在方便群众出行的同时，种植业、养殖业更加活跃，农业面源不断增加，公路沿线还源源不断地出现了一批小企业和门面店，污染日趋严重。

2009年4月，苏州市人民政府发布了《苏州市西塘河管理保护办法》，并于2018年进行了修订。明确西塘河管理范围为河道两岸堤防（防汛通道）、堤防之间的水域、滩地，包括沿河闸、站、桥、涵等设施，以及水景观工程。保护范围为堤防背水坡堤脚外100m，涵闸下游200m、左右100m。

（1）西塘河管理范围内，不得从事下列活动：

1）堆放、倾倒、排放各类废弃物，以及易燃易爆和含有放射性、有毒有害化学物质等危险物品。

2）损毁堤防、护岸、涵闸、泵站等水工程设施，以及通信、照明、水文、水质监测测量等设施。

3）设置排污口，排放各类污水。

4）擅自堆放物料或者搭建各类建筑物、构筑物。

5）盗伐、擅自砍伐护堤、护岸林木。

6）其他影响防洪安全和污染水体的活动。

（2）西塘河保护范围内，禁止从事下列活动：

1）新建、扩建排放含持久性有机污染物和含汞、镉、铅、砷、硫、铬、氰化物等污染物的建设项目。

2）新建、扩建化学制浆造纸、制革、电镀、印制线路板、印染、染料、炼油、炼焦、农药、石棉、水泥、玻璃、冶炼等建设项目。

3）排放省人民政府公布的有机毒物控制名录中确定的污染物。

4）建设废物回收（加工）场和有毒有害物品仓库、堆栈，或者设置煤场、灰场、垃圾填埋场。

（3）对西塘河应急水源取水口南北各1000m，以及两岸背水坡堤脚外100m范围内的水域和陆域设为一级保护区。同时禁止下列行为：

1）新建、改建、扩建与供水设施和保护水源无关的建设项目。

2）从事危险化学品装卸作业或者煤炭、矿砂、水泥等散货装卸作业，从事船舶、机动车等修造、拆解作业。

3）设置水上餐饮、娱乐设施（场所）、集中式畜禽饲养场、屠宰场。

4）停靠船舶、排筏，在水域内采砂、取土，在滩地、堤坡种植农作物。

5）从事围网、网箱养殖，设置鱼罾、鱼簖或者以其他方式从事渔业捕捞。

6）从事旅游、游泳、垂钓等可能污染水体的活动。

对于西塘河管理范围内已有的网围、网箱、网拦养殖和各类阻水渔具，由市防汛指挥机构责令限期清除；逾期不清除的，由市防汛指挥机构组织强行清除，所需费用由设障者承担。

对其中的航道也作出了规定，进入西塘河航道的船舶应当配备污油、污水及垃圾收集处理装置，不得向河道内排放废水和丢弃杂物。航道以外的水域禁止船舶进入和停放。

同时，也规定了相应的罚则：造成河道堤防、涵闸、泵站等河道设施损坏或者影响河道水质的，责任单位和个人应当负责修复或者承担修复费用；造成损失的，还应当承担相应的赔偿责任。对于工作人员滥用职权、玩忽职守、徇私舞弊的，由其所在单位或上级管理部门对负有责任的主管人员和其他直接责任人员给予行政处分，造成损失的，应当承担相应的赔偿责任。

《苏州市西塘河管理保护办法》出台以后，新增污染源得到了有效遏制，污染情况大为好转。

3. 引水改善水环境是治污措施还是污染转移

随着西塘河引水工程的建成，一些问题也随之而来，甚至一定程度上引起了争议。一段时间内，引水改善水环境是治污还是污染转移问题，引起了人们的关注，特别是引起了下游地区的高度关注。

水体自净大致分为三类，即物理净化、化学净化和生物净化。当一定量的清洁水体快速引入受污染的水体，降低受污染水体的相对浓度，从而减轻污染物质在河道中的危害程度，使水体达到功能区的水质目标，这是物理净化，也可称之为稀释。稀释的作用机理是，当清洁水体进入污染水体后，由于河水的推流作用而沿河进行纵向迁移和横向扩散，从而与河水混合，达到污染物被稀释的目的，而不是简单的污染物迁移。横向扩散包括分子扩散、对流扩散和紊流扩散，而紊流扩散作用最大。

生物活动尤其是微生物对有机物的氧化分解使污染物质的浓度降低称为生物净化。当工业有机废水或生活污水排入水域后，即产生分解转化，并消耗水中DO。水中一部分有机物消耗于腐生微生物的繁殖，转化为细菌机体；另一部分转化为无机物。细菌又成为原生动物的食料。有机物逐渐转化为无机物和高等生物，水便净化。如果有机物过多，氧气消耗量大于补充量，水中DO不断减少，终于因缺氧，有机物由好氧分解转为厌氧分解，于是水体变黑发臭。水体通过引水稀释，污染浓度降低以后，有利于微生物菌群的自我繁殖，从而提高水体的自净能力。国内外有关研究表明，在影响河道水体自净能力的众多因素中，水生生物特别是微生物的种类和数量是重要因素之一。水体中分解污染物的微生物多，水体自净能力就强。当水体污染严重时，微生物受到抑制甚至死亡，自净能力就下降。引水是为了激活水体，重构微生物自净能力，是改善受污染水体的有效技术之一。

当然，引水稀释客观上包含了污染物浓度降低和污染物冲出两个作用，或多或少会引起一定的污染物迁移，使其进入下游某一范围内的水体，这种能力主要取决于河流的纵向水力推力，污染物冲出的结果与冲出水体的浓度、下游承泄水体的浓度有关，如果冲出水体的浓度低于下游承泄水体的浓度，一定程度上还能起到稀释作用。因此，引水必先治污，治污才是根本，在采取引水措施时有必要控制合理的引水流量和河道流速。

第5章　生态措施与工程示范

苏州作为我国重要的历史文化名城和国际知名的风景旅游城市，古城区内河街相临，街道依河而建，民居临水而筑，前街后河的双棋盘格局形成了苏州“小桥、流水、人家”的江南河网城市独特风貌。古城内集中保存着我国古典园林艺术的精华和大量的文物古迹古建筑，其中，园林已有9处被列为世界文化遗产。但是，苏州的水污染问题同样十分突出。因此，《苏州市城市水环境质量改善技术研究与综合示范》列入国家“十五”重大科技专项。针对古城区城市河网及园林水环境存在的主要问题，进行了一系列的技术研究，并在此基础上进行工程示范，对于苏州市及同类城市的水环境质量改善具有重要的意义。

国家“十五”重大科技专项，是2001年12月经国家科教领导小组第十次会议批准，科技部决定在“十五”期间组织实施的12个国家重大科技专项。重大科技专项以提升核心产品和新兴产业的竞争力为中心，集中国家、地方、企业、高校、科研院所等方面的力量，迅速抢占一批21世纪科技制高点，力争在加入世界贸易组织后的过渡期内取得重大技术突破和实现产业化，提高我国在重点领域的国际竞争力，有效应对入世后技术壁垒的挑战。这12个国家重大科技专项为：①超大规模集成电路和软件；②信息安全与电子政务及电子金融；③功能基因组和生物芯片；④电动汽车；⑤高速磁悬浮交通技术研究；⑥创新药物与中药现代化；⑦主要农产品深加工；⑧奶业发展；⑨食品安全；⑩节水农业；⑪水污染治理；⑫重要技术标准研究。

《苏州市城市水环境质量改善技术研究与综合示范》作为国家“十五”重大科技专项中水污染治理子课题的项目，由河海大学和苏州科技大学作为技术支撑，由苏州水务集团组织实施。

5.1　基础调查

5.1.1　水质及水动力

1. 河道

苏州古城内河宽一般不足10m，河道底高平均为0.8～1.3m，平均水深2m左右；环城河河宽最宽达135m，最窄断面只有9m，宽窄悬殊。城内河道常年滞流，河道流速一般小于等于0.01m/s，还存在一些断头浜和因人为关闸导致的断流河，基本上都成为滞流死水区，河道水质较差。

(1) 浊度。具有比较明显的分界特征，以干将河为界，北部水体浊度明显高于南部，北部一般为13～43NTU，南部一般为8～28NTU。

（2）DO。春、冬季节，以干将河为界，北部一般为4～7mg/L，南部一般为1～4mg/L，污染最严重的为南园水系；夏、秋季节一般为1～4mg/L。环城河一般为3～5mg/L。

（3）COD_{Mn}。春、夏季节一般为8～15mg/L，秋季一般为5～8mg/L，冬季一般为6～8mg/L。污染较严重的学士河北段、桃花坞、南园水系一般为9～15mg/L。环城河四季一般为8～9mg/L。

（4）NH_3-N。古城区河道NH_3-N均严重超标，冬、夏季一般为4～11mg/L，春、秋季一般为2～8mg/L。学士河北段、桃花坞河、府前河和南园水系污染严重，浓度高达11mg/L。环城河一般为2～4mg/L。

（5）TN。古城区河道TN均严重超标。以干将河为界，南部一般为4～16mg/L，夏季超标更为严重，北部一般为4～12mg/L。

（6）TP。古城区河道一般为0.2～0.6mg/L。污染严重的学士河北段、桃花坞河、府前河和羊王庙河为0.5～0.6mg/L。外城河一般为0.1～0.2mg/L。

（7）浮游藻类。河道水体中浮游藻类共有73种，从数量上看，优势种为绿藻门、蓝藻门及硅藻门，其中绿藻门种类最多，其次为硅藻门、蓝藻门。从生物量看，以硅藻门、裸藻门和绿藻门占优势。浮游藻类夏季的数量和生物量最高，其次为春季。

（8）底栖附泥藻类。河道水体中底栖附泥藻类34种，从数量上看，优势种为蓝藻门，其次为硅藻门，其中，硅藻门种类最多。从生物量看，硅藻门最高，其次为蓝藻门、绿藻门。底栖附泥藻类数量夏秋季远高于春冬季，其中，夏季最高，冬季最低。污染严重的南园水系，底栖附泥藻类年均数量是浮游藻类的1925倍。

（9）浮游动物。古城区河道浮游动物种类有轮虫类、枝角类及桡足类。干将河和沧浪亭轮虫类数量最多，其次为桃花坞、竹辉河、胡相使河、苗家河、薛家河和临顿河；南园河枝角类最高，竹辉河轮虫类、枝角类及桡足类浮游动物的数量均比较高。

（10）底栖动物。主要有中华颤蚓、螺蛳、羽摇蚊、日本沙蚕、长尾摇蚊、粗腹摇蚊。

2. 园林

城内分布的园林主要有拙政园、沧浪亭、盘门景区、网师园、苏州公园、怡园、曲园、艺圃、狮子林及东园。除拙政园、沧浪亭外，其他园林内池塘面积都不超过500m^2。园林中的水域与外界河流一般不相通，基本上都是死水，水深大多数在1m左右。

（1）拙政园池塘水体混浊，感官性差。水质监测的数据表明，COD_{Cr}浓度平均达30mg/L，NH_3-N浓度达5.5mg/L，磷酸盐浓度达0.4mg/L。

（2）沧浪亭水质污染严重。水质监测的数据表明，COD_{Cr}平均达75mg/L，NH_3-N浓度达8.5mg/L，磷酸盐浓度达1.1mg/L。

（3）其他园林水体水质一般为Ⅴ～劣Ⅴ类，主要超标因子为TN和TP。

5.1.2　河道底质污染状况

河道底泥TN含量变幅为1.34～9.44mg/g，平均为3.82mg/g；TP含量变幅为0.84～4.78mg/g，平均为2.51mg/g；总有机碳含量为12.59～123.89mg/g，平均为60.84mg/g。研究表明：

（1）不同营养盐水平的上覆水体会影响底泥中营养盐的释放，营养盐含量低的上覆水体有利于底质中营养盐的释放。故当营养盐含量较低的环城河水进入古城区河道初期，有可能引起内城河道中底泥营养盐的大量释放。

（2）实验中底泥中 NH_3-N、TN 呈释放状态，而对硝态氮和有机氮则呈吸附状态，故底泥对营养盐而言，不仅是源，也可能是汇，具体与所处的水环境有关。

（3）河道水体中的 DO 对沉积物中有机物和 NH_3-N、TN 的影响：厌氧条件（DO<0.5mg/L）促进了底泥中磷的释放，而好氧条件（DO>9mg/L）和自然条件下（DO 为 5mg/L 左右）对底泥中磷的释放有抑制作用。因此，要提高水质，降低底泥中磷的释放，就应控制各种耗氧物，提高水体的 DO 水平。

（4）河道水体 DO 水平影响的是底质营养盐的释放规律；上覆水体中营养盐的浓度影响其释放速率和释放量。

5.1.3 污废水收集与处理情况

由于工矿企业不断搬迁，古城区范围内工业污染源仅占约 9%，污染负荷主要来自三产服务业及居民生活用水，这两类用水量产生的污染负荷约占 21%和 70%。

古城内大型三产主要分布在观前商业区，以及人民路、干将路、凤凰街、竹辉路等主干道，污废水基本接入城市排水管网；中小型三产主要分布在桃花坞河、中市河、府前河和学士河等，污废水排河现象比较严重。

根据古城区 14.2km^2 共 50 个社区居委会（划分为 16 个片区范围）的生活污水收集情况调查，截至 2005 年 6 月，古城区生活污水的收集率约为 54.9%。

产生污染的原因主要有以下几个方面：

（1）尚有一半左右的社区无污水收集管网，污水直排河道。在污水收集管网已到达地区，由于污水管网错接、漏接、混接至雨水管网中，使得部分污水未经处理直接排放进入河道。

（2）小区居民在房屋装修中将洗衣机置于阳台，洗衣机排水接入阳台雨水排水管，造成洗衣废水经雨水管道系统直接进入河道。经监测，洗衣废水 pH 值在 7.7～9.6，偏碱性。COD_{Cr} 值介于 119～746mg/L，均值为 381mg/L，与生活污水的 COD 值大致相当；TN 值介于 6.4～17.4mg/L，均值为 12.2mg/L，TP 值介于 0.14～0.38mg/L，均值为 0.24mg/L，略低于生活污水的浓度。表面活性剂（LAS）值介于 32.7～97.3mg/L，远高于地表水环境质量标准中Ⅴ类水标准。

（3）由于生活设施没有改造到位或者不良生活习惯的存在，诸如马桶洗刷、拖布涮洗、生活污水直接泼入雨水管道等行为还较普遍，其产生的污染也不可小觑。

（4）初期降雨泾流污染。城区地表径流污染严重，主要污染物为悬浮固体、有机物以及营养物质。初期 10min 降雨径流污染物浓度最高，随着降雨历时的延长，各污染物指标逐渐下降并趋于稳定。其中悬浮固体的最高浓度可达 1700mg/L，有机物的最高浓度可达 1580mg/L，营养物质 TP 最高浓度可达 1.58mg/L，TN 最高浓度达到 20.29mg/L，NH_3-H 最高浓度达到 13.01mg/L。商业区降雨径流水质最差，工业区其次，住宅小区最好，其地表径流水质监测实测值见表 5.1～表 5.3。

表5.1　住宅区地表径流水质监测实测值

指　标	实测值/（mg/L）								
	0～10min			10～30min			30～60min		
	最小值	最大值	中值	最小值	最大值	中值	最小值	最大值	中值
SS	73	1500	786.5	23	200	111.5	24	500	262
TP	0.12	0.39	0.26	0.05	0.27	0.16	0.05	0.18	0.12
NH_3-N	1.1	8.6	4.9	1.0	4.0	2.5	0.9	3.3	2.1
TN	2.9	10.0	6.5	0.6	8.8	4.7	1.8	8.4	5.1
COD	45	320	183	12	224	118	3	216	110

表5.2　工业区地表径流水质监测实测值

指　标	实测值/（mg/L）								
	0～10min			10～30min			30～60min		
	最小值	最大值	中值	最小值	最大值	中值	最小值	最大值	中值
SS	100	1700	900	17	200	108.5	17	200	108.5
TP	0.1	1.37	0.74	0.03	0.76	0.40	0.07	0.49	0.28
NH_3-N	0.5	11.2	5.9	0.4	3.2	1.8	0.7	4.8	2.7
TN	4.8	28.7	16.7	4.8	7.1	5.9	1.9	7.9	4.9
COD	33	960	496	32	264	148	15	101	58

表5.3　商业区地表径流水质监测实测值

指　标	实测值/（mg/L）								
	0～10min			10～30min			30～60min		
	最小值	最大值	中值	最小值	最大值	中值	最小值	最大值	中值
SS	268	1000	634	85	700	392.5	31	500	265.5
TP	0.29	1.58	0.94	0.14	1.29	0.72	0.11	0.32	0.22
NH_3-N	1.4	13.0	7.2	1.6	5.2	3.4	1.4	4.6	3.0
TN	5.9	20.3	14.6	4.1	18.7	11.4	1.2	7.8	4.5
COD	128	1580	854	58	900	479	41	184	112

5.2　点源控制技术

在生活污水收集管网尚未到达地区，且周围缺乏空地或绿地的小区，生活污水处理可采用双循环两相生物脱氮除磷工艺（BICT）和新型膜生物反应器作为高效一体化脱氮除磷技术；对于具有较大面积绿地的小区生活污水的处理，可继续叠加地下渗滤系统组合处理技术，进行与小区生态绿地结合的高效经济的二级处理技术。

5.2.1 双循环两相生物脱氮除磷工艺（BICT）

试验装置设计处理能力为 0.2m^3/h，由四个 SBR 主反应器、一个生物选择器、一个沉淀池和一个生物膜法硝化反应器组成。SBR 反应器中内设搅拌和曝气装置，选择器内设搅拌装置，生物膜反应器中设有曝气装置，由 16 个电磁阀分别控制 SBR 的进水、搅拌、曝气和出水。BICT 工艺设计原理见图 5.1。

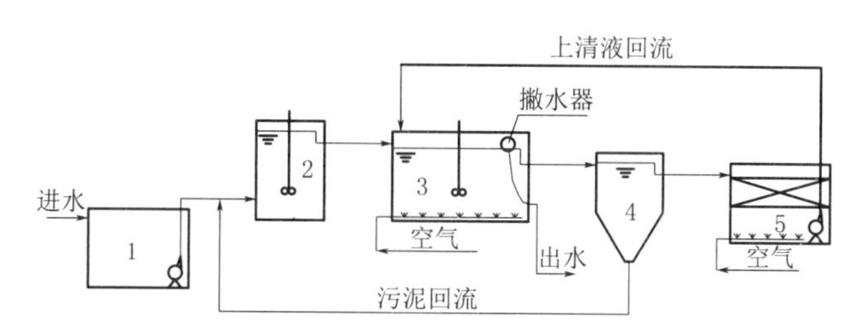

1—进水曝气池；2—缺氧搅拌池；3—沉淀池；4—排水池；5—生物膜反应池

图 5.1　BICT 工艺设计原理图

研究表明：

(1) BICT 工艺在适宜工况下对 COD 去除率可保持在 80%以上，出水 COD_{Cr} 可低于 60mg/L，对 TP 的去除率最高可达 90%，对 TN 的去除率在 70%以上。

进水碳磷比对除磷效率有较大的影响。在试验采用的 TCOD/TP 范围内，TP 去除率的趋势线呈上凸的曲线形式，即 TCOD/TP 存在一个最佳的范围。在这个范围之外，TP 去除率均降低。这一最佳的 TCOD/TP 值范围为 75～90。

(2) 生物选择器中的反硝化作用有可能被削弱，但硝态氮的降低可以使其释磷功能被加强。

(3) DO 含量对除磷效率有很大影响。DO 越高，磷的去除效率也就越高，但是，它的增加是有一定范围的，当到一定值之后，趋势就非常平缓。从经济合理角度考虑，确定合适的 DO 含量是非常必要的。试验确定的最佳 DO 为 2.8mg/L。如果 DO 太低将会影响系统的除磷效果，而且还会导致系统中污泥发生丝状膨胀，使系统的整体去除效果下降。

(4) 前置生物选择器的存在，在很大程度上可以起到抗负荷冲击作用。

(5) 主反应区泥龄的长短，在一定程度上会影响硝态氮与磷的释放，影响与有机底物的竞争。在缺氧搅拌时，硝化液回流可进行反硝化，存在一定程度的反硝化除磷作用。

5.2.2 膜生物反应器

该反应器由一体式膜生物反应器及一组射流曝气器组成，利用射流曝气产生的高速射流在膜组件内部形成较高的错流速度，由于错流速度的提高可使生物污泥及水中的胶体物质在膜表面的附着力大大降低；另一方面由于射流所提供的正压力可使膜生物反应器实现正压过滤，从而可避免一体式膜生物反应器所采用的真空泵抽水的方式。膜生物反应器处理水量为 10L/h，采用两根管式中空纤维膜组件，三台隔膜泵（一台进水、一台进行射流曝气、一台反冲洗），并配备一台真空泵作为抽吸出水之用。

进水水质为人工合成污水：COD_{Cr}400～500mg/L、TP15mg/L、TN50mg/L，系统的运行工况为水力停留时间 6h，处理水量为 10L/h，射流曝气循环流量为 10～70L/h；需氧量为2g/L，按氧传质效率计算所得的需气量为36.9L/h，考虑到混合所需的空气量，按气水比15：1考虑，需空气150L/h；文丘里管按水气比50：150进行设计，接管直径为DN10。

在负荷分别为0.5kgCOD/（m^3·d）、1kgCOD/（m^3·d）和1.5kgCOD/（m^3·d）的情况下，COD去除率均高达95%以上，NH_3－N的去除率可达85%，TP的去除率约为40%，出水SS浓度极低，浊度在20度以下。膜生物反应器流程见图5.2。

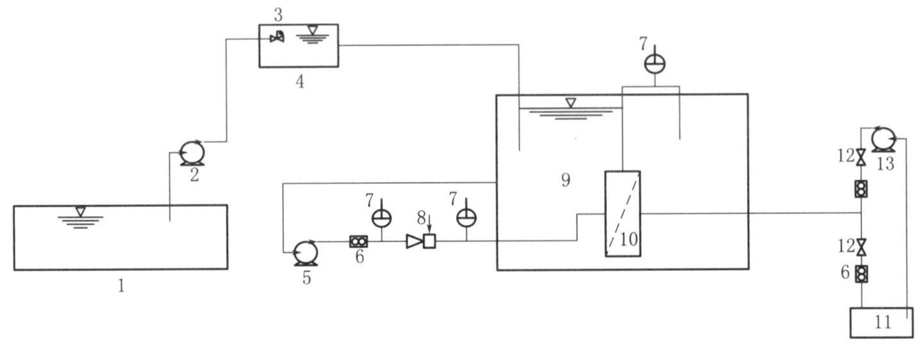

1－调节池；2－进水泵；3－浮球阀；4－稳流水箱；5－循环水泵；6－流量计；7－压力表；8－射流器；9－反应器；10－膜组件；11－清水池；12－闸阀；13－反冲水泵

图5.2　膜生物反应器流程图

5.3　面源污染控制技术

苏州城市的面源污染物以悬浮物、COD_{Cr}、TN、NH_3－N、TP为主，根据这一特性，采用土壤渗滤系统、生态护坡、生态截雨沟对初期雨水等城市面源的处理技术。

5.3.1　土壤渗滤系统

1. 实验室试验

采用土壤渗滤系统处理城市初期降雨径流和分流制雨水管渠系统排放的洗衣废水。主要试验装置由高位水箱和土柱组成，均采用有机玻璃制成。土柱装置内径为10cm，上部设有溢水口，下部不同土层深度设有出水口。试验装置见图5.3。

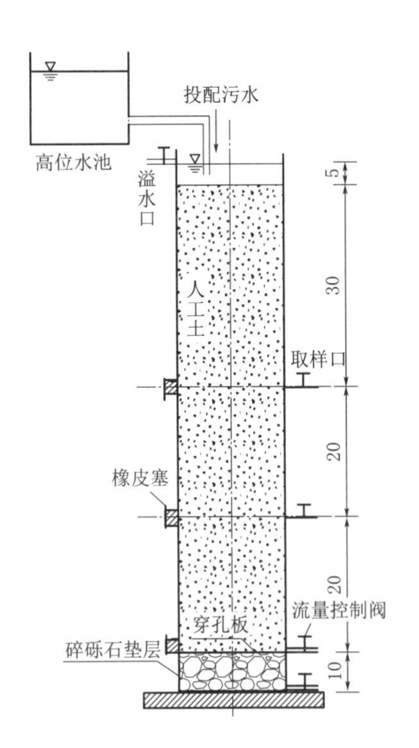

图5.3　试验装置（单位：cm）

试验研究中，首先采用静态试验的方法，在内径10cm的土柱、厚度30cm的土层情况下，比较不同配比组成土壤下的渗滤系统透水性和污染物去除效果，最终选定土壤渗滤系统的土壤配比组成。

在确定土壤配比组成的基础上，利用动态试验，在内径10cm的土柱、厚度70cm的土层情况下，考察土层厚度、水力负荷周期等因素对土壤渗滤系统处理城市初期降雨径流和分流制排水系统排出洗衣废水效果的影响。

试验过程中保证土层上部的淹水厚度为5cm，使试验装置保持恒定水头运行。

主要研究结论如下：

（1）苏州本地天然土壤渗滤性能差，不能直接作为土地渗滤系统的渗滤介质。采用苏州本地天然土壤、粗砂和沸石，按照砂土体积比为1∶1、沸石含量为5%混合后构成人工土，具有较好的渗透性、较高的污染物累积去除率和较好的经济性。

（2）土层厚度的大小对各污染物的去除效果有较大的影响。土层厚度越薄，处理效果越差，各污染物质的出水浓度越高，但厚度超过一定限度后，污染物去除率提高不大。本试验中，70cm的土层厚度即能保证系统出水水质。

（3）土壤渗滤系统运行过程中，一次淹水时间不宜过长，也不可过短，淹水结束后的落干时间更应与淹水时间相适应。以配水2h、干化10h的水力负荷周期对有机物的去除效果最佳。

（4）土壤渗滤系统能够有效去除初期降雨径流中的各种污染物质，在土层厚度70cm、以进水—落干交替循环的工作方式运行，湿干比为1∶5，运行周期24h的情况下，其中降雨径流污染物中COD、NH_3-N、TN、TP的去除率可分别达到60%、80%、70%和80%以上。

（5）土地渗滤系统对洗衣废水中的LAS、COD、NH_3-N等具有良好的去除效果，其中LAS的去除率可以达到99%以上，COD、BOD_5、NH_3-N的去除率分别可稳定在90%、70%和90%左右。

2. 中试试验

土地渗滤系统中，50cm的土层厚度下，洗衣废水中污染物的去除就可达到较好效果，土层厚度进一步增加，对洗衣废水污染物的去除率增长不明显。

地下渗滤系统中试工程的规模为水量平均在$54m^3/d$，平均表面水力负荷为0.3m/d。滤池有效面积为$180m^2$。地下渗滤系统的设计进水质为：COD_{Cr}浓度平均在30mg/L，NH_3-N浓度为5.5mg/L，磷酸盐浓度为0.4mg/L。

设计流程采用预处理—地下渗滤池—集水槽—出水槽。地下渗滤系统示意图见图5.4。

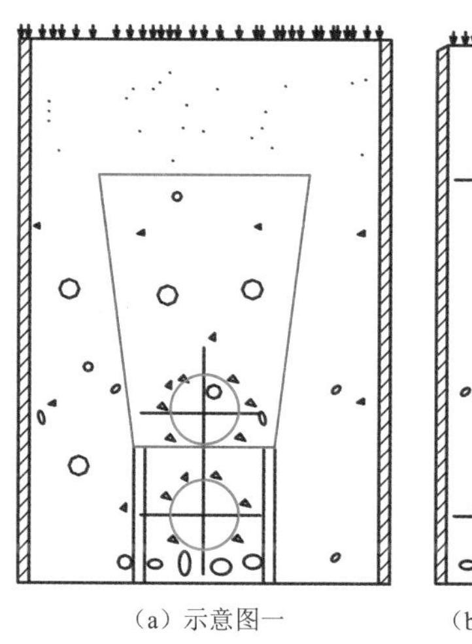

（a）示意图一

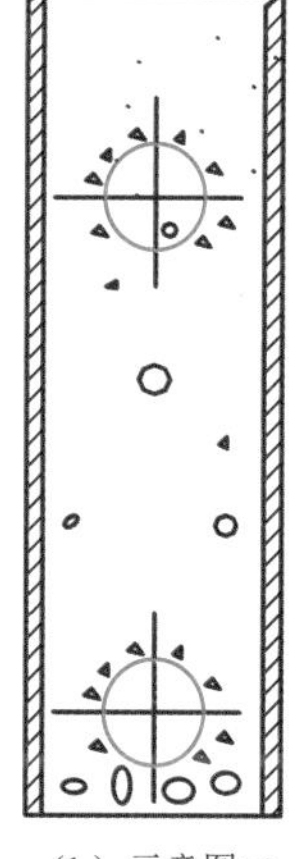

（b）示意图二

图5.4　地下渗滤系统示意图

地下渗滤池中试基地平面形状为长方形，分四格，每格长20m、宽2.5m，每格水量为$14m^3/d$。中间用标准红砖（240mm×115mm×53mm）砌筑成隔墙，隔墙两边用10mm水泥砂浆涂抹。池子底部为素土夯实，底部用无纺布作防水，上面再铺设10cm素混凝土。地下渗滤池总高为1m，往上是0.4m的卵石砾石承托布水层，再往上是0.4m中间特殊滤料层，上层是0.2m的植物草坪层。表层20cm为本地熟土，上面种植了马尼拉草和百慕大草两种草坪。

四格的地下渗滤系统设计了两种渗滤结

构，均为垂直流渗滤系统。四格的地下渗滤系统设置了三种滤料结构，分别用砂子、砾石、炉渣、太湖底泥土进行不同的配比组合：

第一格渗滤系统：管式渗滤结构＋砂子、砾石、太湖底泥土。

第二格渗滤系统：槽式渗滤结构＋砂子、砾石、太湖底泥土。

第三格渗滤系统：槽式渗滤结构＋砂子、炉渣、太湖底泥土。

第四格渗滤系统：槽式渗滤结构＋槽中炉渣、砂子、太湖底泥土＋槽外砂子、太湖底泥土。

水在地下渗滤池的流动采用推流式，在出口处可以采用淹没出流或自由出流两种形式，再汇入总集水渠道后，用管道排入河中。

研究结论如下：

（1）管式地下渗滤和槽式地下渗滤结构的变化对处理出水的影响不大，对氮磷、浊度均有较好的处理效果。

（2）进水中COD高的时候，去除率就下降，说明地下渗滤系统中生物降解有机物的作用还不突出。

（3）砾石、砂子、太湖底泥土配比的组合处理效果要好于煤渣、砂子、太湖底泥土的配比组合。

5.3.2　生态护坡

试验研究分为草种筛选、护坡形式和长度比较、系统抗冲击负荷研究等三部分。

护坡形式和长度比较及抗冲击负荷试验装置由植被护坡模拟槽、进水箱和蠕动泵组成，模拟槽长140cm、宽90cm、高55cm，其中处理区长100cm，进出水区各20cm。模拟槽处理区内放置填料，从上到下依次为土壤层、粗砂层、砾石层和卵石层，填料总高度为50cm，超高5cm。

为观测植被根系在试验过程中的生长情况，植被护坡模拟槽三面采用PVC板、一面采用有机玻璃制成。试验中为比较不同内部结构形式和不同流程长度对护坡削减城市降雨径流性质的影响，分别在模拟槽内部的处理区按照间距25cm的要求设置左右隔板和上下隔板，同时设置取样点，并与不设隔板的模拟槽对比。植被护坡模拟槽示意图见图5.5。

研究中首先通过静态试验筛选草种，在试验水盆和载体上比较不同草坪植物对富营养化水体的净化效果，考察其对水样的适应性和净化能力。结合苏州本地绿化草坪的现状，选取狗牙根、高羊茅、结缕草、剪股颖和早熟禾五种草坪植物作为试验草种，从不同草种水生根数量、长度和生物量等方面对草种适应性进行比较，评价不同草种净污效果，确定护坡栽植草种。

在筛选出草种后，利用静态试验一次进水和动态试验连续进水，考察不同护坡形式、不同护坡长度对城市降雨径流污染的净化效果，选择合适的生态护坡形式和长度。最后，采用连续进水的动态试验，分别在不同水力负荷条件下，对生态护坡净化降雨径流污染物的适应性进行研究，考察系统抗冲击负荷的能力。

主要研究结论如下：

（1）高羊茅水生根系最发达，对水中污染物的吸收能力最大。

（2）在护坡形式比较中，上下隔板模拟槽对进水中污染物的平均去除率均高于无隔板

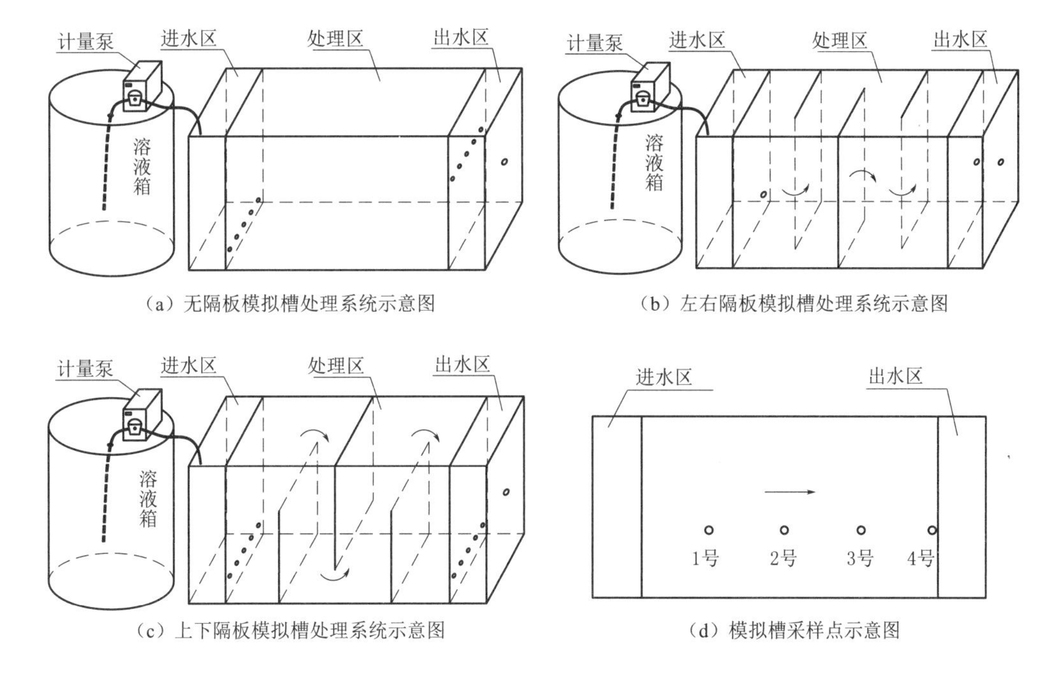

(a) 无隔板模拟槽处理系统示意图

(b) 左右隔板模拟槽处理系统示意图

(c) 上下隔板模拟槽处理系统示意图

(d) 模拟槽采样点示意图

图 5.5 植被护坡模拟槽示意图

模拟槽和左右隔板模拟槽，并且耐负荷冲击能力也大于其他两组模拟槽。

(3) 生态护坡系统沿流程方向的长度对城市降雨径流污染物的去除有直接影响，流程越长，处理率越高，但增长幅度随流程增加逐渐变缓。研究中所采用的护坡，各污染物在流程 100cm 处均已经表现出较好的处理效果。

(4) 生态护坡系统能够有效去除初期降雨径流中的各种污染物质，在上下隔板模拟槽形式、种植高羊茅的状态下，维持试验中确定的进水水质条件，水力负荷为 100mm/d 时，系统对降雨径流污染物中 COD、TN、TP 的平均去除率可分别达到 64.6%、90.6%和 84.1%。

5.3.3 生态集雨沟

生态集雨沟是城市面源污染分散控制的手段之一，它由具有高渗透性的生态混凝土制成，孔隙率可达 30%。利用生态集雨沟能有效增加降雨径流的入渗量，降低水流的流动速度，延长管渠中雨水的流动时间，减小径流的峰值流量，同时在径流收集过程中就地截留部分面源污染物，减轻后续处理系统的负荷，削减入河的面源污染负荷。

生态集雨沟的设计流量按照苏州市暴雨强度公式确定。依据水力学原理，结合生态集雨沟对雨水的渗透性，最终设计采用两种断面型式的生态集雨沟各 56m 收集城市降雨径流，削减城市面源污染。其中娄江新村生态集雨沟采用 250mm×300mm（宽×深）的矩形断面，相门新村集雨沟采用 300mm×300mm 的正方形断面。全部采用生态混凝土预制而成，每块混凝土预制件长 800mm，上设复合碳纤维盖板。生态集雨沟断面见图 5.6。

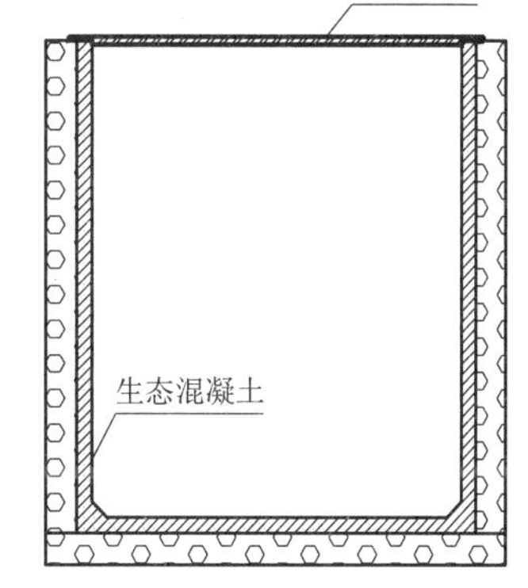

图 5.6 生态集雨沟断面图

5.4　河道引调水效果

研究的目的是：利用已经投入运行的西塘河引水工程，即琳桥港—西塘河—十字洋河引望虞河水在钱万里桥处入苏州环城河，再通过现有泵闸的合理调度，抽引环城河水进入城内小河，研究能否改善城内小河的滞流现象，提高水环境容量；同时，也进一步研究完善城区现有的换水方案。

1. 城区现有的换水方案

南片：由邱家村、南园、葑门3座泵站抽环城河水进古城，经盘门内城河、南园河—庙家浜河、十全河—道前河—学士河，经幸福村闸出古城。

中线：由相门泵站抽环城河水进干将河，抬高干将河水位，部分水量沿途由苑桥闸、官太尉河闸、顾家桥闸溢流入平江河、官太尉河、临顿河。其余水量由干将河西端渡子闸溢出，沿学士河分别经幸福村闸、学士闸出城。

东北片：由齐门、东园泵站抽环城河水进城。

齐门泵站抽进的水量在跨塘桥、临顿桥处分成两路：一路流入东北街河，其中部分由北园河经北园闸出城，大部分沿东北街河经娄门闸出城；另一路往南由临顿河—悬桥河汇入平江河，再由东北街河经娄门闸出城。

由东园泵站抽进的环城河水量，经平江水系的胡厢思河、柳枝河、新桥河汇入平江河，再分成两路：一路入麒麟河；一路继续北上再汇入东北街河经娄门闸出城。

西北片：由阊门泵站抽环城河水进城，分别由尚义桥、平门、学士闸3处出城。

泵、闸运行时间为连续9h。

2. 拟订方案

2004年6—7月、2005年3月进行了引调水试验。具体方案如下（城区换水泵闸编号见图5.7）：

方案一：所有泵闸按城区防汛办公室现有的调度方案运行，即干将河渡子闸（CZ18）和相门泵闸（CB12）、临顿河的顾家桥闸（CZ19）和宛桥闸（CZ20）按现有调度方式关闭，古城区环城河内部所有泵闸全部敞开，让水体自然流动。

方案二：

（1）古城区外围。十字洋河：新塘桥泵闸（JB14）、为钢桥泵闸（JB13）按现有调度运行。葑门河和外河：徐公桥闸（CZ13）、夏家桥闸（CZ14）、外河桥泵闸（CB15）按现有调度运行。小觅渡河：城湾泵闸（CB16）按现有调度运行。

（2）古城区干将河北片。平门河：敞开平四闸（JZ1）和河沿街闸（JZ3），河水自然流入。桃坞河：敞开东混塘弄闸（JZ14）、金平闸（JZ2）。阊门内城河：敞开仓桥浜闸（JZ4）。中市河：因阊门泵闸（JB1）施工受堵，按现有自然状态。桃花坞河：关闭尚义桥泵闸（JB2），并启动水泵向环城河外排水。临顿河：敞开齐门泵闸（PB1），河水自然流入。北园河：关闭北园泵闸（PB2），河水向外排。学士河：敞开升平闸（CZ17）。新开河：敞开学士街泵闸（CB11），关闭娄门泵闸（PB3），并启动泵向环城河排水。柳枝河：关闭东园泵闸（PB4），并启动泵向环城河排水。

（3）古城区干将河南片。官太尉河：敞开官太尉河闸（CZ21）。府前河：关闭葑门泵

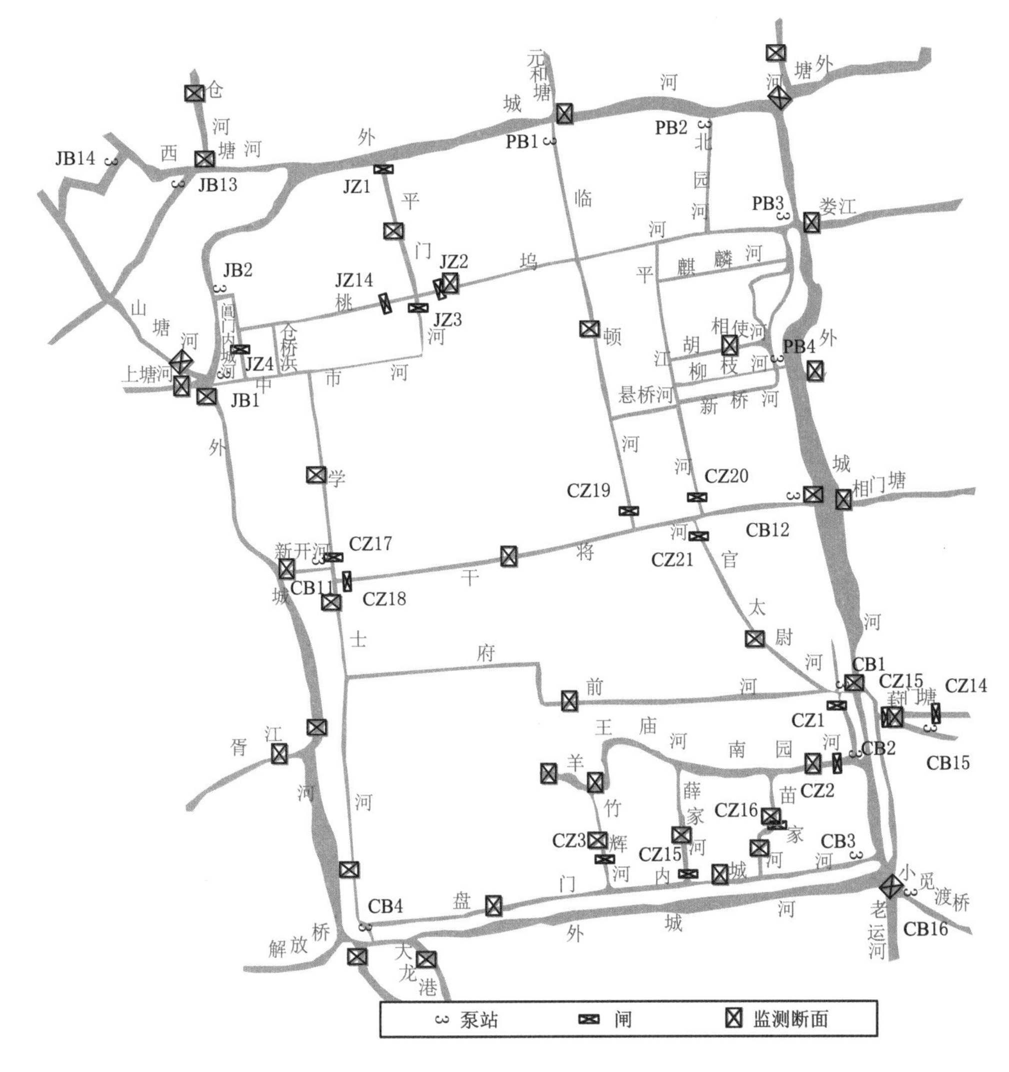

图 5.7 城区换水泵闸编号图

闸（CB1），并启动水泵外排水至环城河。葑门内城河：敞开二郎巷闸（CZ1）。南园河：敞开杨家村闸（CZ2），关闭南园泵闸（CB2）并启动水泵外排水至环城河。竹辉河：敞开养蚕里橡皮坝（CZ3）。薛家河：敞开薛家河闸（CZ15）。苗家河：敞开庙家桥闸（CZ16）。盘门内城河：关闭邱家村泵闸（CB3），并启动水泵外排水至环城河。

3. 试验结果分析

第一次试验时间为 2004 年 6 月 21 日至 7 月 12 日，第二次试验时间为 2005 年 3 月 5—14 日。

调水第 1 天至第 3 天，按方案一运行，即古城区泵闸无动力全敞开运行。调水第 4 天至第 10 天，按方案二运行，即部分泵闸无动力自然敞开，部分泵闸每天动力运行 8h（连续 4 天），到最后 3 天连续运行 16h。

在调水的前 3 天，内城河泵闸基本全敞，无动力引水，外城河水在重力作用下流向内城河，第 4 天开始内城河基本滞流，主要是环城河和城内河道水位趋于一致，环城河水无法继续向内流入。因此，调水第 4 天开始改变调度方式，启动部分泵闸动力排水，部分城内河道水动力条件又得到改善。

干将河、羊王庙河、苗家河调水期间仍基本保持滞流，薛家河仍保持往复流或滞流，这些河道的水动力条件没有得到明显的改善，是调水改善城内河道水动力条件的瓶颈区。桃花坞河、胡相使河、临顿河、学士河、盘门内城河等河道原来的往复流或滞流的状况得到了一定改善。

从水质来看，环城河的水质改善状况主要取决于入城水质，两次调水情况差异较大。城内河道水质情况是：大部分断面 NH_3-N 和 TN 均先升高后降低；调水开始后 TP 有明显的上升，调水后期又下降，调水停止后有所回升，这说明城内河道水动力条件的改变，引起了 TP 的内源释放。

通过两次大规模的试验，得出如下结论：

（1）调水能够明显改善环城河的水动力条件，环城河各断面流量与入城流量变化趋势类似，说明环城河水流条件受入城水量的影响较明显，入城水量的增加能改善环城河的水动力条件。内城河滞流现象也在一定程度上得到了改善。

（2）调水对环城河水质具有一定的改善效果，很大程度上取决于入城水质的好坏。城内河道水质污染问题（尤其是主要超标指标 NH_3-N）也得到了一定的缓解，但调水单项措施不能解决古城区水质问题。调水停止后，水质没有立即恶化，说明调水具有一定的持久性。调水对其他水质指标（BOD_5、TOC、COD_{Mn}、NO_2-N、NO_3-N）影响不明显。

（3）调水对底泥释放存在一定的影响。调水初期在环城河和城内河道断面 NH_3-N 或 TN 浓度存在升高现象，说明引水在一定程度上引起了底泥营养物质的释放。尤其是城内河道断面中，南园水系的河道底泥释放更明显。

（4）调水期间城内河道水质存在明显分区。各断面 NH_3-N 和 TN 的变化趋势基本一致，根据两者的浓度范围对城内河道各断面水质进行分区表明，干将河以北地区水质较佳，这个区域为清水首先到达的地方，水质较好；干将河以南地区水质较差，说明对这个地区调水效果不佳，或水流流经地区沿途存在外源污染。

（5）调水对城内河道污染严重的河段效果明显。根据调水期间古城区各河道的水质对比，调水以后水质改善明显的主要是污染严重的河道。这说明对于污染程度较重的河道，“引水释污”效果更好。

5.5　植物浮床技术

5.5.1　优势植物筛选

如何筛选高效植物品种，进一步提高植物修复效率尤其在低温季节提高植物修复效率，从而解决植物修复的周年循环问题是污染水体植物修复中必须解决的关键之一。

通过静态试验考察喜温植物水蕹菜等对污染河水的净化效果，并通过对水芹菜、多花黑麦草、大蒜等耐寒植物净化能力的比较，筛选出适合于苏州地区低温条件下的优势植物。重点研究了三种耐寒陆生高等植物在低温季节作为浮床植物对污染水体的水质净化效果。

1. 静态试验

水蕹菜静态试验的结果表明，在气温35℃、水温30℃以上的条件下，水蕹菜在重污染水体中生长良好，对重污染河道水体中的N、P元素有很强的去除能力，而对COD的去除能力则次之，对藻类也有较强的抑制作用。

在水温5.0～10.1℃的条件下，水芹菜、多花黑麦草、大蒜均能在富营养化水体中生长良好，并且有较明显的生长趋势，其中水芹菜生长得最好。

在冬季低温条件下，水芹菜、多花黑麦草、大蒜都能有效地去除水体中N、P、COD，对藻类也有很强的抑制作用，其中以水芹菜的净化能力最为显著，多花黑麦草和大蒜次之。

相同初始生物量条件下，鲜重增加量大的植物对污染河水的净化能力强。

水芹菜和多花黑麦草的植株长势美观，具有较好的绿化效果，而大蒜的植株在试验后期出现了发黄的现象；从景观效应和净化能力两方面比较，水芹菜最适宜作为冬季低温条件下净化污染河水的生物材料。

在开展植物修复工程时，水芹菜等耐寒植物可以与喜温植物如水蕹菜、美人蕉等常用陆生植物实现浮床技术的季节性衔接，实现周年循环。

2. 动态试验

动态试验主要考察动态水流条件下浮床技术对污染河水的净化能力，并考察水力负荷、浮床水面覆盖率、水深对水质净化效果的影响。

（1）冬春季节浮床技术对重污染河水的净化能力分析。在动态水流的重污染河水中，生长于浮床上的水芹菜在冬春季节能够很好地生长并完成生活史；可以与水蕹菜、美人蕉等喜温植物实现浮床植物整年的季节性衔接。

在水力负荷为0.5m^3/（m^2·d）时，水芹菜对重污染河水中NH_3—N、TN、TP的去除率与水温正相关，氮的平均去除负荷为0.802g/（m^2·d），磷的平均去除负荷为0.113g/（m^2·d）；对藻类的抑制作用则较为稳定，平均抑制率为57.25%。

TN、TP的去除负荷均随着原水质量浓度的增加而增大，在水芹菜生长的适宜范围内，水芹菜浮床种植技术适合处理污染较为严重、营养盐浓度较高的水体。

（2）水力负荷对净化效果的影响。在一定范围内，水力负荷的提高在降低去除率的同时提高了去除负荷，但这种提高程度是有限的，水力负荷超过某个值后，不但不能有效截留原水中的颗粒态污染物，而且过大的流速及剪切力会使原先被吸附和截留下来的悬浮物脱落，随出水带出水槽，此时，流量增大对去除负荷提高造成的正效应已小于质量浓度上升对去除负荷造成的负效应。

对于浮床技术净化流动状态下的重污染河水来说，存在着一个临界的水力负荷，本试验条件为1.0m^3/（m^2·d）。在此水力负荷条件下，水蕹菜对TN、TP、COD_{Mn}和Chla的去除率分别为55.08%、61.15%、34.29%和66.36%，相应的去除负荷分别为3.38g/（m^2·d）、0.26g/（m^2·d）、2.69g/（m^2·d）和17.5μg/（m^2·d）。

（3）浮床水面覆盖率对水质净化的影响。浮床水面覆盖率是浮床技术净化污染水体和改善水面景观效应的一个重要指标。对于河水流动状态下的重污染河道来说，植物水面覆盖率太少可能对水质净化所起的作用有限；而水面覆盖率太高一方面影响水面与大气之间的水气交换从而影响水体的DO，另一方面会影响水面原有的景观。建议浮床覆盖率控制在30%左右为宜。不同覆盖率条件下的进出水水质见表5.4。

表5.4 不同覆盖率条件下的进出水水质

水质指标	原水	覆盖率/%				
		0	10	30	60	90
TN/(mg/L)	7.159	6.987	6.568	4.951	4.543	3.60
TP/(mg/L)	0.511	0.465	0.413	0.326	0.265	0.223
COD_{Mn}/(mg/L)	10.045	9.126	8.789	7.983	7.854	7.752
Chla/(mg/m^3)	28.073	21.83	14.23	10.01	4.831	3.825
DO/(mg/L)	1.98	3.05	2.91	2.01	1.03	0.49

(4)水深对净化效果的影响。通过在模拟河道中，水力负荷控制在$1.0m^3/(m^2·d)$、水蕹菜浮床水面覆盖率控制在30%条件下，取浮床下水深分别为10cm、30cm、60cm、90cm处的水，检测TN、NH_3-N、TP、COD_{Mn}、Chla等指标，进行对比试验。

总体上来看，除了Chla外，水深减小有利于提高污染物的去除率，这是由浮床的结构和动态试验的运行特点决定的。水蕹菜的立体网状根系在浮床技术净化污染河水中起着核心作用，它既能吸收原水中的氮、磷等营养物质提供给植物生长，又发挥着类似滤料的过滤阻截作用，同时也是微生物附着生长的介质和载体，因此根系的作用极为关键。在试验过程中水蕹菜根系的体积是一定的，水深的加大意味着根系密度的减小；其次，根系的长度有限，试验时测量水蕹菜的根系长度在35cm左右，根系末端与槽底存在着很大的距离，该区域水流阻力小。上述两点原因造成较大水深处，水体中污染物和营养物与根系接触概率反而减小，机械截留、根系吸收以及生物降解作用减弱，最终导致对污染物的去除率降低。

5.5.2 主要结论

(1)水蕹菜静态试验证明水蕹菜净化能力极强，适合于苏州地区重污染河道，在获得环境效益的同时也会收获一定的植物鲜重，从而可以获得经济效益。

(2)通过冬季低温条件下优势植物的筛选表明，水芹菜在冬季仍有一定的净化能力，而且水芹菜与水蕹菜同样属于经济植物，有很高的经济价值。

(3)水芹菜浮床冬春季节、水力负荷为$0.5m^3/(m^2·d)$动态水流条件下，水芹菜对重污染河水中NH_3-N、TN、TP的去除率与水温正相关，氮的平均去除负荷为$0.802g/(m^2·d)$，磷的平均去除负荷为$0.113g/(m^2·d)$；对藻类的抑制作用则较为稳定，平均抑制率为57.25%。

(4)水蕹菜浮床最佳去除污染负荷的水力负荷为$1.0m^3/(m^2·d)$，最佳浮床水面覆盖率为30%，净化效果最佳处水深为30cm。

(5)通过喜温植物与耐寒植物的季节性接茬，可以实现植物浮床技术的周年化运转，在改善水环境的同时可以获得农产品，并实现浮床技术的资源化。

5.6 沉水植物适应性及生态效应

沉水植物是水生态系统的重要组成部分和主要的初级生产者之一，介于水一泥、水一气及水陆界面，它是水体生态系统中水和底质两大营养库之间的有机结合部。作为水体主要的生物组分和健康水生态系统的重要组成，沉水植物对生态系统物质和能量的循环和传递起调控作用，对生态系统的结构和功能也起着关键作用。

水生植物的选用原则如下：

（1）适应性：所选物种应对景观水、气候、水文条件有良好的适应能力。

（2）本土性：优先考虑采用本地区原有的物种，尽量避免引入外来物种，减少不可控因素。

（3）强净化性：优先考虑对氮、磷等营养物有较强去除能力和根系较大、固定底泥能力强的优良物种。

（4）可操作性：尽可能选用繁殖、竞争能力较强，栽培容易，并且管理、收获方便的物种。

（5）观赏性：所选物种应具有一定的观赏性能，使其与景观要求相协调。

营养盐、水温、pH、DO、光照强度、悬浮物、底质条件等都是影响沉水植物在重污染河道恢复的重要环境因素。

5.6.1 悬浮物对沉水植物生长的影响

（1）悬浮物在沉水植物表面的附着规律。重污染水体中存在由无机黏土矿物颗粒和由藻类残骸、有机碎屑、浮游动物尸体等粒状物组成的悬浮物，它是一种有机悬浮物，悬浮物水质的高锰酸盐指标高。新鲜沉水植物移栽入这种水体之后，这些悬浮颗粒在很短时间内就会在植物的叶面、茎干上附着。

（2）悬浮物的附着对沉水植物生长的影响。在将近一个月的试验期内，污染河道中的菹草及伊乐藻生长缓慢，生物量分别只增加了 18.12%和 11.45%，而对照样则分别增长了 84.76%和 58.07%。伊乐藻干物率在河道内下降了 5.86%，而对照样则增加了 1.26%。按照菹草及伊乐藻生物量分别增加 18.12%和 11.45%的生长速度，菹草及伊乐藻都很难健康完成繁殖、发展形成群落的生存循环过程。

（3）悬浮物附着对沉水植物光合作用的影响。光合作用的水平与天气的阴晴、光强的大小、水体透明度有着密切的关系。在整个试验中，无论是悬吊在河道内，还是在试验容器内，菹草体内的叶绿素含量都有所下降。与对照样比较，河道内菹草的叶绿素含量仅为对照样的 66.24%，说明了悬浮物的附着，降低了植物的光合作用水平。从机理上讲，悬浮物的附着可能在植物表面形成一种厚度不均匀、形状不连续的灰色膜，影响光线的透过率。

（4）悬浮物附着与植物健康状态。虽然整个试验过程中不能判断出植物出现烂死的现象，但从叶绿素含量及叶绿素 a/b 值的降低可以说明叶片的衰老。可以认为悬浮物的附着明显影响了沉水植物的正常健康生长，造成一种胁迫条件下植物的病态生长。

因此，河道水体中大量的悬浮物对沉水植物的生长影响很大。

5.6.2　不同营养盐含量对沉水植物生长影响

1. 高浓度氮对植物的生长影响

氮是植物生长的生命元素，低浓度时能显著促进沉水植物的生长，但随营养水平增加其反而抑制植物的生长，甚至最终引起沉水植物的消亡，已有研究表明：氮素过多时，大部分碳水化合物与氮素形成蛋白质，只有小部分碳水化合物形成纤维素、木质素等，因此细胞质丰富而壁薄，植株抵抗不良环境的能力差，茎部机械组织不发达。

在短时期内，高浓度氮对植物的生长影响不大，甚至在不同程度上都促进了植物的生长，试验第10天，无论菹草还是伊乐藻，它们的干物率、叶绿素含量都较之初始样有所增加。

随着时间的延长，高浓度氮含量对植物的伤害程度远远高于低浓度的氮含量，到第20天时，TN浓度大于25mg/L水样中的菹草和伊乐藻大部分都已经发焦腐烂，且菹草腐烂的速度快于伊乐藻。

综合分析植物的各个生理生化指标，不管是菹草还是伊乐藻，它们最适生长的TN浓度为5mg/L。菹草的氮生存阈值为5～10mg/L，而伊乐藻对氮的耐受范围更大一些，可达到5～25mg/L。

2. 高浓度磷对植物的生长影响

与TN相似，在短时期内，高浓度磷含量对植物的生长影响不大，对植物的生长起到不同程度的促进作用。随着时间的延长，高浓度磷含量对植物的生长也造成一定的伤害，但远没有氮对植物的伤害大。综合分析植物的各项指标，菹草及伊乐藻的适宜TP浓度为1mg/L，生存阈值均在0～25mg/L。

对比河道水质实测资料和试验数据，可以认为苏州城市河道水体中大量的悬浮物对沉水植物的生长影响是最主要的，而水体中的TN、TP浓度是沉水植物所能承受的。因此，水体悬浮物的控制是恢复苏州河道沉水植物的关键任务。

3. 不同底质条件对沉水植物生长的影响

水体底质是沉水植物固着的基础，也是植物生长所需矿质营养物质的主要来源，水体富营养化过程中，大量营养盐在底质中累积，比如说氮和磷，并且底质中的含水率极高，同时因为透明度的降低，使水体的底质长期处于高度的厌氧状态，这些因素都会对沉水植物根系的生长产生一定的胁迫作用，进而影响到沉水植物的生长。

通过对底质改良试验发现，在底泥中掺入一定体积的砂，可以最有效地促进植物对物质的吸收和积累。从菹草的试验结果看，在河道底泥中掺入30%体积的砂最能促进植物对物质的吸收。加大砂的掺入量，不能显著改变菹草对物质的吸收，反映在干物率上不显著。

底质密度的不同也可以影响苦草的生长。底质处于一定的密度下可以促进植物的生长，试验发现底质处于1.55g/cm^{3}时，苦草根系的活力、干物率、叶绿素最高。

水体中大量的氮、磷等营养物随着时间的推移，累积到了水体的底质中，导致底质中的各种营养物含量过剩，进而影响到了底质的其他化学性质，这些化学性质进一步影响到植物的生长。通过苦草和伊乐藻对NO_3^-的浓度试验发现，苦草根系短时间内能够经受高浓度NO_3^-的影响，但是当根系长时间处于高浓度NO_3^-时，其地上部分大量腐烂，降低其活力。所以底质中高浓度的 NO_3^- 直接和间接对苦草的生长产生了不利影响。

伊乐藻可以耐受高浓度硝态氮对其的影响，鲜重、干物率都可以上升，但是高浓度的硝态氮还是对伊乐藻的生长带来一定的胁迫，处于高浓度硝态氮下伊乐藻鲜重的增加量要小于低浓度时的增加量，并且其对伊乐藻的生理状态还是带来了影响。

从试验结果分析可以得出，底质中 NO_3^- 对苦草生长的阈值范围为 0～0.5g/kg；底质中 NO_3^- 对伊乐藻毒害甚微，当底质中 NO_3^- 浓度在 0.5g/kg 左右时，伊乐藻长势较好。

4. 沉水植物栽种方式研究

在试验河道内由于水深大部分超过 2m，而沉水植物适宜生长水深一般为 1～1.5m，且河道两岸大多为硬质直立护坡，无法将所要种植的沉水植物直接插入底泥中，否则会因缺氧而造成植物的腐烂和死亡。通过浮毯式网箱载体、框架式网箱载体、漂浮式网箱载体和渐沉式沉床载体这四种方法进行反复试验，得出以漂浮式网箱载体和渐沉式沉床载体种植方式较适宜在苏州重污染河道中进行推广和应用。

漂浮式网箱载体可以有效拦截悬浮物，不受昼夜水位涨落影响，易于管理，并可以阻止沉水植物过度繁殖，较适宜在城市重污染河道中推广应用。渐沉式沉床载体虽成本较高，但能够克服城市重污染河道普遍存在的低透明度对沉水植物恢复的限制，适宜在有条件的城市水体进行推广运用。

5. 沉水植物对水质改善的效果

高等水生植物是水生态系统的重要组成部分，它不仅具有较高的生产能力和经济价值，而且具备很强的环境生态功能。水生植物对氮、磷等植物必需的 16 种元素除吸收、同化及完成其他生理功能外，还可将多余部分的量贮存在组织体内。因而，可消除富营养化带来的污染。总之，水生高等植物的存在，有利于维持良性的生态系统，并能在较长时间内保持水质的稳定。因此，可以说高等水生植物的恢复是水生态系统修复的关键。

（1）试验发现，伊乐藻、黑藻、苦草、金鱼藻四种沉水植物，去除氮的效果以伊乐藻最好，其次为黑藻，苦草最差；去除 NH_3-N 以黑藻和苦草较好，而金鱼藻效果最差；去除 TP 的效果以黑藻最好，金鱼藻和苦草相当，伊乐藻最差。因此，在种植沉水植物时应根据河道水质的污染特征选择相应的植物种类。

（2）伊乐藻、黑藻、苦草、金鱼藻四种沉水植物均具有较强的抑藻作用，特别是对微囊藻的抑制作用十分明显。在蓝藻水华暴发的高温季节，利用黑藻、金鱼藻和伊乐藻能漂浮于水面生长的特性可以净化水质，并且能抑制藻类的生长、繁殖。在生物量达到 2.5kg/m^{3}时能遮盖 80%的水面，具有较强的遮光能力，使得藻类大多集中于水的表层，在沉水植物所释放的助凝基质的作用下，促使藻类絮凝和叶绿体的分解，从而达到净化水质和抑藻的效果。

5.7 鱼类对水质改善效果

重污染水体一般都会严重制约土著鱼类种群组成的多样性及其正常生长和繁殖，水体受污染程度越重对鱼类生长影响越大。需要通过人工调控手段，即筛选和放养适宜在该水体生存的鱼类来控制水体中藻类水华暴发和降低有机碎屑污染。

过去有关科研单位在湖泊中放养鲢、鳙鱼以控制蓝藻水华的暴发。通过鲤、鲫鱼的食性分析发现，肠道中含有大量底泥物质及两栖颤藻、席藻、硅藻等底栖附泥藻类，日摄食率达到20%。鱼类放养2个月后，底泥中TOC、TN、TP含量呈下降趋势，TOC从55.883g/kg降到12.587g/kg；TN从4.026g/kg降到1.341g/kg；TP从2.298g/kg降到0.941g/kg，比相邻的河段均有所偏低。其中原因可能是由于鲤、鲫鱼频繁的摄食活动，起到掀动底泥、搅动水体的作用，破坏了底栖附泥藻类的生存环境，促进上下层水体对流，增加底层水体含氧量，有助于有机质的分解和营养盐的矿化。

课题还对黄尾密鲴进行了试验研究。黄尾密鲴属于淡水中型鱼类，广泛分布于我国江河、湖泊、水库中，它具有食物链短、极耐低氧和繁殖能力强等特点。过去将黄尾密鲴作为大水面渔业资源增殖和池塘混养搭配的优良品种。黄尾密鲴日摄食率在53%以上，主要摄食悬浮有机物和浮游生物，其中浮游动物以近亲裸腹溞、广布中剑水溞、壶状臂尾轮虫和螺形龟甲轮虫为主；藻类以两栖颤藻、颗粒直链藻、羽纹藻、辐节藻、平板藻、冠盘藻、双头针杆藻等种类为主。

从摄食种类出现的时间分析，黄尾密鲴对摄食有机碎屑和藻类无明显的选择性，而摄食近亲裸腹溞、广布中剑水溞和轮虫则多出现在白天。

黄尾密鲴在河道平均水温为30.2～30.5℃的情况下生长速度较快，放养时的平均体长为23.9mm，体重为0.09g，20天后平均体长已达47.5mm；而在平均水温为17.1～21.5℃的情况下，生长速度相对较慢。同时，黄尾密鲴在试验河道中的成活率较高，除在运输过程中造成部分鱼类受伤入箱后1～2天陆续死亡外，放养后则很少死亡，成活率达到60%以上。

放养后，水中的蓝藻、隐藻、甲藻、硅藻门藻类均有减少，浮圈中浮游植物的生物量由5.933mg/L降低至3.095mg/L；黄尾密鲴对水中有机悬浮物有较好的摄食作用，放养密度为40g/m^{3}水体时，水中悬浮物下降了50%左右，两周后，围圈边壁出现螺类，说明该微型生态系统的生物多样性得到了改善。

5.8　河道曝气生物膜原位净化技术

水体中DO严重不足会使河道处于厌氧状态，厌氧状态的河道就会发生黑臭现象。在众多水环境质量改善措施中，采用河道曝气复氧技术，是增加水体DO、缓解黑臭，净化水质最直接有效的方法之一。

单一的河道曝气复氧也存在一定的问题，如上海苏州河的部分支流自从采取曝气措施以来，黑臭现象略有好转，但效果不尽如人意。究其原因主要有三点：①没有彻底断绝污染源（苏州城区河道也有类似情况）；②水体中微生物数量少，污染物降解慢，污染物的降解速度低于输入速度；③充氧量不足，在工程上考虑到河道曝气的成本，往往充氧不足。

根据微生物的生长特点，培养适宜的条件使微生物固定生长或附着生长在固体填料（载体）的表面，形成胶质相连的生物膜。通过水的流动和空气的搅动，生物膜表面不断和水接触，污水中的有机污染物和DO为生物膜所吸收从而使生物膜上的微生物生长壮大。随着有机物的去除，生物膜本身也在不断更新，衰老的生物膜脱落后通过沉淀使泥水分离，这就是生物膜法。把生物膜法跟曝气复氧技术相结合，运用于污染河道的水质改善就形成了河道曝气+生物膜原位净化技术。

1. 试验方法

（1）在相同条件下，在模拟河道中分别进行直接曝气、加入5%活性污泥曝气、加入10%活性污泥曝气和加入20%活性污泥曝气试验，每隔6h取样测定COD，曝气36h后分别测定DO、COD、NH_3－N、TN和TP。试验目的是比较直接曝气和加入活性污泥曝气对水体中有机物去除效果，并根据加入不同量的活性污泥曝气后水质的变化，比选出最佳的活性污泥投加量。

（2）调节空气管阀门，分别把进气量控制在50L/min（微量曝气，DO为1.0～2.0mg/L）、200L/min（中度曝气，DO为2.0～5.0mg/L）和300L/min（充分曝气，DO>5.0mg/L）三种范围，连续运行48h，分别比较COD、NH_3－N去除效果，优选最佳曝气强度。

相同条件下，在一个模拟河道中连续曝气，另一个模拟河道曝气0.5h，静止1.5h，交替运行，连续运行16h，每隔0.5h测定DO，同时每隔2h分别测定COD、TN、NH_3－N和NO_3－N，通过比较，选择适合苏州水体的曝气方式。

（3）在模拟河道中分别设置弹性填料、卵石、组合填料和天然棕毛，连续曝气10天后分别测定其生物膜厚度、重量并观察微生物相，淘汰两种挂膜不成功的填料。对剩下的两种填料进行24h曝气，每隔2h分别测定浊度、COD、TN、NH_3－N和TP，优选出对水质改善最佳的填料。

（4）在模拟河道中设置生物膜填料1m^3，调节流量模拟城内河道常见的两种流速，即0.01m/s和0.001m/s，连续曝气60h，每隔6h取样测定浊度、COD、TN、NH_3－N和TP。试验目的是比较两种流速下，河道曝气+生物膜原位净化技术对水质的改善效果，从而分析出哪一种流速水体更适合运用该技术。

考虑到填料的设置和曝气时氧的利用率，本试验对模拟河道反应器的长、宽、深都有一定的要求。模拟河道反应器长3m、宽0.5m、高1.2m，有效水深1m。模拟河道采用不锈钢板制作，单槽容积为1.8m^3，有效容积为1.5m^3。5个相同的模拟河道单槽并联，可同时进行试验；也可以把5个模拟河道单槽串联，进行多种技术方案的集成试验。

2. 主要研究结论

（1）直接在模拟河道中曝气对有机物的去除效果不明显。水质改善的效果跟微生物的量有直接关系，外加活性污泥后增加了微生物量，其处理效果有显著提高。比较合适的外加活性污泥的量为10%。

（2）向河道中直接加入活性污泥的条件目前尚不成熟，但通过生物膜法可以达到增加微生物的量从而提高水体净化效果的目的。

（3）在生物膜法处理工艺中，反应器中填充的填料是其核心部分，填料在生物膜反应器中的作用主要有以下三方面：①微生物生长的载体，为其提供栖息和繁殖的稳定环境，为水体和生物体的接触创造了良好的水力条件；②对气泡起重复切割作用，使水中的DO浓度提高从而强化了微生物、有机体和DO三者之间的传质；③填料对水中的悬浮物有一定的截留作用。

（4）弹性填料、组合填料、卵石和棕毛四种填料的比选表明，模拟河道曝气试验中弹性填料挂膜最成功，对水质改善的效果最好。弹性填料是以绳、柱、管为中心，成丝状条均匀辐射而呈立体状态。丝条经特殊加工而成，带微毛刺并有一定的变形能力，回弹性能良好。

（5）加大曝气量，增加DO，可以提高COD_{Cr}、NH_3-N、TN和TP的去除效果。当水体DO由0.2mg/L逐渐增加到4mg/L左右时，COD_{Cr}和NH_3-N去除率增幅都很大；但当水体中DO浓度大于4mg/L时，COD_{Cr}和NH_3-N去除率增幅趋缓；当DO浓度超过6mg/L时，COD_{Cr}和NH_3-N去除效果很难继续提高。考虑到节约能耗，降低成本，DO控制在4mg/L左右，则既能达到较好的水质改善效果，又比较经济。

同时，连续曝气对COD_{Cr}的去除效果略好于间歇曝气，对NH_3-N的去除率要明显比间歇曝气高，对TN的去除率则间歇曝气比连续曝气效果好，主要原因是连续曝气水体中$NO_3^{-}-N$含量大幅度上升，而间歇曝气$NO_3^{-}-N$含量基本不发生变化，这是因为连续曝气时水体始终处于好氧状态，$NO_3^{-}-N$不能进行反硝化作用，相反，间歇曝气可以使水体处于好氧—缺氧交替变化状态。因此，在河道曝气中采用间歇曝气的运行方式会具有较好的脱氮效果。

（6）河道曝气+生物膜原位净化技术对水体中的COD_{Cr}、TN、NH_3-N、TP和浊度均具有良好的改善效果，但流速较慢水体的COD_{Cr}、NH_3-N、TP去除效果要明显高于流速较快的水体；流速较慢时浊度的改善效果也要略好些。另外，虽然流速相差10倍，但两者TN的去除效果基本接近。因此，对于流速慢的滞流水体，采用间歇曝气复氧技术效果更好。

5.9 微生物制剂修复技术

在相对滞留的水体中，采用合适的微生物制剂，可以激发水体中土著微生物的活性来达到削减水体中的氮、磷等污染物，破坏藻类繁殖的营养条件，消除藻类暴发及水华发生，进而提高水体的透明度及景观效果，应用较多的有EM菌和光合细菌（PSB）、水体净化促生液等。

研究表明，佛欣3号粉剂+曝气增氧对苏州河道TP的净化效果最佳，其次是TN，对COD_{Cr}的净化效果最不明显；EM菌能有效改善底泥的物理性状，促进浮游动物和底栖动物的繁殖，对底泥中的藻类起到一定的分解作用。

5.10 南园河水体治理示范工程

5.10.1 基本情况

南园河位于古城区东南，与苗家河、薛家河、竹辉河相通，西端形成断头浜。治理示范段位于南园河的东烧香桥与西烧香桥之间，长300m，宽10～70m，水深2～3m。南园河水质为劣Ⅴ类，其中TN可达10mg/L以上，TP 0.5mg/L以上，有机污染指数大于8.04，属严重污染水体。水面常有黑色颤藻水华浮起，且常伴有恶臭现象。

该河段生活污水产生的面源污染负荷值：COD_{Cr}为113.4kg/d，SS为78.7kg/d，NH_3-N为11.0kg/d，TN为17.3kg/d，TP为1.3kg/d。

底泥的厚度大多在1m以上，2005年5月对南园河采了3个点的泥样，TN的平均含量为6.34mg/L，TP的平均含量为4.24mg/L，总有机碳的平均含量为83.25mg/L。

该河段沿岸居民生活污水直排入河，水体透明度低，黑臭现象严重，水中TN可达10mg/L以上，TP 0.5mg/L以上，有机污染指数大于8.04，属严重污染水体。

5.10.2 主要方法

南园河治理工程水质改善的关键技术可概括为：利用透水围隔与浮床物理-生物控制客水污染及SS，利用浮床植物-生物膜技术有效削减点污染源，在客水污染与点污染源基本控制的条件下，按照全系列、半系列生态系统的构建要求对原有护坡进行改造，实现生态系统构建所需的基底条件，在此基础上进行挺水植物、浮叶植物、沉水植物的恢复。

在工程实施前，先对南园河治理段内的淤泥进行清除，并在东烧香桥与西烧香桥之间采用透水围隔，临时用软隔离把南园河一分为二。

1. 基底修复

在南园河东段直立护岸修复区，利用河床原有基质泥在木桩与石砌驳岸之间采用含水率低、有机质含量适中的基泥进行回填，使0.5～2m沿岸带水深控制在0.5m以内，这样为挺水植物的移栽创造有利的条件，形成有一定特色的因地制宜的硬质直立岸修复模式，并为水生植物营造基质条件。

在南园河西段竹辉饭店北侧自然岸坡修复区，在原陆湿生带上进行生态护坡修复，形成两级梯阶式护坡，迎水区构建缓坡，在去除原淤泥的情况下，采用含水率低、有机质含量适中的基泥进行护坡修复区的底质改造，为全系列生态系统的构建创造良好的基底条件。

在基底条件改造的基础上种植了多种植物，挺水植物主要包括菖蒲、千屈菜、香蒲、金叶芦苇等。由于沿岸带的挺水植物生长良好，并在局部范围内形成群落，改善了附近水体的水质。在生境条件改善的情况下，沿岸带水域种植的金鱼藻、菹草、伊乐藻、狐尾藻等沉水植物，都在局部范围内形成群落。其中夏季金鱼藻生长最好，冬季伊乐藻生长最好，这样就构成了生态景观优美、水质改善显著的全系列植物生态系统。

2. 浮床植物-生物填料净化沿岸生活污染

将草坪植物与生物填料的浮床沿岸边有排放口的直立护岸排列，阻留与净化来自排放口所排放的生活污染。同时，在软性隔离带内设置了长280m、宽2m的高羊茅草坪浮床带。草坪浮床采用木质钢丝网结构载体，草坪植物可以直接铺放在载体上，草坪植物的根系可以很方便地通过钢丝网深入水下自由生长，从而增强了对水质的净化能力。

高羊茅是耐寒植物，可以一年四季保持长绿，维持长效的净化作用。通过浮床植物吸收水体中氮、磷，吸附水体中的悬浮物，为沿岸带沉水植物的恢复提供必要的透明度条件，同时水面上的绿色草坪带与沿岸带绿色植物协调，形成良好的景观效果。

5.10.3 改善效果

通过治理段与非治理段的对比，治理段的叶绿素a含量明显低，4个月的平均贡献率为27.04%。对TP的改善效果也较为明显，平均贡献率为25.4%。对NH_3-N和COD_{Mn}的贡献率平均在15%以上。水体透明度也提高至120～150cm。

同时，沿岸带的生态修复也大大改善了景观效果。

5.11　苗家河水体治理示范工程

5.11.1 基本情况

苗家河属南园河水系，北接南园河，南接盘门内城河，全长640m，其中胜利桥南约360m，河道南窄北宽，河面宽9.9～17m，平均水深为2m，水面面积为$4046m^2$，地处苏州古城区东南角的最低洼处，南园水系的下游。

示范工程实施前苗家河水质为劣Ⅴ类，主要超标因子为COD_{Mn}、NH_3-N、TN和TP，NH_3-N、TN和TP的最大超Ⅴ类标准倍数分别达14.5、6.54和4.55倍，属重污染。此外水体中悬浮物较高，悬浮物中有机物的含量高达65%。水体中溶解氧含量极不稳定，多数时间水体中的溶解氧含量较低，有时甚至为0。示范工程实施前监测表明，该区域没有发现底栖动物。

水质污染的原因主要有：①外源污染，包括居民生活污染（约$50m^3/d$）、初期雨水污染、洗衣废水；②内源污染，底泥厚度为30～90cm，平均为48cm，底泥TN含量变幅为1.34～9.44mg/g，平均为3.84mg/g，TP含量的变幅为0.84～4.78mg/g，平均为2.05mg/g，总有机碳的含量为12.59～123.89mg/g，平均为51.86mg/g；③客水污染，来水为南园河水质，属严重污染水体；④水动力，水流十分缓慢，流速一般小于0.01m/s，有时甚至滞流，且滞流时间较长。

5.11.2　主要技术

1. 多形式生态护坡构建

通过生态改造、植被修复、生态混凝土砌块护砌、直立护岸挺水植物区修复等措施，净化雨水径流污染，同时为水生动物的栖息提供场所。对原斜坡植物移植对污染物截留能力强的高羊茅草坪，对原直立护岸的浆砌石块去顶部50cm，然后衬砌预制好的生态混凝土，生态混凝土为空腔结构，空腔内填充功能型填料，选用的填料有卵石、陶粒等构件。生态护坡改建见图5.8。

图5.8　生态护坡改建图

图5.9　直立护岸挺水植物修复

2. 硬质直立护岸挺水植物修复

挺水植物护岸技术应用于苗家河北端B段，全长85m，在河道内利用河底地形或通过设置木槽，移栽宿根性狭叶香蒲、黄花菖蒲等挺水植物。每个木槽种植狭叶香蒲10株左右，共种植香蒲3500株、黄花菖蒲2500株。狭叶香蒲及黄花菖蒲在生长过程中不仅能有效去除河水中的污染物，提供水生动物的栖息场所，吸附水体漂浮物，而且黄花菖蒲花期长，狭叶香蒲植株高大，具有一定的景观效应。直立护岸挺水植物修复见图5.9。

3. 浮床植物与生物填料组合

在苗家河与盘门内城河交界处设置了弧形浮床，弧形半径为17.5m，浮床面积为112m²。种植景观性植物梭鱼草800株、千屈菜300株、高羊茅草坪100m²。河口向北100m河段布置浮床植物-生物膜浮床。集成式生物膜浮床采用新型浮床载体，把植物净化技术与生物膜净化技术有机结合起来，在充分发挥浮床的净化功能以及景观效应的同时，强化对重污染河道河水的净化功能。集成式浮床见图5.10。

(a) 型式一

(b) 型式二

图5.10 集成式浮床

4. 鱼类控制技术

在苗家河浮床以北区段，拦养土著的鲫鱼等鱼类，并投放黄尾密鲴4万尾，投放时的平均体长30mm，体重0.25g，最大个体达体长43mm，体重1g。利用黄尾密鲴摄食河水中的有机碎屑，同时利用底层性鱼类的活动，破坏底栖附泥藻类的生存环境，从而能有效抑制蓝藻水华的暴发，消除水体的黑臭。

5.11.3 示范工程效果

示范工程实施后，2005年9—12月，每月三次在苗家河定点采样两处，在竹辉河和薛家河定点采样一处，取苗家河两处监测点的水质指标的平均值作为苗家河的水体的水质指标，取竹辉河和薛家河的平均值作为对照河的水质指标，以贡献率来衡量苗家河示范工程改善程度。其中，贡献率＝（对照河－苗家河）/对照河×100％。苗家河示范工程的贡献率见表5.5。

表 5.5　　　　苗家河示范工程的贡献率

污染指标	时间	对照河	苗家河	贡献率/%	备注
COD_{Mn}/（mg/L）	9月	9.77	7.33	24.97	
	10月	14.22	10.02	29.54	
	11月	16.55	15.38	7.07	
	12月	11.52	8.10	29.69	
	平均	13.02	10.21	21.58	
NH_3-N/（mg/L）	9月	6.93	4.89	29.48	
	10月	8.08	6.96	13.86	
	11月	13.4	10.82	19.25	
	12月	9.27	8.34	10.03	
	平均	9.42	7.75	17.73	
TN/（mg/L）	9月	9.47	5.97	36.96	
	10月	8.81	7.68	12.83	
	11月	14.23	11.10	22.00	
	12月	11.14	9.17	17.68	
	平均	10.91	8.25	24.38	
TP/（mg/L）	9月	0.77	0.45	41.56	
	10月	0.79	0.53	32.91	
	11月	2.11	1.05	50.24	
	12月	0.82	0.90	0.00	
	平均	1.12	0.73	34.82	
Chla/（mg/m^3）	9月	89.83	86.45	3.76	
	10月	20.08	45.46	0.00	
	11月	22.13	13.38	39.54	
	12月	15.55	13.16	15.37	
	平均	36.90	39.61	7.34	
浊度/NTU	9月	19.2	14.1	26.56	
	10月	18.1	12.6	30.39	
	11月	16.6	15.8	4.82	
	12月	12.1	10.8	10.74	
	平均	16.5	13.3	19.40	

从表中可以看出，苗家河示范工程实施后，对 TP 的改善效果较明显，最高月份的贡献率达到 50.24%，4 个月的平均贡献率为 34.74%；对水体中 TN 和 NH_3-N 的含量也起到了一定的改善作用。

5.12 拙政园池塘治理示范工程

拙政园始建于明正德初年（16 世纪初），距今已有 500 多年历史，是江南古典园林的代表作品。拙政园位于古城苏州东北隅，是苏州现存最大的古典园林，占地 78 亩。全园以水为中心，山水萦绕，厅榭精美，花木繁茂，充满诗情画意，具有浓郁的江南水乡特色。拙政园分为东花园、中花园和西花园三部分，布局以水为主，园林水体占整个园林面积的 3/5。东花园水体相对独立，水面呈环状；中、西花园水体相联系，水面呈不规则形状。

拙政园池塘水质存在的主要问题是：在一年中的多数时间内池塘水体混浊，感官性状差，严重损害水体乃至该园林的整体景观。水质监测的数据表明，COD_{Cr} 浓度平均达 30mg/L，NH_3-N 浓度为 5.5mg/L，磷酸盐浓度达 0.4mg/L。水质污染的主要原因是：秋冬季节塘畔树木落叶进入水体，腐烂变质沉积池底后成为水体的主要污染源；由于水体营养丰富，导致藻类大量滋生，降低水的透明度；塘底有大量沉淀物淤积，主要是泥土和有机营养物质，当出现“翻塘”现象时，使得池水浑浊，泛灰泛黄，水质严重恶化。

拙政园水体质量的季节性变化可分为两种情况：一般每年的 5—8 月，由于气候温暖，池塘水温的分布自水面至底部呈由高而低变化。同时，此期间是荷花生长的季节，因而此阶段水体基本无“翻塘”现象，加之荷花的生长，使得塘水质量良好，并成为该园林水景最好的阶段。但是每年的其余时间，尤其是每年的 10—11 月和 2—3 月，由于池塘水温出现逆温现象，加上塘植物的零谢，同时由于塘体平均水深较浅，多为 0.5～0.8m（东园局部最深处达 1.8m），因而由于“翻塘”现象，底泥污染及其中物释放，导致水体泛黄、浑浊，并由于植物对 N、P 等营养物吸收功能的大大削弱，使水体质量明显下降，并持续较长的时间。

5.12.1 池塘治理主要技术

1. *水力循环系统设计*

水力循环的目的是使原本静止的池塘水体缓慢流动，实现水量水质的交换，为体外净化处理提供必要的基础；同时，也可以通过水力推动设施提供水流表面复氧，提高水体的自净能力。确定水力循环方案的基本原则是利用原有池塘水面的形状，采用人工措施，使水体定向循环流动。控制水流速度缓流徐进，从而不影响园林景观的原有风格和韵味。根据拙政园西花园与中花园水系直接互通、东花园水系相对独立的实际状况，采用中西花园水系大循环、东花园水系独立循环方式。两个相对独立的循环水系分别实施体外强化净化水质处理及部分池段原位水生植物水质处理。鉴于中西花园有多处端头，可考虑在此设置体外净化处理设施的取水点或出水点，以避免出现死水区，使循环水系的全部水体均实现良好的交换和混合。

根据水面及水深特点，中西花园水力循环系统采用一点取水、三点出水方式形成枝状水流体系。按照环网中各节点流量平衡及各环水头损失闭合差为零的原则，进行流量的预分配，编制计算程序进行优化计算，最终使各段的平均流速基本相同。根据上面确定的取水口、出水口的位置，确定水力循环系统管道布置平面。为保证园林景观要求以及运行与安装的简便，采用潜水离心泵作为水力循环系统的动力源，泵流量为 $70m^3/h$，扬程为10m。

2. 沉水植物原位修复

根据小试和中试研究成果，优化选择沉水植物的类型与栽种密度。园林水体中培植的沉水植物应兼具观赏功能、水质净化、固定底泥的作用，通过引种、筛选、培植等手段优选植株矮、覆盖面较广和颇具观赏价值的物种进行栽培。根据拙政园水质特征及具体环境要求，确定鱼草为栽种的沉水植物，分别栽种于拙政园的西园和东园，面积分别为 $320m^2$ 和 $400m^2$。

3. 地下渗滤系统

地下渗滤系统的设计流量为 $500m^3/d$，工程范围为 $300m^2$。系统设两格过滤池，用于东园水体，每天工作24h，水力负荷为0.12m/h。

过滤系统从上往下为草坪、30cm原始土壤、70cm特殊滤料层，特殊填料层由砾石、石灰石、沸石和卵石按一定的配比组合而成，底部夯实做防水层，整体高度为1m。

进水系统采用大阻力配水系统，从池子中部进水，中间为主干管DN90mm，再分布干管DN63mm，再设DN20～DN32支管，间距为中心距1m。进水配水支管和排水管打孔间距为20cm ，DN20支管孔径为4mm，DN25支管孔径为6mm，DN32支管孔径为10mm，孔眼布置于与中垂线45°角的上侧。

排水管孔径为6mm，孔眼布置于与中垂线45°角的下侧，单侧交叉设置。

4. 曝气生物滤池

固定化微生物处理体外处理示范工程旨在通过人工强化生物处理措施削减其水体的内源污染物（包括COD、SS和N、P等），使由于季节变化而产生的落叶、地表径流等进入水体中的污染物量控制在水体自净化能力的范围内，利于水体保持长期良好的自我修复能力。同时，通过体外处理，及其进水和出水口的合理布置，使其具有一定的水循环功效。将体外处理的进水口设置在远离中、西园的水力循环系统的抽水点，将其处理出水送至该水力循环系统进水口处，即将净化后的水送至不同的水体点位，实现水体的交换和净化。体外处理的设计运行能力为 $20m^3/h$。

针对中、西园的水质特点，采用了曝气生物滤池作为中、西园水质修复的体外处理措施，在利用原有处理设施的基础上，对使用的填料进行了调整，并根据试验结果对处理设施进行了功能上的改进，使其能满足曝气生物滤池在运行中的要求，对中、西园的水质改善有一定的作用。

5.12.2 治理效果

自2003年5月至2006年1月，共进行了65次监测，通过分析可以得出以下结论：

（1）拙政园水体水质总体得到明显改善。有机污染物综合指标（如高锰酸钾指数、BOD_5等）总体处于《景观娱乐用水水质标准》（GB 12941—91）中C类水水质和《地表水环境质量标准》（GB 3838—2002）中Ⅲ类水水平。COD_{Mn}降低40%～50%，TN降低65%～68%，TP降低60%～70%。

（2）有机污染物综合指标（如高锰酸钾指数、BOD_5 等）浓度基本不随季节发生变化，但氮、磷等指标随气温变化有明显的规律性，特别是TP，其浓度随季节变化非常明显：

夏季7—9月浓度最高，冬季则较低，表现出典型的湖泊中磷浓度的变化特征。

（3）就所测化学指标而言，实施治理措施前后其浓度有明显变化，水体的感观指标（如浊度、透明度等）在治理后有明显的好转。

（4）已消除原有的混浊、泛黄等现象，水体常年保持清澈透明，透明度明显得到改善，水体蚀度由原来的20NTU降低至4～8NTU。

5.13 成效与问题

《苏州市城市水环境质量改善技术研究与综合示范》以苏州城市河网滞流水体的水动力改善为纽带，根据城市河网水体污染程度的空间差异性，以及古城民居及园林独特风貌的景观要求，取得了一系列的研究成果，并在示范工程中取得了实效。比如，针对河网水系滞流特征，提出外部—内部—局部的城市河网水动力分级循环控制技术；针对苏州重污染河道污染特征，综合采取点源与面源污染控制、水动力条件改善、客水污染控制、水质净化、水生植物恢复/重建等技术措施，提出的生物-生态协同调控技术；针对园林水体流动性差、自净化能力低的特点，从截留外源、控制内源入手，构建水质水量交换为目的的人工水力循环，采用异位强化处理和原位修复相结合的技术构成综合的技术集成系统，等等，这些技术可以单独使用，也可以因地制宜集成若干项技术使用，为苏州城市的水环境治理提供了技术路线和具体措施。问题是研究成果没有得到很好的推广应用，示范工程没有进一步扩大实施，以致有些已有明确结论的成果目前还在进行重复研究。

第 6 章　再劈引水水源

阳澄湖位于苏州城区东北部，作为改善苏州城区水环境的引水水源，因其水势不顺、水量不足，在以往的研究中都被否定了。

2011 年，中央发布一号文件《中共中央国务院关于加快水利改革发展的决定》，聚焦水利改革发展，强调水是生命之源、生产之要、生态之基。苏州抓住契机，加快推进区域骨干河道治理，在研究七浦塘对区域防洪除涝作用的同时，七浦塘引水对阳澄湖水量的补充也作为一项重要的工程任务一并研究，决定实施七浦塘拓浚整治工程。2012 年 12 月，国家发展和改革委员会批复七浦塘拓浚整治工程可行性研究报告；2013 年 1 月，江苏省发展和改革委员会批复初步设计报告；2013 年 10 月正式破土动工；2015 年 5 月底完成河道水下工程并通水，至年底完成沿线所有水工建筑物建设。工程的实施在提高阳澄淀泖区防洪能力的同时，为河道沿线及阳澄湖补水提供了条件。

6.1　七浦塘整治概况

七浦塘，又名七浦、七邪浦、七丫河、戚浦塘。何时开挖形成，史无记载。宋郏亶（1038—1103 年）《治田利害七论》曾记载："自松江下口北绕昆山、常熟之境，接江阴界，有港浦六十余条。大者如：白茆、福山、浒浦、茜泾、七丫等。"清同治《苏州府志》对通江港浦疏浚之事也有记载："景祐二年（1035 年），范仲淹督浚白茆、福山、黄泗、浒浦、奚浦、茜泾、七丫等大浦，并建闸御潮。"七浦塘是苏州通江达湖的骨干河道之一，具有悠久的历史，自 1034 年范仲淹任苏州知州督浚以来，在灌溉良田、排涝泄洪、航运交通等方面发挥了积极的作用。

中华人民共和国成立后，各级政府非常重视七浦塘的拓浚整治工作。1956 年 11 月，江苏省水利厅批准拓浚七浦塘工程，工段东起七丫口，西至直塘镇，全长 21km。于 1957 年 1 月 10 日开坝放水。拓浚后的七浦塘，节制闸下游底宽 18m，河底高程－2.8m；节制闸至沙溪东底宽 18m，沙溪至盐铁塘底宽 10m，底高－0.5m。

1971 年，拓浚昆山境内石牌镇束水段，按河面宽 30m、长度 300m 拓浚，并拆除束水石桥。

1973 年，拓浚常熟境内任阳镇区段，河道底宽 19m，河底高程－0.7m，改建束水桥梁 1 座。

1998 年，再次对昆山石牌段进行疏浚。

经过半个多世纪的运行，七浦塘两岸堤防坍塌、淤积严重，引排水能力下降，水质恶化，水资源供需矛盾突出。

6.2 任务与作用

6.2.1 工程任务

2010年11月，国务院批复同意《全国水资源综合规划》，其中《太湖流域水资源综合规划》为《全国水资源综合规划》的重要组成部分。在《太湖流域水资源综合规划》中提出，进一步提高区域水资源调控能力、保障区域供水安全，促进区域河网水体有序流动、改善区域水环境为重点，统筹兼顾区域防洪、供水、水环境、航运等各方面效益。阳澄淀泖区拓浚整治白茆塘、七浦塘、杨林塘，沟通阳澄湖与苏州市沿江河道，保障阳澄区供水安全，改善区域水环境，形成以阳澄湖为调节中心的通江达湖的区域水资源配置工程布局。

2008年2月，国务院国函〔2008〕12号文件批复《太湖流域防洪规划》，2011年4月，江苏省政府批复《江苏省防洪规划》，在这两个规划中都明确：流域防洪规划中以治太骨干工程为基础，以太湖洪水安全蓄泄为重点，充分利用太湖调蓄，妥善安排洪水出路，完善洪水北排长江、东出黄浦江、南排杭州湾的流域防洪工程布局。规划要求阳澄区进一步疏浚通江河道，增加排洪入江能力，工程建设内容包括拓浚七浦塘等通江河道。

2008年，江苏省水利厅组织专家审查通过的《苏州市阳澄淀泖区防洪规划》要求，按照区域治理的目标，实行洪涝分治，区域洪水北排长江、南排淀山湖，扩大通江河道，增加排江能力。工程措施在交通部门拓浚杨林塘航道工程的基础上，实施七浦塘、白茆塘等通江河道拓浚整治，增加区域北向长江的泄洪和引水能力。

因此，七浦塘工程既是区域洪水北排长江，提高区域防洪能力的重要工程，也是提高区域水资源调控能力，形成以阳澄湖为调蓄中心的区域水资源配置格局的重要工程。

在国家发展改革委批复的可行性研究报告中，七浦塘拓浚整治工程的任务主要有三项：(1) 防洪除涝。提高阳澄淀泖区防洪除涝能力，配合区域其他工程的实施，增强区域北排长江能力，加大区域外排出路，配合其他通江河道的整治，阳澄淀泖区防洪除涝标准从20一遇提高到50年一遇，满足区域设计洪水位（湘城水位4.15m）要求；遇区域100年一遇暴雨尽可能降低阳澄淀泖区外河水位。

(2) 水资源配置。扩大区域引江能力，形成以阳澄湖为调节中心的“通江达湖、大引大排”的格局，提高区域水资源配置能力，满足干旱年型（1971年，保证率90%）区域水量供需平衡的需要。

(3) 保障阳澄湖供水能力。通过水利工程科学调度，调长江水进入阳澄湖，增强阳澄湖及周边河网水体的水动力条件，在保障饮用水源地供水安全的前提下，通过外塘河向苏州城区河网供水，改善城区河网水质。

6.2.2 主要作用

1. 减轻流域、区域防洪压力

工程实施后，区域洪涝水通过七浦塘北排长江，可明显减少区域向望虞河以及通过拦路港进入黄浦江水量，从而为太湖洪水外排创造有利条件，减轻太湖防洪压力。流域遇“91北部”“91上游”型100年一遇洪水，工程实施后造峰期（6月8日至7月16日）阳澄淀泖区可减少通过拦路港向黄浦江南排水量8800万～9000万m^3、减少进入望虞河水量900万～1500万m^3，可相应增加太浦闸、望亭立交出湖水量分别为4800万～6000万m^3、50万～110万m^3。遇流域1999年型100年一遇洪水，工程实施后造峰期（6月7日至7月6日）阳澄淀泖区可减少通过拦路港向黄浦江南排水量5500万m^3，减少进入望虞河水量600万m^3，可相应增加太浦闸、望亭立交出湖水量分别为2500万m^3、200万m^3。

对区域防洪同样有显著效果。造峰期内七浦塘排江流量（最大日均）由现状的73.9m^3/s增加到280.7m^3/s，增加206.8m^3/s，造峰期内排江水量1.63亿m^3，占区域总排江水量的25%。湘城日均最高水位为4.30m，比现状降低10cm，唯亭水位降至4.43m，降低10cm。

2. 增加引江水量

根据当时的《苏州市给水工程专项规划》，阳澄湖水源地规划取水规模为50万m^3/d，取水口分别位于阳澄西湖和阳澄中湖，其中规划的相城水厂二、三期取水口位于阳澄西湖，取水规模为40万m^3/d，该规划水厂建成后，现状北园水厂取水口将被置换；园区三水厂取水口位于阳澄中湖，取水规模为10万m^3/d。阳澄湖东边有昆山市庙泾河饮用水水源地和昆山市第三水厂傀儡湖饮用水水源地，总取水规模为100万m^3/d。

七浦塘拓浚整治方案拟订，遇1971年枯水年份，阳澄区用水高峰期的7—8月，阳澄区引江水量可增加3.4亿m^3，区域内河网最低水位明显抬高，湘城日均最低水位可抬高0.16m，有效缓解区域用水紧张程度。

3. 减善水环境

2008年7月中下旬至8月中旬，阳澄湖曾大面积暴发蓝藻，近岸及沿湖镇、村通湖港汊蓝藻堆积呈现黏稠状，并产生严重的腥味。蓝藻暴发期间，阳澄西湖、中湖和东湖蓝藻密度最高分别达到3亿个/L、2亿个/L、7000万个/L。2010年以后，阳澄湖湖体高锰酸盐指数、BOD_5、NH_3-N和TP指标逐步下降，水环境呈现逐渐好转趋势。

2010年，阳澄湖水质总体处于Ⅳ类标准，为中富营养化水平，各测点污染物浓度及富营养化水平见表6.1。

表6.1　2010年阳澄湖各测点污染物浓度及富营养化水平统计　单位：mg/L

测站/指标	DO	I_{Mn}	NH_3-N	TP	水质综合评价	富营养化水平
鳗鲤桥	8.0	5.5	0.21	0.064	Ⅳ	中富营养
野尤泾桥	8.1	5.1	5.50	0.063	劣Ⅴ	富营养
阳澄中湖	8.8	5.9	0.63	0.152	Ⅴ	富营养
湾里水厂	8.2	5.4	0.45	0.139	Ⅴ	富营养
全湖平均	8.2	5.3	0.42	0.096	Ⅳ	中富营养

在现状污染负荷条件下，七浦塘引长江水入阳澄湖后，与现状相比，阳澄湖水质基本稳定后的各项指标浓度平均值下降显著，NH_3-N、TN、TP平均浓度分别由现状的

0.94mg/L、1.94mg/L、0.34mg/L 下降到 0.68mg/L、1.64mg/L、0.28mg/L，分别下降 27.1%、15.6%和 16.2%，TN 接近Ⅳ类水。尤其是七浦塘入湖口附近的中、东北部湖体水质改善显著。理论计算表明，在七浦塘泵引时，入湖平均流量由现状的 $9.3m^3/s$ 增加到 $100m^3/s$，引水入湖时间由 13 天缩短至 1.5 天。全湖平均流速由现状 0.3cm/s 提高到 1cm/s，其中湖区流速大于 0.3cm/s 的湖体占 61.5%，明显提高了阳澄湖水动力条件，缩短阳澄湖换水时间。七浦塘向阳澄湖送水时湖体流速见表 6.2，阳澄湖特征点位置见图 6.1。

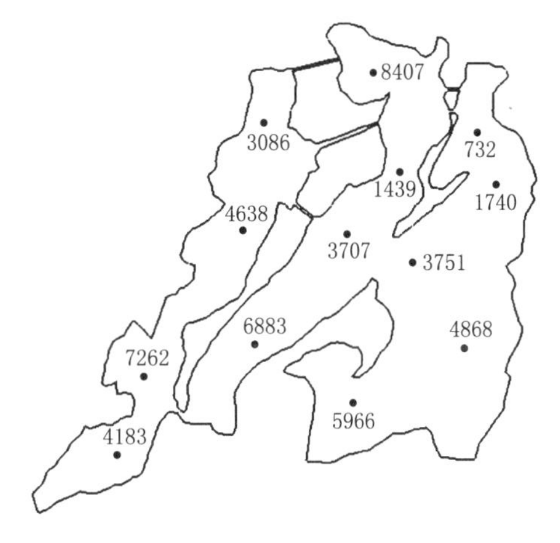

图 6.1 阳澄湖特征点位置

通过合理调度，七浦塘周边河网水质也明显改善。现状污染条件下，枯水年型（1971 年）引水期间，七浦塘北侧周边河道水质 COD_{Mn}、TN、TP 平均浓度分别下降 16.9%、19.2%、16.2%；南侧周边河道水质 COD_{Mn}、TN、TP 平均浓度分别下降 30.9%、28.9%、4.6%。平水年型（2000 年）引水期间，七浦塘北侧周边河道水质 COD_{Mn}、TN、TP 平均浓度分别下降 6.4%、16.2%、13.8%；南侧周边河道水质 COD_{Mn}、TN、TP 平均浓度分别下降 10.6%、23.2%、3.4%。提高了周边河网水环境容量，有效改善了水环境质量。

表 6.2 七浦塘向阳澄湖送水时湖体流速 单位：cm/s

特征点位编号		现状	工程实施后	增加值
阳澄东湖	732	0.1	0.4	0.3
	1740	0.1	0.1	0.0
	3751	0.3	0.4	0.1
	4868	0.1	0.1	0.0
	5966	0.1	0.1	0.0
阳澄中湖	8407	0.1	0.7	0.6
	1439	0.1	1.7	1.6
	3707	0.2	1.5	1.3
	6883	0.3	1.8	1.5
阳澄西湖	3086	0.1	0.4	0.3
	4638	0.5	1.3	0.8
	7262	1.3	1.9	0.6
	8183	0.5	2.3	1.8
全湖平均		0.3	1.0	0.7

6.3 工程总体布置

6.3.1 河道工程布置

七浦塘工程西起阳澄湖，东至长江，途经相城区、昆山市、常熟市和太仓市，全长43.89km。河道工程的布置原则如下：

(1) 尽量利用七浦塘、迷泾河等现有河道，以减少征地和土方工程量。

(2) 尽量避开工厂企业和房屋密集区以及高压铁塔群，以减少拆迁工作量，体现“以人为本”的理念。

(3) 尽可能与经济技术开发区和城镇发展规划相结合，避开已经批租开发的地块，使河道线路与周围环境相适应。

(4) 河线穿过高等级公路桥时，中心线尽量与桥梁中心线吻合，并保持桥梁上下游一定长度的直线段。

(5) 尽可能与现有路网相结合，减少跨河桥梁数量，节省工程投资。

(6) 河道选线尽可能选择工程地质条件较好的地段，以利于河道的整体稳定和施工。

七浦塘工程的防洪标准为50年一遇，河道堤防及沿线建筑物防洪标准按50年一遇设计。堤防级别为3级。

在充分利用现有河道的基础上，工程自阳澄湖与南消泾交汇口起，沿着现有七浦塘拓浚至吴塘（太仓直塘）后，分成南、北两支。北支为避开沙溪镇大量拆迁，保护沙溪古镇并与沙溪镇区规划相衔接，沿着迷泾河整治至石头塘，再按规划的荡茜河改道线路，平地开河至长江，拓浚整治工程全长43.89km；南支利用现有七浦塘河道入江，河道维持现状，长26.2km。最终形成“上段一河、下段两尾”的Y形河道布局。

七浦塘拓浚整治工程共分成七浦塘拓浚、迷泾河整治和荡茜河新开三个河段。其中七浦塘老河道拓浚段，长22.87km（阳澄湖—吴塘）；迷泾河整治段，长12.80km（吴塘—石头塘，其中新开河3.91km）；荡茜河新开段，长8.22km（平地开河，石头塘—长江）。老河拓浚共31.76km，平地开河共12.13km。按行政区划分，相城区3.52km、昆山市12.25km、常熟市6.54km、太仓市21.58km。

工程标准：七浦塘拓浚段底宽35m、底高程为−2.0m，坡比为1∶2.5；迷泾河和荡茜河整治段底宽25m，底高程为−2.0m，坡比为1∶4（荡茜河段实施时改为直立墙，调整后的荡茜河整治段设计河底高程为−2.0m，边坡为1∶5，河道底宽25m，高程1.0m处设2.5m宽平台，高程1.0～4.5m为钢筋混凝土悬臂式直立挡墙，4.5m处设2.5m宽平台，以1∶2边坡接至堤顶高程5.5m，并设5m宽防汛道路）。

6.3.2 两岸控制

七浦塘自阳澄湖入长江沿线较大规模的支河有张家港、连泾、茆沙塘、三泾河、吴塘、盐铁塘、石头塘等，其中张家港、盐铁塘、石头塘、连泾从北向南穿过东西向的七浦塘，北侧以进水河道为主，南侧以出水河道为主；其余支河中三泾河位于七浦塘北侧，主要为进水河道；茆沙塘、吴塘位于七浦塘南侧，主要为出水河道。

七浦塘北侧以进水为主的河道，其水质将直接影响七浦塘向阳澄湖送水水质；南侧以出水为主的河道，将分泄七浦塘引江入湖水量。为确保向阳澄湖送水的量与质，满足改善阳澄湖水环境要求，对两岸支河口门进行了沿线口门不控制和全控制两种情况的比较。

经计算分析，如沿线支河口门不控制，遇1971年型最大闸引流量128.4m^3/s，两岸口门沿程共分流流量61.7m^3/s，分流比为48%；按泵引流量120m^3/s，沿程分流流量69.44m^3/s，分流比为58%。

同时，由于七浦塘沿线口门较多，水质基本为Ⅴ类或劣Ⅴ类，直接影响入湖水质。因此，为确保七浦塘向阳澄湖送水的量与质，并减轻对入江段半高地的引排水影响，需对两岸支河口门实施有效控制。

七浦塘拓浚整治工程全线共涉及口门161处（两岸圩区口门已建控制建筑物，两岸支河口门140处，断头浜口门21处），其中有101处位于七浦塘、迷泾河等老河道整治段，60处位于平地开河段。在161处口门中，拟保留敞口16处，封堵56处，维持控制29处，新设控制60处。

1. 新建建筑物

新设控制60处的建筑物结构型式有穿堤涵洞、节制闸和套闸三种，其中穿堤涵洞22座、节制闸36座、套闸2座。

（1）新建穿堤涵洞共计22座，洞径尺寸均为2m×2m，其中有9座位于荡茜河整治段（堤顶高程为5.5m），还有13座位于七浦塘整治段（堤顶高程为5.2m）。

（2）新建节制闸共计36座，其中16m闸2座、12m闸2座、10m闸4座、8m闸2座、6m闸14座、4m闸12座。16m节制闸2座，即盐铁塘南闸和盐铁塘北闸，是位于七浦塘两岸的对口闸。12m节制闸2座，1座位于黄金河口，称黄金河闸，还有1座在老七浦塘与吴塘（南）的两河交叉口，称老七浦塘闸。10m节制闸4座，分别在石头塘北、白迷泾南、白迷泾北和峁沙塘。8m节制闸2座，即吴塘闸和横塘闸，分别位于迷泾河北侧的吴塘口和横塘口。6m节制闸14座，分别为滨江西河闸、老荡茜河北闸、老荡茜河南闸、陈大港北闸、陈大港南闸、广新8号河闸、老迷泾河闸、横沥河北闸、横沥河南闸、新泾闸、申泾河闸、栏杆桥河闸、北斗门泾闸、斗门泾闸。4m节制闸12座，分别为小长桥塘北闸、小长桥塘南闸、北渔池闸、庙浜闸、陆华泾北闸、陆华泾南闸、泥桥泾闸、卜家浜闸、胜利圩闸、大车泾闸、毛槽塘北闸、丰收河闸。

（3）新建套闸2座，分别为16m石头塘（南）套闸（该套闸位于荡茜河整治段南岸的石头塘老河道内）和8m三泾河套闸（该套闸位于七浦塘段北侧的三泾河的老河道内）。

2. 改建建筑物

需改建的控制建筑物共有11处，建筑物结构型式有节制闸、套闸、泵站三种，其中节制闸2座、4m套闸5座、4m套闸+2×32″泵站2座、4m节制闸+2×40″泵站1座、4m节制闸+2×24″泵站1座。

（1）2座闸分别为6m新丰河闸和4m杨北河闸。

（2）4m套闸共5座，即蒲善泾套闸、倒萨浜套闸、杨家中心河套闸、陆泾中心河套闸、大娄套闸，除大娄套闸位于昆山巴城境内，其余套闸均位于七浦塘段常熟支塘境内。

（3）4m套闸+2×32″泵站2座，即南横塘和小港河套闸、泵站，均位于七浦塘段常熟支塘境内。

（4）闸站共2座，即西娄闸站（4m+2台40″泵）和河双河闸站（4m+2台24″泵），二闸站均位于七浦塘段昆山巴城境内。

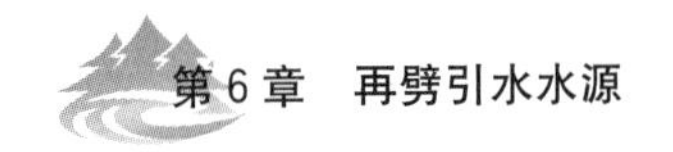

6.3.3　江边枢纽

1. 设计标准

江边枢纽是七浦塘拓浚整治工程的入江控制性建筑物，也是通江口门的重要组成部分，枢纽工程位于太仓璜泾镇荡茜村。由于江边枢纽位于长江堤防上，根据江苏省水利厅苏水计〔1997〕210号文件《关于我省长江远期防洪（潮）设计水位及沿线建筑物设计标准的通知》，大中型建筑物设计标准为100年一遇洪（潮）水位设计，200～300年一遇洪（潮）水位校核，江边枢纽相应防洪标准为100年一遇。按照江苏省长江堤防达标工程建设标准，江边枢纽与江堤连接的节制闸、泵站、船闸下闸首及下游翼墙等建筑物级别按照不低于堤防级别的标准取2级，堤防内侧的上游翼墙、闸室工程、上闸首、清污机桥及上下游靠船墩等建筑物按照3级建筑物设计，临时工程按照4级建筑物设计。

2. 工程规模

(1) 节制闸。江边枢纽内河侧为七浦塘，其河道规模为底宽25m、底高程－2.0m，外河侧为长江。通过水利计算，在遭遇区域1999年型50年一遇洪水时，节制闸最大瞬时入江流量为340.7m^3/s，相应闸上（内河侧）水位为2.79m，闸下（长江侧）水位为2.59m；最大日均流量为223.9m^3/s，相应闸上（内河侧）水位为3.38m，闸下（长江侧）水位为3.33m。

1971年型（枯水年，P＝90%），节制闸最大瞬时自引流量为378.8m^3/s，相应闸上（长江侧）水位为4.28m，闸下（内河侧）水位为4.18m；最大日均自引流量为120.4m^3/s，相应闸上（长江侧）水位为3.33m，闸下（内河侧）水位为3.30m。

根据江苏省沿江水闸的实践经验，考虑节制闸受长江潮位涨落的影响，设计引排水流量按瞬时流量考虑。节制闸宽度采用瞬时设计流量378.8m^3/s，节制闸宽度为31.2m。同时根据《水闸设计规范》，闸室总净宽与河道平均宽度的比值一般为0.65～0.75，入江段河道过水平均宽度为46m，则闸孔总净宽应为29.9～34.5m。确定节制闸规模为总净宽32m，按3孔对称布置，中孔为通航孔16m，两侧边孔各8m；闸底板顶高程与河底高程相同，取－2.0m。

(2) 泵站规模。七浦塘入江口距阳澄湖近44km，利用潮差自引长江水期间，由于潮汐作用，入江口引水为非连续的，高潮时引水，低潮时关闸。根据相应沿江潮位分析，1971年型沿江平均潮型24h内可引水时间约7h，7—8月七浦塘自引入阳澄湖平均引水流速为0.14m/s，24h引水推进距离为3.5km，则从江边引水送入阳澄湖，至少需要13天才能缓慢将水送入阳澄湖，当阳澄湖发生蓝藻等水环境改善需求时，近半个月的送水时间显然不能满足应对供水危机的要求；且由于引水是间歇性的，流量也不稳定，难以使阳澄湖水体形成有序流动。同时，在节制闸自引长江水期间，最大13天平均引江流量仅为23～77m^3/s，加上送水过程中两岸水量损失，远远不能满足入阳澄湖100m^3/s的要求。

在两岸口门实施有效控制的情况下，泵站专道向阳澄湖送水，七浦塘入阳澄湖送水平均流速为0.35m/s，连续送水约1.5天即能将长江水送入阳澄湖，送水时间将明显缩短，送水效果将进一步提高。

再从河道和泵站规模的匹配性论证适宜的泵站规模。入江段土层土质以③1层和②1层为主，其中③1层为淤泥质重粉质壤土、粉质黏土夹薄层砂壤土，②1层为重粉质壤土、粉质黏土。河道不冲流速为0.75～1.0m/s。当泵站规模为120m^3/s时，排水期间入江段河道最大日均流速为 1m/s，已达到河道允许不冲流速上限。

考虑沿程口门漏损及河道蒸发等因素，沿程损失按 $20m^3/s$ 考虑，确定江边枢纽泵站的引水规模为 $120m^3/s$。

（3）船闸。船闸建设规模的确定，应结合现状统筹兼顾，以航运规划和航道级别为依据，并与枢纽总体设计相协调，处理好通航与水利的关系，做到水资源综合利用，远近结合，留有发展余地。通过对现状货运量及未来经济发展需要的调研，确定船闸闸室长度为 180m，闸室及口门宽度为 16m，门槛最小水深为 3.0m。

综上，江边枢纽工程由 3 孔总宽 32m（8m+16m+8m）节制闸、4 台套（单机流量为 $30m^3/s$）开敞式立式双向轴流泵及总装机流量为 $120m^3/s$ 泵站、16m×180m×3m 船闸三部分组成。

6.3.4 阳澄湖枢纽

阳澄湖枢纽位于七浦塘与张家港航道（规划Ⅲ级）交汇处。张家港是跨越武澄锡虞和阳澄淀泖河网的重要通江河道，也是苏州沟通上海、无锡的内河干线航道，航道部门称为申张线。张家港北起巫山港张家港码头，南迄吴淞江，全长 121.1km，沿途与十一圩港、望虞河、元和塘、七浦塘、杨林塘等河道相交。张家港航道现状等级为Ⅴ级，底宽 20～60m，河底高程为 0～0.5m，规划等级为Ⅲ级。张家港航道水质为劣Ⅴ类。

为防止张家港来水进入七浦塘，影响七浦塘向阳澄湖送水的水质，并防止七浦塘引的长江水通过张家港流向下游，影响七浦塘向阳澄湖送水的水量，为减轻对张家港高等级航道的影响，七浦塘穿张家港采用立交地涵。船闸的主要功能是维持七浦塘与张家港间现有的通航要求，满足与张家港高等级航道沟通的需要。结合立交地涵的布置，设置东、西节制闸。东节制闸主要功能是在区域遭遇 50 年一遇设计洪水时，满足张家港洪水排入长江的需要；西节制闸主要功能是满足阳澄湖洪水排入长江的需要。

地涵和节制闸的布置采用地涵和节制闸合一的设计方案，设计地涵过水横断面由 3 孔方形涵洞组成，洞首之上建 3 孔 6.5m 净宽节制闸。

立交地涵断面由引水流量控制，设计流量为 $100m^3/s$，尺寸为 3m×6.5m，单个涵洞过水断面尺寸为 6.5m×5.6m，控制水头损失为 10cm。洞身水平段底板面高程为－10.40m、底高程为－11.80m，顶板面高程为－3.50m、底高程为－4.80m。水平洞身总长 112m，共分为 8 节，每节长 14m。上洞首长度为 18m，地涵在上洞首设直升式平板钢闸门控制；下洞首长度为 15m，地涵在下洞首不设闸门控制，仅设检修闸门槽。

东节制闸设计流量为 $185.7m^3/s$，闸孔总净宽 19.5m，闸底板高程为－1.0m；西节制闸设计流量为 $182.6m^3/s$，闸孔总净宽 19.5m，闸底板高程为－1.0m。

船闸按Ⅶ级航道 50t 标准船型设计，闸室尺寸为 12m×120m×2m（七浦塘的航道等级为Ⅶ级）。

阳澄湖枢纽船闸上、下闸首及上下游翼墙等主要建筑物为 2 级；地涵工程上下洞首、东西节制闸、上下游翼墙等主要建筑物及船闸工程的次要建筑物为 3 级，地涵及东西节制闸工程次要建筑物级别为 4 级，临时建筑物为 5 级。

6.4 调水试验

为验证七浦塘引水对阳澄湖水环境的改善效果，在七浦塘拓浚整治主体工程正式通水以后，分别于2016年12月26—31日和2017年2月22—28日进行试验，分析引水对改善阳澄湖水环境的作用。

6.4.1　入阳澄湖流量

为验证江边枢纽引水进入阳澄湖的流量，分析沿程水量分流情况，于2016年、2017年进行试验，试验时间为连续一周。滨江大道桥距江边枢纽约200m，中间没有支河，其流量可以代表江边枢纽引水量；任阳大桥在常熟任阳镇境内，距阳澄湖约15km；石泾大桥在昆山境内，距阳澄湖约3km。七浦塘引水流量监测位置见图6.2。

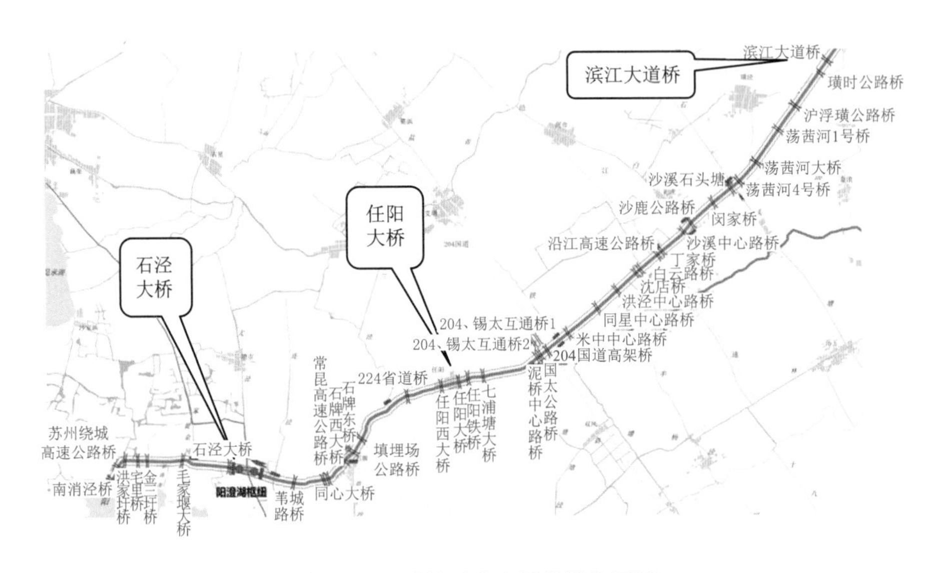

图6.2　七浦塘引水流量监测位置图

七浦塘引水入阳澄湖各断面监测流量见表6.3。从表中可以看出，两次调水试验的入湖流量均没有达到预期目标，第二次更差，甚至没有达到一半。2016年12月26日第一天引水，引水量从荡茜桥到任阳大桥锐减77.4%，除了可能由于第一天引水河道调蓄之外，更主要的是沿途支河口门分流十分严重；再从任阳大桥到石泾大桥流量反而增加，也说明支河口门没关闭造成区间入流。28日入湖流量大于引水量，也是由于区间入流造成。

第二次试验，从引水开始的第三天即2017年2月24日起，从江边枢纽到石泾大桥的分流比分别为：24日4.7%、25日14.6%、26日5.5%、27日13.1%、28日12.6%，基本属于正常情况。这区间所有支河口门是全部设闸控制的，也反过来说明了支河口门控制的重要性。经过核查，在石泾大桥与入湖口门之间，在昆山境内有一条新开河道没有设控，造成分流严重，入湖流量锐减50%左右。

表6.3　　七浦塘引水入阳澄湖各断面监测流量　　单位：m^3/s

时间	荡茜公路桥	白云路桥	任阳大桥	石泾大桥	入阳澄湖流量			入湖比例
					小计	入东湖	入中湖	
2016年12月26日	104.0	59.9	23.5	32.4	42.2	11.4	30.8	40.6%
2016年12月27日	122.0	101.0	101.0	81.8	75.8	26.5	49.3	62.1%

续表

时间	荡茜公路桥	白云路桥	任阳大桥	石泾大桥	入阳澄湖流量			入湖比例
					小计	入东湖	入中湖	
2016年12月28日	54.0	42.7	90.3	75.3	60.9	22.3	38.6	112.8%
2016年12月29日	92.5	79.4	64.6	83.2	52.6	21.5	31.1	56.9%
2016年12月30日	112.0	94.2	102.0	89.6	45.8	19.6	26.2	40.9%
2016年12月31日	91.3	101.0	94.5	101.0	55.1	21.5	33.6	60.4%
平均	96.0				55.4	20.5	34.9	57.7%
2017年2月22日	18.4			14.1	25.8	3.6	22.2	140.2%
2017年2月23日	84.1			56.7	41.0	13.2	27.8	48.8%
2017年2月24日	129.0			123.0	60.6	25.7	34.9	47.0%
2017年2月25日	130.0			111.0	54.7	23.1	31.6	42.1%
2017年2月26日	100.0			94.5	53.1	23.1	31.0	53.1%
2017年2月27日	130.0			113.0	58.4	25.1	33.3	44.9%
2017年2月28日	111.0			97.0	44.9	19.3	25.6	40.5%
平均	100.4				48.5	19.0	29.5	48.2%

6.4.2 中西湖水量交换

阳澄湖由东湖、中湖、西湖三部分组成，其中东湖 51.7km² 占 44.1%，中湖 34.1km² 占 29.0%，西湖 31.6km² 占 26.9%。东、中、西三个湖区之间有大小河道 47 条相连，其中，中、西湖之间 33 条，中、东湖之间 14 条。中、西湖北部区域相连的较大河道有两条：最北部的官泾港，长 1.5km，底高程为 0m，底宽为西段 30m、东段 60m；再往南是周家浜，长 2km，底高程为 0～1m，平均底宽为 10～30m。

为了摸清阳澄湖中、西湖之间的水量交换关系，检验七浦塘引水对阳澄湖西湖的效果，于 2016 年 2—3 月，开展了为期一个月的阳澄湖调水试验。其中 2 月 23 日、24 日为排水期，先行排掉一部分七浦塘及沿线河网底水，保证入湖水质。25 日开始进行引水，期间主要监测通过官泾港、周家浜进入阳澄湖西湖的流量及流向，以及湖面的风向和风速。阳澄湖中、西湖水量交换观测情况见表 6.4。

表 6.4 阳澄湖中、西湖水量交换观测表

时间		2月23日	2月24日	2月28日	3月2日	3月4日	3月7日	3月12日	3月17日	3月27日
入中湖	流量/(m³/s)	0	−10.9	19.6	29.8	33.1	39.9	13.7	40.3	26.7
	流向	0	N	S	S	S	S	S	S	S
	流速/(m/s)	0	7.7	14.0	21.0	23.0	27.0	8.8	26.0	17.0
官泾港	流量/(m³/s)	0	0	−0.72	2.11	1.99	1.49	2.97	2.14	0
	流向	0	0	E	W	W	W	W	W	0

续表

时间		2月23日	2月24日	2月28日	3月2日	3月4日	3月7日	3月12日	3月17日	3月27日
周家浜	流量/（m^3/s）	0	0	0	0	0	0	0	0	0
	流向	0	0	0	0	0	0	0	0	0
中湖湖体	风向	N	N	W	S	SE	NW	SE	S	NW
	风速/（m/s）	4.1	1.5	5.0	1.7	1.3	0.2	6.0	1.6	3.1
西湖湖体	风向	N	N	W	S	SE	NW	SE	SE	W
	风速/（m/s）	3.7	1.1	6.3	0.6	2.4	1.2	5.7	3.3	3.0

从表6.4可以看出，七浦塘入阳澄湖中湖的流量大小，对中、西湖通过官泾港、周家浜的水量交换基本没有影响，湖体风向和风速对水量交换的影响更明显一点，南风或西南风更有利于湖体北部间的水量交换。反过来也说明在现状水系条件下，两湖之间水量交换非常有限。

根据几次调水试验，可以得出以下结论：

（1）七浦塘引水入阳澄湖流量的大小取决于对沿线支河口门的管控程度，要保证入湖流量达到100m^3/s，必须对昆山境内石泾大桥以西的新开河加以控制。

（2）七浦塘引水后主要进入阳澄湖中湖、东湖，对改善中湖、东湖的效果较好。

（3）由于中、西湖之间特别是中、西湖的北部区域水量交换非常有限，水量交换主要靠自然风的作用，七浦塘引水基本上不进入西湖，对改善西湖基本上没有效果，与方案预测的效果有明显不同。

6.5 阳澄湖环流分析

6.5.1 阳澄湖概况

阳澄湖位于苏州市区东北部，是太湖平原上第三大淡水湖，是阳澄淀泖区防洪、排涝、引水和灌溉的调蓄湖泊，也是苏州市区和昆山市城区主要饮用水源地。湖体总面积117.4km^2，南北长约17km，东西宽约11km。湖中南北向狭长小岛将湖体分割为东湖、中湖、西湖三部分，三湖之间有河流港汊相互连通。

阳澄湖沿湖共有大小进出河道92条。阳澄湖周围分布有盛泽荡、沙湖、巴城湖、傀儡湖、鳗鲡湖等小型湖泊与阳澄湖一起构成阳澄湖群。湖泊的西部和西北部接纳上游地区望虞河来水，但干旱年份来水受流域水量分配的限制。东部七浦塘、杨林塘与长江贯通，是阳澄湖的主要出水通道，也可引江水入湖。南部河港经娄江入浏河下泄长江。由于阳澄湖湖体大，现有河道规模不够，进出阳澄湖群的水量交换缓慢。阳澄湖湖体及周边河道位置见图6.3。

为了摸清阳澄湖的流场结构情况，根据2005年12月和2006年6月的实测资料，分别对冬季偏北风和夏季东南风作用下（平均风速均取为3m/s）阳澄湖流场进行了模拟，弄清阳澄湖表层、中层、底层流速分布情况，研究其风生流的形成过程及其形态和特征[15]。

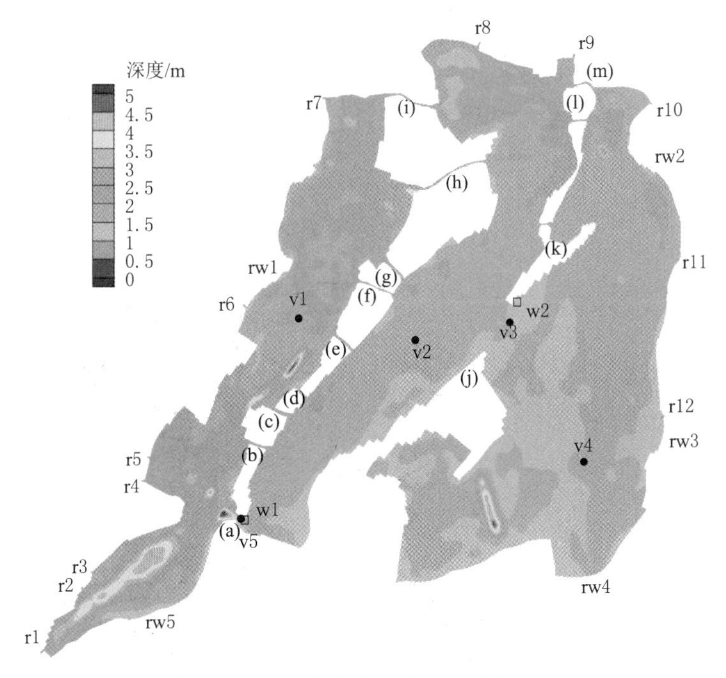

图 6.3 阳澄湖湖体及周边河道位置图

6.5.2 冬季湖流流场结构

1. 冬季无风条件下流场

冬季无风状态下，阳澄湖水体流动为典型的吞吐流，其流场结构主要由进出水口位置、水位和流量大小所决定，阳澄湖表层、中层、底层流速场分布见图 6.4、图 6.5、图 6.6。阳澄湖湖流结构受吞吐流的作用。流动方向主要是自西向东、自北向南、自南向北。垂向上不存在补偿流，流速垂向分布遵循面大底小这一普遍的分布规律。水平方向流态分布具体为：西湖水体，水流自北部进水河道圣堂港桥（r7）流入，水体向南流，与渭泾塘来水在通道北堰木（g）附近交汇，通过通道北堰木（g）流入中湖。中部和南部水域流向顺着湖泊岸线自北向南流动，通过中、西湖之间的数条通道流入中湖。然后中湖南部水体水流顺着中湖岸线自南向北流动，与中湖北部来水在中东湖交界（j）通道汇合，进而流入东湖。中湖北

图 6.4 冬季无风表层流场分布图

部的水流方向为自北向南，一部分水体自西向东直接流入东湖。东湖北部承接中湖来水通过白屈港桥流出，流向自北向南。其他水体流向均是自北向南经过渭渔村流出。中层和底层湖体水平流速分布和表层相似。没有形成补偿流，流速垂向分布，遵循面大底小这一普遍的分布规律。

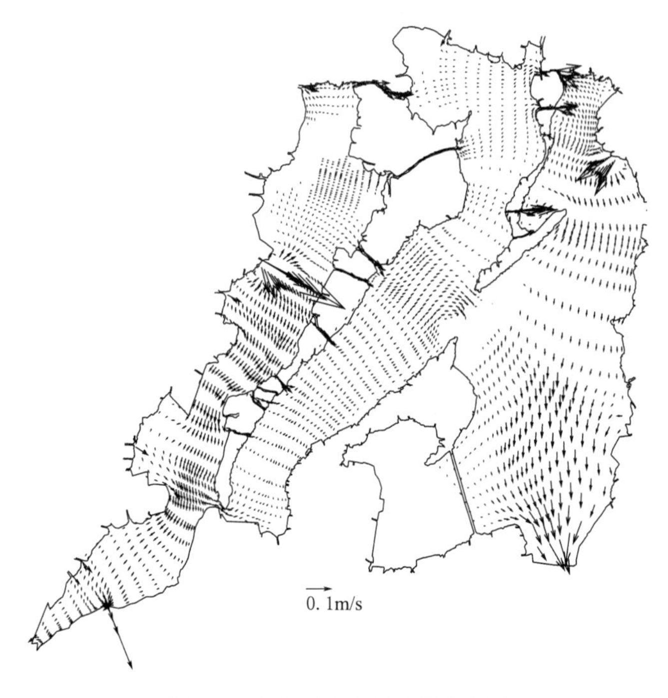

图 6.5　冬季无风中层流场分布图

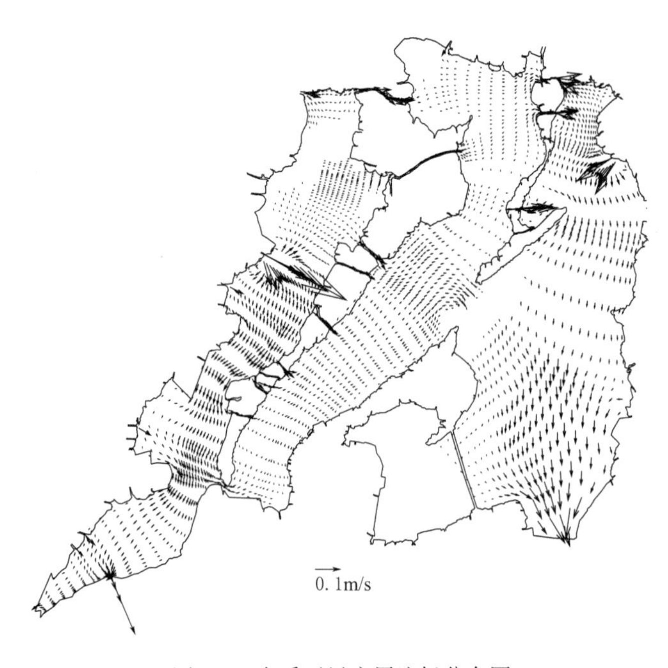

图 6.6　冬季无风底层流场分布图

2. 冬季偏北风作用下流场

冬季偏北风作用下表层、中层、底层流场分布见图 6.7、图 6.8、图 6.9，主要的流动方向还是自西向东、自北向南、自南向北。表层湖流流向与风向基本一致，总体上呈现北部水体向南流动，方向偏东的趋向。与无风时比较，流态分布基本相似，区别在于在风应力的作用下湖流流向方向发生了顺时针偏转。

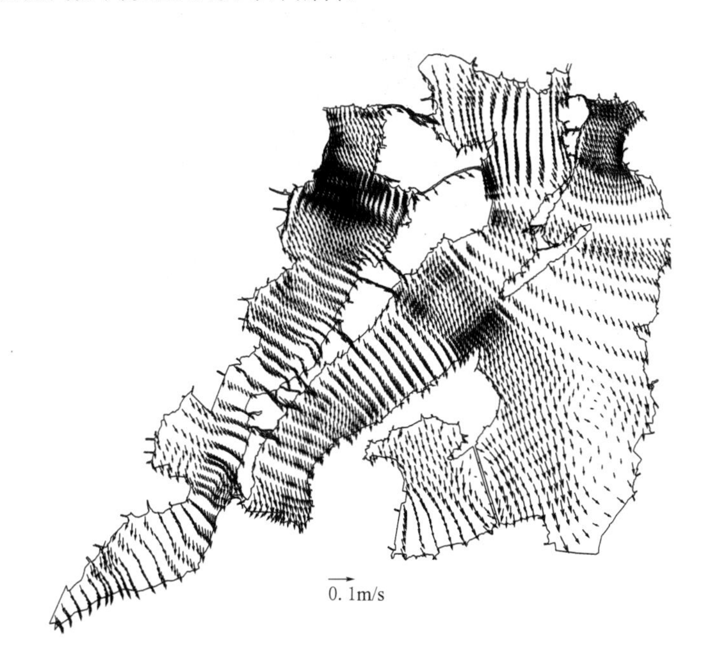

图 6.7 冬季偏北风作用下表层流场分布图

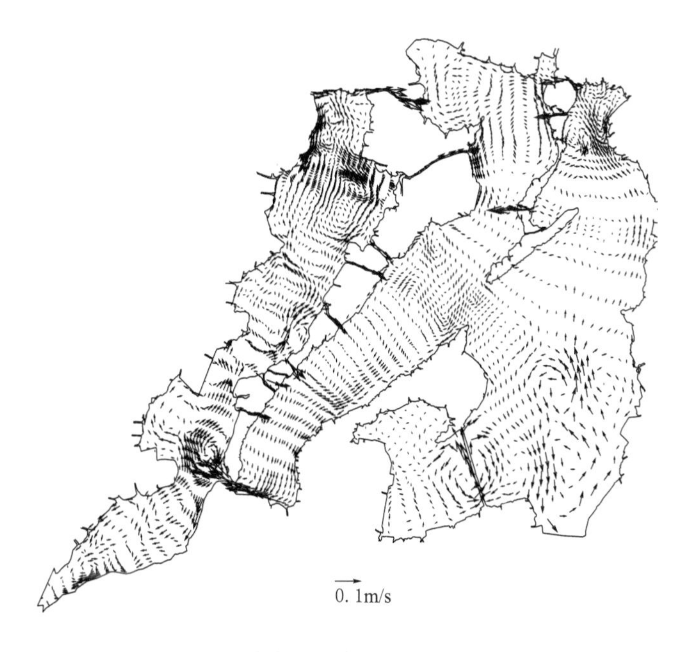

图 6.8 冬季偏北风作用下中层流场分布图

图 6.9　冬季偏北风作用下底层流场分布图

由图可以看出，整个湖区形成两个大的环流：一是在西湖和中湖之间，阳澄湖大桥（a）通道处流向为自东向西，与（b）、（c）（d）、（e）、（f）和（g）各个通道水流流向自西向东，形成一个顺时针的大环流；二是在东、中、西湖的北部，西湖北部（h）与（i）通道来水，流到中湖后，经中、东湖交界大通道（j）流入东湖，而其他中、东湖的通道（k）、（l）和（m）均自东向西，由东湖流向西湖，这部分水体也形成一个大的环流。

此外，在东、中、西各湖的局部也存在多个小型环流。东湖的南部存在两个环流，1个顺时针和1个逆时针。主要是因为此处有一个狭长的深槽，受地形的影响，在风场的作用下形成。中湖中部的地形相对平坦，水流顺畅，流向向南偏转，形成1个小的环流；其北部也存在1个顺时针环流。西湖的北部，存在3个小型的逆时针环流场；西湖的中部存在1个逆时针环流；西湖南部存在3个小型的环流。中、西湖交界位置存在1个逆时针环流。东湖北部没有形成环流，但流向与上层流向相反，流速较小。东湖南部风生流流速较大，这主要是因为这个区域水体宽、浅，有利于风生流的形成。其他各个区域，中层和底层湖体水平流速分布和表层相似，没有形成补偿流；流速垂向分布遵循面大底小这一普遍的分布规律。

从以上各层流速的水平分布可以看出，阳澄湖在定常的偏北风作用下，各层流场差异较大，流场存在垂直切变，达到稳定后存在明显的垂直环流，各层流场存在明显的辐散与辐合。

6.5.3　夏季湖流流场结构

1. 夏季无风条件下流场

夏季无风时，西湖和中湖的流向与冬季无风相比基本没有变化，主要改变的区域为东湖（图6.10～图6.12）。从中湖的来水，大部分自西向东流动，另一部分水体自南向北通过杨林塘流出湖泊。东湖杨林塘以上的湖流，流向自北向南，于杨林塘处与南部来水交汇。东湖南部水体从渭渔村流入，方向为西北方向，然后发生偏转向东流出。中层和底层湖体水平流速分布和表层相似。没有形成补偿流，流速垂向分布遵循面大底小这一普遍的分布规律。

图 6.10 夏季无风表层流场分布图

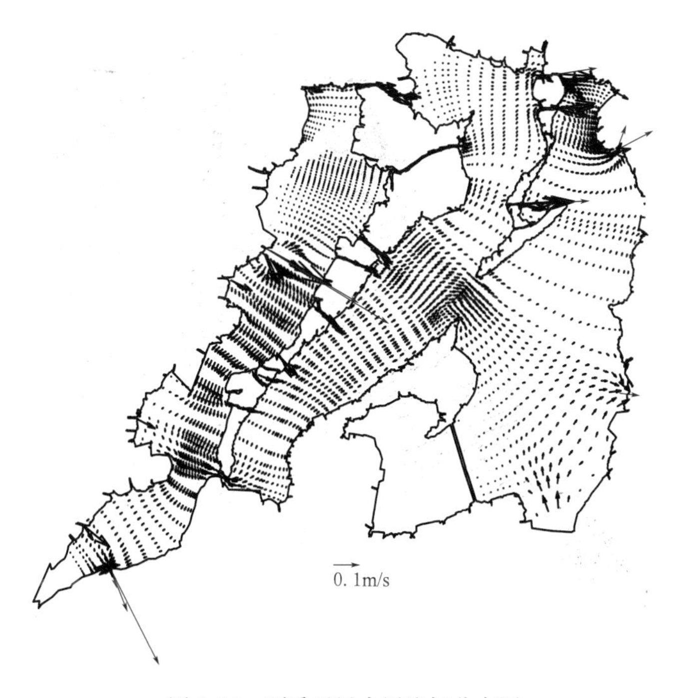

图 6.11 夏季无风中层流场分布图

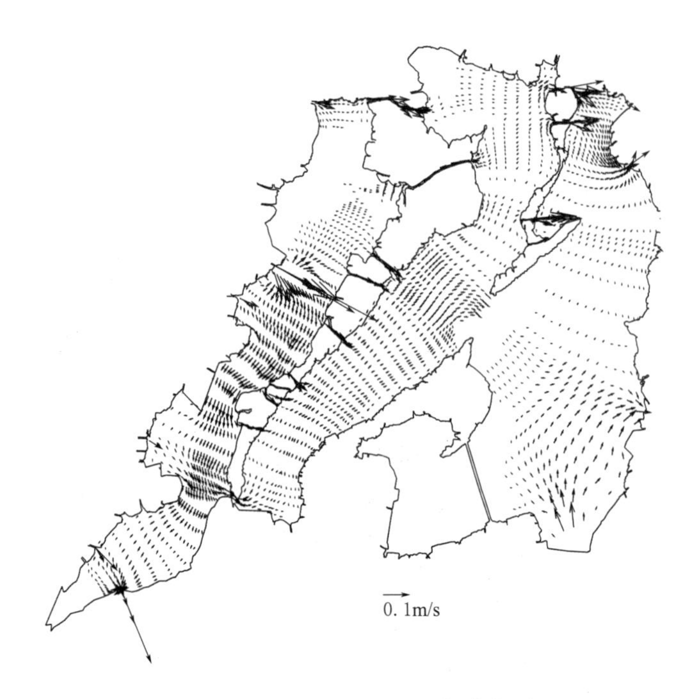

图 6.12　夏季无风底层流场分布图

2. 夏季东南风作用下流场

夏季东南风作用下表层、中层、底层流场分布见图 6.13、图 6.14、图 6.15。夏季有风状态下阳澄湖水体流态与无风时相比，流速和流向都发生了变化，整个湖体流动性较好，几乎不存在死水区。显示出风生流的特征，垂向有补偿流出现。

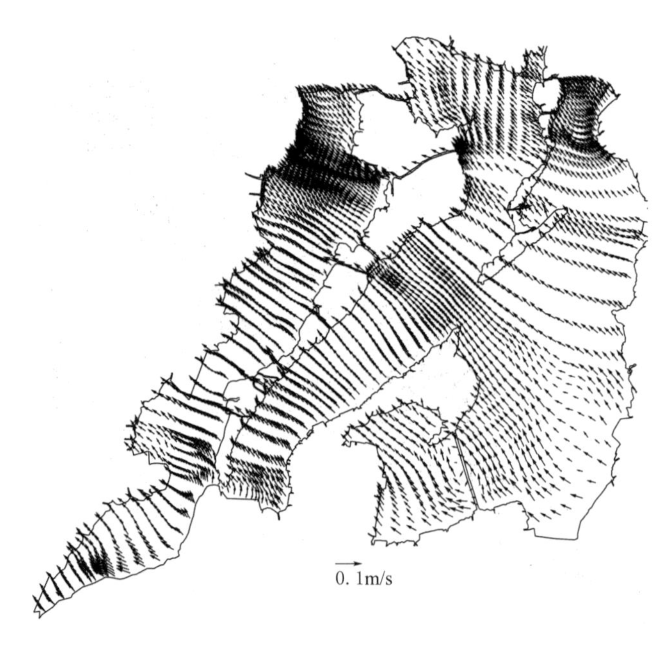

图 6.13　夏季东南风作用下表层流场分布

图 6.14 夏季东南风作用下中层流场分布图

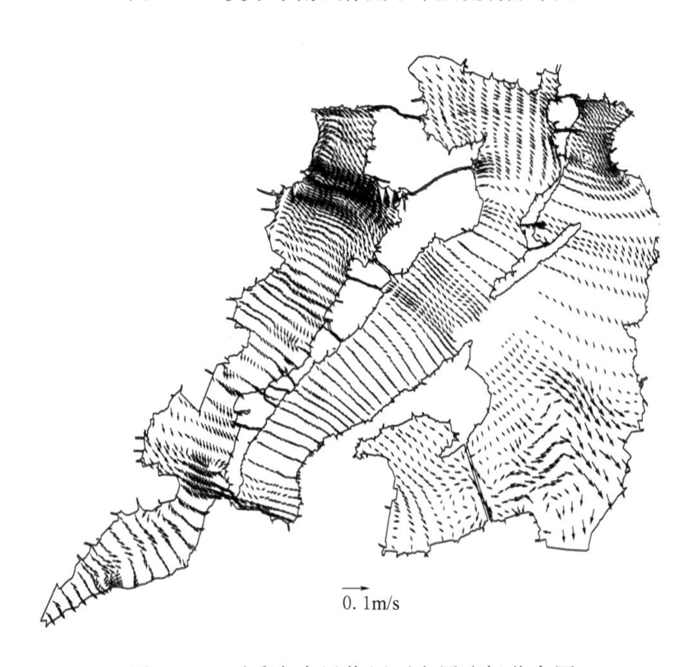

图 6.15 夏季东南风作用下底层流场分布图

在东南风的作用下，湖流主要的流动方向是自东向西、自南向北流动。水体存在两个大的循环：一是中、西湖之间的主要通道阳澄湖大桥（a）处，流向为自东向西的水流，与（b）、（c）（d）、（e）、（f）和（g）各个通道处自西向东的水流；形成一个顺时针的环流；二是在中湖和东湖之间，东湖的水体通过中东湖交界大通道（j）流入中湖，而其他中、东湖的通道（k）、（l）和（m）均自西向东流动，这部分水体也形成一个大的顺时针环流，完成中、东湖的水量交换。

西湖的北部，地形复杂，湖流紊乱，底层流向与表层相对，有两个顺时针和两个逆时针环流，易于成为漂浮物的聚集地。西湖中部来自中湖的水流，自北向南流动，大部分水流自陆泾河流出，底层流向和表层相比发生逆时针偏转。

中湖北部流态混乱，中、东湖交界处的东湖来流，自南向北流动，在北部发生顺时针偏转，流向为东南偏东，与表层基本相对，存在大的逆时针环流，转而向东流入东湖。中湖中部的水流顺畅，底层的流向和表层相反，形成垂向的补偿流，自中、东湖交界处的来流自北向南顺岸线流动，在这个过程中部分水流通过中、西湖通道流入西湖。中湖南部水流主要流向还是自北向南，流向向东逆时针偏转。

东湖的主流向是自南向北流动，但其南部水流流向发生顺时针偏转，往南流的水流转向东，自野尤泾桥流出。由于地形的约束，在东湖的西南部中层有两个环流，一个顺时针一个逆时针。在北部有一个逆时针的环流存在，其底层的流速较均匀，基本上与表层的流向相反。中部的水流较顺畅，自北向南流动。

在中、西湖交界处，表层的流速较大，流向与风向相同。

从上面的比较可以看出，相同风速下，阳澄湖在东南风作用下的情况和偏北风的作用情况表现为不同的风向引起不同的流向，但它们的稳定流场水平分布很相似。偏北风易形成顺时针的环流，东南风多形成逆时针的环流。其方向表层与风向一致，中层较复杂，底层流向与表层相反。

6.5.4 湖体风生流形成过程

在风场作用下，根据各个阶段的流场特征及力的平衡情况，阳澄湖风生流的形成过程大致可以分为以下几个阶段。

（1）在风场作用初期，湖流的流向与风向一致，这时湖面风的剪应力占主导地位，开敞湖区湖流流向为顺风向，流速呈湖心大岸边小的特征。这一阶段持续1h左右。

（2）风向下游回流阶段。这一阶段的主要特征是风向下游出现与风向基本相反的流动。这可能是因为水位压力梯度力、柯氏力作用的逐渐增强，加之湖盆地形的制约作用，风引起湖水在迎岸堆积，下游边界对湖水阻挡，压力梯度增加，削弱了风应力的作用。湖心流速比沿岸流速小，整体流速也比前一个阶段小。这一阶段持续约2h。

（3）过渡阶段。在沿岸流的推动下及压强梯度力、底部摩擦力和其他力的共同作用下，风应力的作用被减弱，从而逐步形成若干环流，流速逐步增加。这一阶段约4h。

（4）稳定阶段（图6.16）。经历6～8h后，风的剪切应力、水位压强梯度力、柯氏力、底摩擦力等达到平衡，湖体形成稳定的流场结构。

东湖南部和中湖北部水域流型演变过程中变化最快，也较早进入稳定态，在达到稳定态后的湖流流型与其他湖区相比，呈现出相对独立性，与阳澄湖主体水流交换微弱，从这一意义上，可以说此区域是一相对封闭的湖区。

6.5.5 阳澄湖水量交换

阳澄湖包括三个湖体，即中湖、东湖和西湖。三湖之间有众多港汊相通，使阳澄湖三湖既相互独立，又相互联系，浑然一体。西湖狭长，水深较大，沿岸入流多；中湖也是狭长形，水深比西湖浅，有数条通道与西湖和东湖相连；东湖水域宽广，水深较浅，与中湖

图 6.16 稳定阶段平均流速场分布图

有数条通道相连，东岸有数条出流河道。研究其湖体内部水量交换，对于研究物质输移、扩散有很重要的意义。根据 2005 年 12 月和 2006 年 6 月的实测资料，计算在有风和无风情况下冬季和夏季各个通道水量交换情况，同时模拟无引水入湖情况下，河道自然进出及风生流情况下各个湖体之间的水体置换时间。

阳澄湖湖体之间有数条通道相连，主要过水通道为中东湖交界处和中西湖交界处的大通道。2005 年 12 月冬季无风时，水体交换量为 $166m^3/s$。当风向与流向一致时，水体交换量为 $197m^3/s$，增加 18.9%。中、西湖水体交换量无风和有风时分别为 $80m^3/s$、$97m^3/s$，增加 21.3%。中、东湖交界处无风和有风时分别为 $86m^3/s$、$100m^3/s$，增加 16.7%。2006 年 6 月无风时，水体交换量为 $136m^3/s$。有风时流向发生改变，水体交换量为 $89m^3/s$。常水位 2.9m 时阳澄湖水体的体积约为 $2.7\times10^8m^3$，根据通道过水量的计算，则冬季无风情况下，整个湖体内部完成水量交换所需要的时间大约为 16 天。冬季有风情况下，整个湖体内部完成水量交换大约需要 13 天的时间。夏季无风情况下，整个湖体内部完成水量交换所需要的时间大约为 19 天。夏季有风情况下，整个湖体内部完成水量交换大约需要 29 天左右的时间。这是由于冬季风向与流向一致，促进水体水量交换；而夏季风向与流向相反，减缓了水体水量交换。

通过对阳澄湖的流场分析，可以得出这样的结论：

（1）在无风状态下，阳澄湖水体流动为典型的吞吐流，其流场结构主要由进出水口位置、水位和流量大小所决定。西湖与中湖之间的水体交换主要在西湖中部的阳澄湖大桥处，西湖北部水流通过中、西湖之间的数条通道流入中湖，但水量都不大。

（2）在有风状态下，由于阳澄湖西湖地形复杂，湖流紊乱，形成多个环流，西湖南部基本是死水区，加上中湖北部受东湖的影响，流态混乱。因此，中、西湖北部地区的水量交换非常有限。

（3）受湖泊环流的影响，七浦塘引水对阳澄湖的作用主要体现在中、东湖，对西湖基本没有效果。

6.6　中、西湖连通工程

在七浦塘引水对阳澄湖西湖基本没作用的情况下，如何进一步利用七浦塘引江效益，扩大湖体受益范围，增加七浦塘引江入湖期间向西湖的送水量，提高西湖水环境容量，为西湖水质改善创造条件，自然而然成为继续探讨的议题。为此，2017年下半年启动了中、西湖连通工程可行性研究。

6.6.1　阳澄湖西湖水质

阳澄湖西湖位于阳澄湖的上游，周边河道以排水入湖为主。在乡镇企业的发展过程中，形成了工业企业数量多、规模小、布局分散的局面，工业结构层次低，纺织印染、化工、电镀等重污染企业众多，部分企业污水未达标排放，加上农业面源污染和生活污水排放，周边河道氮、磷污染负荷重。西湖作为入湖河道的第一受纳水体，对湖体水质影响最为直接。在阳澄湖东、中、西三个湖体中西湖水质最差，水质类别为劣Ⅴ类，与水功能区Ⅱ类水质目标差距较大。

西湖水质不改善，也是对中、东湖水源地水质安全的严重威胁。阳澄湖中、西湖水质对比见表6.5。

表6.5　阳澄湖中、西湖水质对比表　　单位：mg/L

年份	湖体	DO	COD_{Mn}	BOD_5	TN	NH_3-N	TP
2014	中湖	9.49	4.13	3.03	1.65	0.12	0.10
	西湖	8.96	4.39	3.26	2.82	0.23	0.20
2015	中湖	9.95	3.80	3.25	1.69	0.18	0.08
	西湖	9.58	4.81	3.24	2.31	0.24	0.12
2016	中湖	9.22	4.18	2.19	1.95	0.15	0.10
	西湖	9.02	4.45	2.29	2.26	0.12	0.12

6.6.2　工程任务

通过对七浦塘引江入湖能力及中、西湖湖体水量等因素的分析，确定中、西湖连通工程的主要任务是：在40天左右通过泵站向西湖送水0.93亿m^3，泵站装机规模为$25m^3/s$。在增加引水的同时扩大西湖南部出湖能力，提升湖体北进南出流动性，加快西湖体水体交换。

6.6.3　工程布置

阳澄湖西湖为狭长带状湖体，北部清水引入后，以南排和东排为主，为保证西湖北部湖湾的整体受益，东部送清水入西湖口宜尽量往北。中、西湖北部区域现有规模相对较大又较顺直的连接河道有官泾港和周家浜两条。官泾港是中西湖连通最北端河道，2015 年完成拓浚整治，长 1.5km，底高程为 0m，底宽 30～60m；稍南的周家浜长 2km，现状底高程为 0～1m，底宽 10～40m，局部缩窄段为 8m。数模分析发现，由于官泾港引水入西湖口位于西湖北岸，清水入湖后有一部分从西湖北部湖湾的北岸支河口散失，削弱湖体受益范围。为避免清水入湖后立即从北部口门散失，引清通道选择周家浜。

周家浜河道作为引水通道拓浚整治后，在其入西湖口建设引水枢纽一座，包括 $25m^3/s$ 泵站和 12m 节制闸，在七浦塘引江入湖期间抽引中湖清水经周家浜入湖；同时对周家浜两岸实施有效控制，新建支河挡水堰 2 座、节制闸 1 座，改造节制闸 1 座；对中湖北部官泾港—马路咀段 3km 湖岸线进行生态整治。

6.6.4 工程规模

1. 河道工程

周家浜西起阳澄湖西湖，全长 2km，向东 1.5km 后连通南北向严家港，由严家港向北 0.5km 后与阳澄湖中湖沟通，现状河道底宽为 10～40m，大堰北岸桥处面宽仅 8m。河底高程：东西向段 1.5km 为 0～1m；南北向段 0.5km 为－0.1～－0.8m。

拟对周家浜 2km 河道全线进行拓浚整治，底宽不小于 20m（现状大于 20m 的维持现状宽度），底高程为 0.0m。两岸配套建设生态护岸。

2. 周家浜闸站枢纽

闸站枢纽工程位于周家浜严家港段，距阳澄湖西湖入湖口约 270m，枢纽由泵站和节制闸组成。泵站规模为 $25m^3/s$，节制闸净宽 12m。

泵站设 5 台套平面 S 形轴伸泵，单机流量为 $5m^3/s$。泵站工程由站身段、进出水池段、上下游连接段组成，站身长 20m，进出水池段长均为 10m。闸站上下游总长 90m，总宽 46.32m；泵室地面高程为 5.50m。泵站运行工况见表 6.6。

表 6.6　泵站运行工况表　单位：m

运行工况		内外水位		扬程	备注
引水	设计扬程	西湖侧	2.67	0.40	设计运行水位为 2.87－0.2，落差为 2.67
		中湖侧	3.07		设计运行水位为 2.87＋0.2，壅高为 3.07
	最高扬程 1	西湖侧	2.45	0.60	最低运行水位为 2.65－0.2，落差为 2.45
		中湖侧	3.05		最低运行水位为 2.65＋0.4，壅高为 3.05
	最高扬程 2	西湖侧	3.50	0.60	最高运行水位为 3.70－0.2，落差为 3.50
		中湖侧	4.10		最高运行水位为 3.70＋0.4，壅高为 4.10

节制闸单孔净宽 12m，采用升卧式平面钢闸门。节制闸由闸室段、U 形槽段、上下游连接段、上下游引河护岸组成，闸室段长 12.00m，U 形槽段长 8m，底板面高程均为 0.00m，上下游连接段均为 30m。

3. 两岸控制

周家浜河道全长 2km，泵站引水期间为防止抽引循环水以及保证引水入西湖水质，周家浜两岸实施有效控制。工程涉及口门控制建筑物 4 座，在规划的中心港、东厅港两支河口各建活动堰1座；在严家港口新建节制闸1座，同时对年久失修的上字圩西闸进行改造，满足圩区控制要求。

6.6.5 工程效益

在七浦塘引水30～70m^3/s入湖时，2～4天清水送到中湖入湖口，启用周家浜枢纽泵站引水约2h后清水送达西湖口，平均流量为25m^3/s。

引水后，流场稳定时间为3～5天，湖体平均流速略有提升，西湖湖体平均流速冬季由现状的0.057m/s提高至0.061m/s；夏季由现状的0.053m/s提高至0.056m/s。

引水后，在严控入湖污染条件下，湖体自身降解8～12天形成稳定浓度场，湖体各类污染指标均有不同程度降低，湖体主要超标因子TN下降约20%。

中、西湖连通工程已于2019年全部完工。

6.7 再议阳澄湖引水

在以往的研究中，阳澄湖作为向苏州城区引水的水源地，由于水势不顺、水量不够等原因被否定了。随着七浦塘工程的实施完成，阳澄湖水量不够的问题得到了解决；城区防洪大包围工程的建成，也使阳澄湖引水水势不顺且由娄江直接流出的问题可以有手段进行调控。因此，西塘河引水受引江济太运行及水量分配的影响，时引时停，不能完全发挥作用的弊端，可以利用阳澄湖引水进行弥补。这也是当初七浦塘工程考虑的重要因素之一。

在阳澄湖西湖与古城之间有一条河道，称为外塘河，是古城水系与阳澄湖直接沟通的唯一通道。河道长约3km，宽80m左右，局部宽近100m。防洪大包围工程实施时，在环城河与阳澄湖西湖之间建设了外塘河泵站，泵站安装3台双向贯流泵，采用单列布置，单泵流量为5m^3/s，总流量为15m^3/s，泵站的运行工况考虑了排涝和引水两种情况。设计工况如下：

（1）外河侧。进水池：防洪水位为5.00m；设计水位为2.71m（苏州站75%保证率的日均水位）；最高运行水位为3.30m；最低运行水位为2.36m（苏州站75%保证率的年最低日均水位）；平均水位为2.83m（苏州站多年平均水位）。

（2）内河侧。出水池：最高水位为3.80m；设计水位为3.50m（控制水位为3.30m+20cm）；最高运行水位为3.50m；最低运行水位为2.90m（内部维持2.80m+10cm）；平均水位为3.30m（大包围控制水位3.30m）。

因此，在阳澄湖不能自流进城时，外塘河泵站是可以抽引阳澄湖水进入环城河的，需要优化的仅仅是大包围防洪工程的合理调度，不需要新建其他工程，使阳澄湖作为引水水源成为可能。

第 7 章　自流活水

2012 年，苏州市行政区划调整，原城区的沧浪、平江、金阊三区合并成立姑苏区，并设立苏州国家历史文化名城保护区。国家历史文化名城对苏州古城的水环境提出了更高的要求，为加快提升古城区河道水质，苏州市委市政府提出了《苏州古城区河道水质提升行动计划》，要求围绕“截污、清淤、畅流、保洁”四个环节，通过三年集中治理，到 2014 年年底，百分百实现污水入河截流，百分百实行河道清淤，百分百消除断头河，百分百达到河道保洁全覆盖，全面提升河道管理水平，使古城区水质、水景观明显改善，感官黑臭河道彻底消除，达到“水清水好水美，河净岸洁景秀”的要求。

自流活水工程就是“畅流”环节的主要工程，是在清淤和截污的基础上，通过人工调控在古城区形成南北水位差，使环城河水自流进入城内小河，改善城内河道感观水质。水质改善目标是：环城河水质主要指标达到Ⅲ类，其他河道达到Ⅳ类不低于Ⅴ类水标准。

7.1　水质状况及存在问题

7.1.1　水质

2011 年 5 月至 2012 年 5 月，苏州市城市排水监测站在古城内 11 条河道布置了 14 个监测点，进行水质跟踪监测。城市河道监测点位置见表 7.1。

表 7.1　城内河道监测点位置表

序号	河道名称	地点	序号	河道名称	地点
1	平江河	保吉利桥	8	中市河	中市桥
2	平江河	苑桥闸	9	十全河	带城桥
3	官太尉河	望星桥	10	南园河	银杏桥
4	干将河	马津桥	11	人民桥内河	小人民桥
5	平门小河	平四闸	12	学士河	歌薰桥
6	桃花坞河	桃花坞桥	13	临顿河	醋坊桥
7	中市河	水关桥	14	临顿河	跨塘桥

对照Ⅳ类水标准，监测发现河道水质状况总体较差，尤其是 TN、NH_3-N 和 TP 超标情况严重。2011 年 6 月，13 号测点（临顿河/醋坊桥）TN 超标 11.35 倍；2011 年 7 月，10 号测点（南园河/银杏桥）的 DO 超标 11.11 倍，2011 年 10 月，13 号测点的 DO

超标11.11倍；2011年11月，13号测点TP超标5.6倍，2012年3月，8号测点（中市河/中市桥）NH_3-N超标8.25倍。

水质透明度也较低，一般都在30～40cm，13号测点的透明度更低，大部分时间在30cm以下。

7.1.2　存在问题

当时分析苏州古城区水环境存在的主要问题，主要表现在以下四个方面：

（1）古城河网整体水质差。河网部分水体水质指标为劣Ⅴ类，大部分水体透明度低于0.25m，局部存在明显黑臭现象。现状COD和氨氮入河总量均比入河限排总量高出近1倍，总磷和总氮入河总量比入河限排总量高出近2倍。随着城市化规模的急剧扩张和城区人口快速增加，建筑垃圾、空气粉尘、生活油脂等入水垃圾量剧增，城区河道均存在不同程度的淤积，一遇气温升高，就会加快腐烂发酵，产生“黑花”现象，河道纳污和自净能力已超过极限。

（2）水体流动性差。整个区域河网水力坡降小，河网平均坡降约为0.1‰，河道内存在大量局部碍流高坎，倒坡降现象严重，加重了河网淤积，降低了河网水体流动性。水系不通畅，据统计，城区内尚有16条断头河（2012年计划完成冶坊浜、东西虎泾、木头桥浜等9条断头浜打通工程，2014年前结合地块开发和低洼地改造完成7条打通工程）、18处束水段（三年内计划结合虎丘地区虎阜路改造和桃花坞综合改造工程，完成束水段拓宽工程），严重影响河道水体循环，减小了河道水网的水环境容量。一些断头河因得不到源水补给，水质恶化。

（3）换水方案不合理。古城河网依据行政区划和城市防洪规划，将整个古城区划分为干将河、干将河南、干将河北、南园、北园、石门等6个水系，片区割裂；古城区范围共有114台泵站，各片区各自为政，实行独立定期定时换水，缺乏统筹，无法形成河网整体常态有序流动。

（4）泵引动力驱动活水弊端多。古城河网主要依靠泵站抽水措施改善水环境，但现有泵站效率低，可靠性、稳定性、安全性不高，不利游船通航安全；现有泵站大多建在居民区，泵站噪声扰民，附近居民反应强烈，大部分泵站夜间不能运行；动力驱动耗能耗电，运行成本高。现行泵引方案河网水质改善效果不明显。

7.2　总体方案

自流活水工程的总体思路是：充分利用西塘河、外塘河、城区防洪大包围等水利工程，加大引水调流力度，缩短换水周期，增加水环境容量，改善水动力条件，提高水环境质量；加快低洼地改造，着力解决局部地区制约高水位引水问题，切实提高引水调流效能。

7.2.1　目标任务

通过实现古城河网自流活水，促进河网水体有序流动，并在自流活水的基础上，实现活水保水质、活水减淤积、活水助保洁的作用，达到持续改善古城区河网水环境水质的目的，并惠及周边河网发挥工程综合效用，恢复古城水清、水好、水美、河净、岸洁、秀美的景色和江南水城的独特魅力。根据《苏州古城区河网自流活水方案》研究成果，营造古城区南北适宜水头差 20cm 左右，日均入古城区水量不少于 60 万 m^3，内城河河网流速为 10cm/s 左右。古城区河网水质改善目标为：除去总氮的限制，环城河水体溶解氧要求达到Ⅳ类（3mg/L 以上），其他河道要求达到Ⅴ类（2mg/L 以上）；COD_{Mn}、BOD_5 和 COD_{Cr} 三个指标在环城河和骨干河道要求达到Ⅲ类，其他支河道不低于Ⅴ类。氨氮放宽至 3mg/L；总磷指标在环城河、骨干河道和其他支河道分别达到Ⅲ类、Ⅳ类和Ⅴ类。

古城区河道水质提升效果水质目标见表 7.2。

表 7.2　古城区河道水质提升效果水质目标

序号	分类		环城河	古城区骨干河道	其他支河
1	色		颜色无异常变化		不超过 25°
2	嗅		不得含有异嗅		无明显异嗅
3	漂浮物		不得含有漂浮的浮膜、油斑和聚集的其他物质		允许有少量膜、油斑和聚集的其他物质
4	透明度/cm	≥	50	35	30
5	浊度/NTU	≤	10	20	20
6	DO/（mg/L）	≥	5	3	
7	高锰酸钾指数/（mg/L）	≤	6	6	10
8	BOD_5/（mg/L）	≤	4	4	6
9	COD_{Cr}/（mg/L）	≤	20	30	40
10	NH_3-N/（mg/L）	≤	3		
11	总磷（以 P 计）mg/L	≤	0.2	0.3	0.4

注　古城区骨干河道指干将河、平江河、临顿河。

7.2.2　方案内容

通过“因势利导、江湖共济、双源引水、三点配水、活水自流、惠及周边”等方法措施，营造古城南北相对水势，全面“活”动河网水体，实现活水自流。

1. 双源引水

引水水源为望虞河和阳澄湖两个水源。根据现状工程及水系分析，利用西塘河与外塘河分别从望虞河和阳澄湖引水至古城区环城河。其中外塘河目前泵引能力为 15m^3/s，规划扩建至 40m^3/s（后因种种原因并未实施）。

另外，元和塘引水能力为 30m^3/s，可作为古城区引水的第三引水线路。但元和塘水质目前较差，可作为备用引水。

2. 三点配水

配水工程是实现古城区自流活水的主体工程。研究方案提出了潜坝、桥梁、活动溢流堰、高地堰、船闸、升船机、大糙率明渠等配水工程方案，并对部分方案配水效果进行了数值模拟。综合考虑改善水质效果、形成水位差、城市防洪、自由通航、景观融合等，推荐配水工程布置型式是：在环城河的玉龙桥与娄门桥桥下分别设置1座活动溢流堰（口门宽度为15.0m、堰底板高程为1.20m、堰高2.0m），活动溢流堰竖直挡水时堰顶高程为3.2m；在玉龙桥南侧、娄门桥南侧各设一座抛石潜坝（口门宽度为15.0m、口门顶高程为1.20m）；环城河东侧干将河河口以南，修建一条长500m、宽20m的糙化河段。

在引水 $40m^3/s$ 进入环城河后，最大限度地使清水流经古城区河网，控制东、西环城河的最大流量不超过 $30m^3/s$，确保 $10m^3/s$ 的清水进入城内河网，显著改善古城区河网水质，使其长期维持在Ⅳ类、甚至Ⅲ类水的水平。

3. 惠及周边

在优质水源引至环城河改善古城区河网水环境的同时，考虑兼顾其他区域用水需求，改善周边地区河网水环境。

7.3　工程布置

根据《苏州古城区河网自流活水方案》，利用流域、区域的引江工程和中心城区防洪大包围引排体系及古城区闸站控制工程，由望虞河、阳澄湖经西塘河和外塘河双源供水，通过溢流堰、潜坝等配水工程，营造古城区河道南北水头差，因势利导，全面“活”动河网水体，满足改善古城区河网水环境的需求。工程包括引水水源工程、调控古城区引水水量的配水工程和改善内城河水流条件的辅助工程三大类，其中配水工程是主体工程。

7.3.1　水源工程

1. 西塘河引水

西塘河引水充分利用已经建成投入的工程设施。经觅渡桥站和琳桥站水位高低关系分析，望虞河琳桥水位高于环城河觅渡桥水位40cm的保证率为75%，高20cm的保证率为95%；琳桥站平均水位为3.62m，比觅渡桥3.13m高出近50cm。因此，西塘河引水对古城区环城河的水势是比较顺畅的，可通过30m节制闸自引或 $40m^3/s$ 泵站的抽引为古城区自流活水提供优质水源。

2. 外塘河引水

外塘河位于环城河东北角，东连阳澄湖，利用外塘河枢纽引阳澄湖水，可在糖坊湾处进入环城河，输水距离为4km。

经湘城站和觅渡桥站水位高低关系分析，阳澄湖水位高于环城河觅渡桥水位10cm的保证率为75%，高20cm的保证率仅为20%；阳澄湖平均水位为3.24m，比觅渡桥3.13m高11cm。阳澄湖对古城区有一定的水势条件，但保证程度不高，需要泵站抽引。

外塘河上已建有城区防洪大包围枢纽——外塘河枢纽，由一座28m节制闸和一座 $15m^3/s$ 的双向引排泵站组成。当西塘河来水量不能满足城区引水水量要求时，可视水位条件，自引或泵引阳澄湖水进入环城河。但现有外塘河泵站 $15m^3/s$ 的能力不能满足城区引水要求，需扩容改造至 $40m^3/s$。

同时，对输水河道两岸破损严重的驳岸进行整治，其中硬质护岸改造和新建3km，土坡整治2km。

3. 元和塘引水

根据相城区水系规划、防洪规划，拟拓挖蠡塘河、南雪泾、洋泾河等骨干河道，满足相城城区100年一遇排水要求。其中，洋泾河作为相城区骨干排水河道，东接阳澄湖，西通元和塘，全长2km，规划底高程为0.0m，面宽50m，边坡为1∶1～1∶2。洋泾河打通后，可利用城区防洪大包围元和塘枢纽30m³/s的双向引排泵站，引阳澄湖水入环城河，为古城区引阳澄湖水新增一条通道。

由于元和塘流经元和镇区水质较差，近期尚不具备实施条件。

因此，引水水源为西塘河和阳澄湖两路水源。

7.3.2 配水工程

为营造古城区南北水头差，合理控制内城河与外城河分流比，实现按需配水，并满足环城河日常通航需要，在西环城河五龙桥附近新建阊门堰（溢流堰和潜坝各一座），东环城河娄门桥北新建娄门堰（溢流坝和潜坝各一座）；为改善干将河东西向水流条件，在东环城河葑门桥附近新建长岛潜坝；为减少从外塘河引水时或北环城河水位抬高后水量由外塘河南支河散失入娄江，在外塘河入娄江口新建娄东堰（活动溢流堰一座）。

配水工程为壅水建筑物，主要建筑物按3级建筑物设计，次要建筑物及临时建筑物按4级建筑物设计。

1. 阊门堰、娄门堰

阊门堰、娄门堰两座配水工程功能要求和工程组成一样，均为一堰一坝型。

（1）活动溢流堰。根据自流活水方案研究成果，为营造20cm适宜的南北水头差满足内城河活水需要，以及考虑环城河旅游船通航要求，活动堰顺水流长16.5m，堰宽16m，堰高1.7m，堰底平台高程为1.5m，活动溢流堰竖直挡水时堰顶高程为3.2m。活动溢流堰视来水流量大小，通过开度无级调节，控制入内城河总的流量为7～10m³/s，满足内城河自流活水要求。活动溢流堰结构示意图见图7.1。

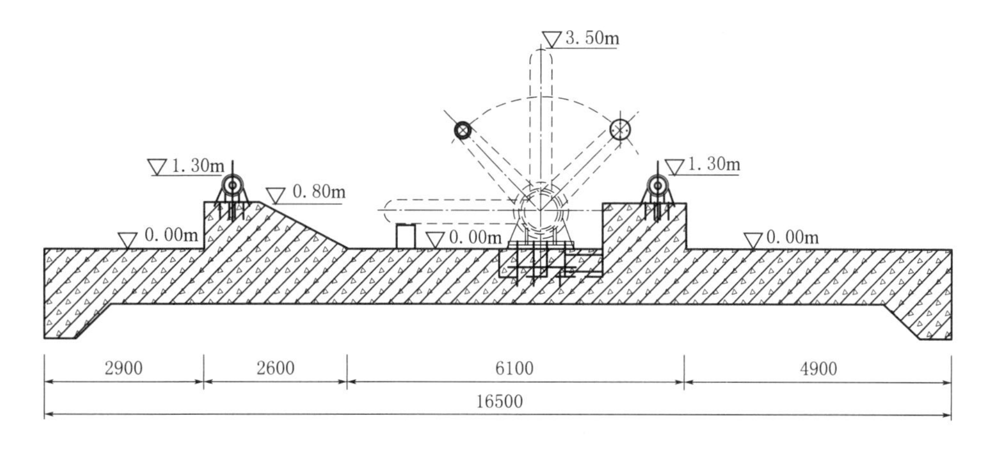

图7.1 活动溢流堰结构示意图

（2）潜坝。因环城河为苏州主要的水上旅游通道，内城河引水时如有游船通过，则溢流堰需频繁启闭，溢流堰管理任务重，也影响游船通行。为满足环城河日常游船通行问题，规划在溢流堰上游兴建潜坝，潜坝顶高程按照满足营造南北水头差要求和枯水期水面景观要求，确定为与河道最低控制水位 2.8m 同高，潜坝与河道同宽，在溢流堰开启状态下，通过潜坝壅水保证内城河入流总量为 7～10m³/s。潜坝中间设通航孔，满足日常游船通行，通航孔宽根据环城河规划游船类型确定为 15m。

为保证河道最低控制水位时的航行安全，比选了 1.0～1.5m 五种不同坝顶高程下，对外引水量和进入内城河水量的影响进行分析比较，成果详见表 7.3。由表中计算成果可知，通航孔顶高程越高，潜坝调控的内外城河分流比越高，在满足城区进水流量 7～10m³/s 换水要求时，所需外引流量相对较小，根据环城河规划游船类型，最大吃水深为 1.1m，为保证枯水期河道水位达最低控制水位 2.8m 时的游船正常航行，从安全角度考虑，留 50cm 的安全距离，确定采用坝顶高程为 1.2m。潜坝结构示意图见图 7.2。

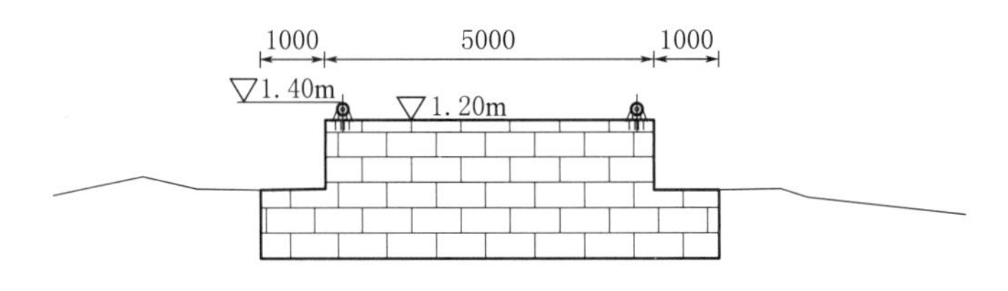

图 7.2 潜坝结构示意图

表 7.3　　潜坝通航孔不同顶高程对内城河引水影响分析

活动溢流堰	潜坝宽/m	潜坝高/m	需要外引水量/(m³/s)	环城河西侧流量/(m³/s)	阊门内成河流量/(m³/s)	平门河流量/(m³/s)	临顿河流量/(m³/s)	北园河流量/(m³/s)	环城河东侧流量/(m³/s)
开	15.00	1.5	36.45	15.58	2.41	3.97	4.70	−1.00	10.79
开	15.00	1.4	37.33	16.24	2.37	3.97	4.67	−1.00	11.08
开	15.00	1.3	38.15	16.86	2.32	3.98	4.65	−1.00	11.34
开	15.00	1.2	38.91	17.44	2.29	4.00	4.63	−1.00	11.57
开	15.00	1.0	40.30	18.51	2.20	4.03	4.60	−1.00	11.97

注 “—”号表示相对古城区来说是排水。

经计算，在活动溢流堰全开由潜坝配水和溢流堰全关配水两种工况下，内城河进水与引水总量的分流比分别为 1/4 和 3/4，即在同样满足入内城河 10m³/s 引水要求时，不考虑周边用水，两种调度情况下所需外引流量分别为 40m³/s 和 13m³/s。因此，活动溢流堰和潜坝可视来水流量相机调度，由溢流堰开启度调节入内城河流量，以提高枯水期小流量来水时古城区内河道自流活水保证率，潜坝满足日常环城河游船通航要求。

(3) 通航。白天活动溢流堰启用期间，如遇环城河游船需通行，则放倒溢流堰闸门。在水头差作用下，溢流堰堰上产生较大流速。水头差越大，溢流堰堰上最大流速越大。当水头差为 20cm 时，堰上最大流速为 1.33m/s，发生在闸门开始放倒的第 40s；当水头差为 30cm 时，堰上最大流速为 1.65m/s，发生在闸门开始放倒的第 60s；当水头差为

40cm时，堰上最大流速为2.32m/s，发生在闸门开始放倒的第60s。按照“船闸口门区最大限制通行流速为1.5m/s”的要求，游船等待通行的时间为2min。同时，计算表明，堰上闸门开启后最大流速的影响范围为上、下游各30m。溢流堰开启时堰上纵向最大流速随时间变化情况详见图7.3和表7.4。

为保证游船安全通过溢流堰，并尽量减小流速对船舶的颠簸，宜提前开闸，等水流平稳后通行，并在30m外设立游船等待放行区。

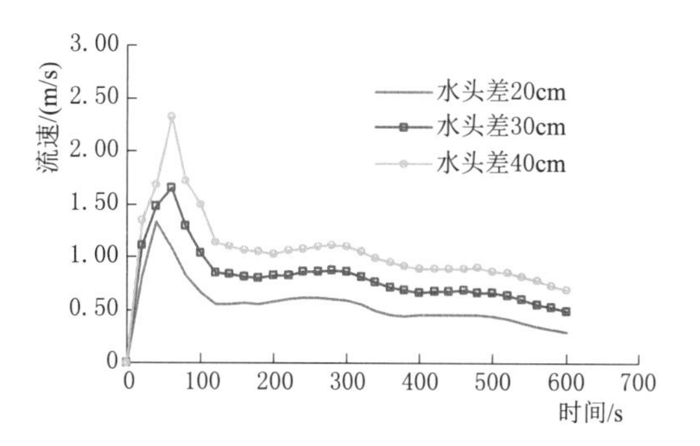

图7.3 溢流堰开启时堰上纵向最大流速随时间变化示意图

表7.4 不同水头差下溢流堰开启时堰上纵向最大流速随时间变化表

时间/s	流速/（m/s）			时间/s	流速/（m/s）		
	水头差20cm	水头差30cm	水头差40cm		水头差20cm	水头差30cm	水头差40cm
20	0.81	1.11	1.34	320	0.55	0.81	1.05
40	1.33	1.48	1.68	340	0.50	0.76	0.99
60	1.09	1.65	2.32	360	0.46	0.72	0.95
80	0.83	1.30	1.72	380	0.45	0.69	0.91
100	0.67	1.04	1.49	400	0.46	0.67	0.89
120	0.56	0.85	1.14	420	0.46	0.68	0.89
140	0.56	0.84	1.10	440	0.46	0.68	0.89
160	0.57	0.82	1.06	460	0.46	0.69	0.89
180	0.56	0.8	1.05	480	0.46	0.67	0.90
200	0.58	0.83	1.03	500	0.45	0.67	0.87
220	0.60	0.83	1.06	520	0.42	0.64	0.85
240	0.62	0.86	1.07	540	0.38	0.61	0.81
260	0.62	0.87	1.10	560	0.34	0.56	0.78
280	0.61	0.88	1.11	580	0.32	0.53	0.73
300	0.59	0.86	1.10	600	0.30	0.49	0.69

2. 长岛潜坝

长岛潜坝位于东环城河相门桥南侧，工程内容为一座潜坝，主要功能是为改善干将河东西向的水力条件，加快东西向河道的水流速度，进一步带动城区南部河道水体流动。潜坝规模根据壅水要求确定为：坝宽与河道同宽，坝顶高程为2.8m，中间通航孔宽15m，顶高1.2m，沿河纵深分三道，间隔55m，每道坝长30m。

3. 娄东堰

娄东堰位于外塘河入娄江口北侧，工程内容为一座活动溢流堰，规模同阊门堰、娄门堰，顺水流堰长16.5m，堰宽16m，堰高1.7m，堰底平台高程为1.5m，活动溢流堰竖直挡水时堰顶高程为3.2m。主要功能是防止北环城河水位抬高后水量由外塘河散失入娄江，影响内城河引水效果。

7.3.3 辅助工程

在保证外引清水、合理配水的基础上，为进一步提升内城河自流活水效果，城区内部河道需要配套辅助工程，加强水系沟通，提高束水段过流能力。工程包括：对北环城河附近平四闸及南环城河邱家村泵站进行改建，扩大其引排能力；进行校场桥、单家桥拓宽扩建工程，扩大其过流能力；实施沧浪亭联通工程，沟通水系。

1. 平四闸改造

平四闸位于平门河入环城河口处，是内城河引水的主要进水口之一，闸宽5m。现状平四闸闸门为横移式钢闸门，有水位差时不能打开，靠闸门上的放水孔进行换水，待内外河水位放平后再打开大闸门，原闸门操作难度大，对老闸门进行改造。闸门改造后可有效提高换水的灵活性及引水能力，缩短闸门启闭时间。

2. 校场桥、单家桥改造

校场桥和单家桥是两座位于平门河北端、内城河引水骨干进水口上的桥梁，两座桥梁束水严重，过桥落差大，影响城区引水能力，需进行扩建改造，其中校场桥由现状的1孔5m箱涵扩至1孔8.8m箱涵；单家桥处拓宽西南塊驳岸。

3. 邱家村泵站扩容

邱家村泵房位于桂花公园内盘门内城河上，泵房总流量为6m^3/s，分别为上闸首老泵房流量2m^3/s（直接向东通过盘门内城河排至外城河）以及下闸首老泵房流量4m^3/s，（通过城墙下涵洞向南排至外城河）。

当遇到南北水位差较小、不能满足自流活水要求时，需要通过该排涝泵站降低南部河道水位来调节。拟将下闸首泵站进行增容改造，由现状的4m^3/s增至8m^3/s。

4. 沧浪亭连通工程

沧浪亭北侧河道在人民路处为断头浜，水质较差。为改善该河水质，考虑沿人民路往北与十全街北侧十全河沟通。由于开挖明河困难，在原雨水管管位敷设D1.2m管道。

苏州古城区河道自流活水工程主要建设内容和规模汇总见表7.5。但在工程实施阶段，由于各方面对自流活水工程方案的意见没有完全统一，特别是对3道潜坝的碍航、碍流影响争议更大，阊门堰、娄门堰、长岛潜坝没有实施。外塘河泵站也没有进行扩容。

表7.5　　苏州古城区河道自流活水工程主要内容和规模汇总表

序号	主要工程项目		内容及规模
1	水源工程	外塘河枢纽扩建	泵站由15m^3/s扩容到40m^3/s
		外河塘整治	河道护岸建设5km
2	配水工程	阊门堰	堰和潜坝各一座，堰宽16m，长16.5m；潜坝与河同宽，坝高2.8m，通航口宽15m，顶高程为1.2m，共3道，每道40m

续表

序号	主要工程项目		内 容 及 规 模
2	配水工程	娄门堰	堰和潜坝各一座，堰宽 16m，长 16.5m；潜坝与河同宽，坝高 2.8m，通航口宽 15m，顶高程为 1.2m，共 3 道，每道 40m
		娄东堰	堰宽 16m，长 16.5m
		长岛潜坝	潜坝与河同宽，坝高 2.8m，通航口宽 15m，顶高程为 1.2m，共 3 道，每道 30m
3	辅助工程	平四桥桥闸	现状 5m 横移式闸门改造为升卧式闸门
		邱家村泵站	下闸首泵站增容改造，由现状的 $4m^3/s$ 增至 $8m^3/s$。
		校场桥、单家桥	校场桥扩建改造 5m 箱涵扩至 8.8m 箱涵；单家桥西南堍驳岸拓宽
		沧浪亭连通工程	沧浪亭往北利用暗管与十全河沟通，管道为 $D1.2m$

7.4 效果预测

根据研究方案提出的调度意见，对城区水闸、泵站作如下安排：尚义桥、平四、齐门 3 闸全开进水；北园、南园泵站强排出水，北园闸和竹辉、薛家、庙浜闸配合运行，其中北园出水 $1m^3/s$，南园出水 $2m^3/s$；娄门、东园、相门 3 闸控制开度，外排流量分别控制在 $1m^3/s$、$2m^3/s$、$1m^3/s$；葑门、邱家村 2 闸全开排水；幸福村闸控制开度，外排流量控制在 $1m^3/s$ 左右；阊门、新开河 2 闸全关；官太尉闸控制开度，向南流量控制在 $2m^3/s$ 左右；其余水闸全开。

再根据活动溢流堰的开关状态和环城河的南北水位差情况，拟定了 4 个运行工况，详见表 7.6。

表 7.6　　自流活水工程运行工况表

工　况	活动溢流堰	北环城河水位	南环城河水位
工况 1	全开	3.30	3.10
工况 2	全开	3.20	3.00
工况 3	全关	3.30	3.10
工况 4	全关	3.20	3.00

1. 流速

模拟计算表明，工程实施后内城河在 $7\sim10m^3/s$ 水量入城后，河道流速最大可增加到 59cm/s，除南园河为 6cm/s 外，其余河道的流速都在 10cm/s 以上（表 7.7）。

表 7.7　　自流活水工程实施后城内河道流速　　单位：m/s

工况	阊门内城河	平门河	临顿河	北园河	学士河	干将河	府前河	盘门内城河	南园河
工况 1	0.31	0.19	0.54	−0.12	0.51	−0.16	0.28	0.31	0.06
工况 2	0.31	0.19	0.56	−0.13	0.49	−0.15	0.27	0.30	0.06

续表

工　况	闾门内城河	平门河	临顿河	北园河	学士河	干将河	府前河	盘门内城河	南园河
工况3	0.36	0.19	0.57	−0.12	0.52	−0.16	0.29	0.31	0.06
工况4	0.36	0.18	0.59	−0.13	0.50	−0.15	0.28	0.30	0.06

2. 水质

以古城区河网12个水质观测站点2011年5月至2012年5月各监测指标平均值作为内环城河水质本底值，COD_{Mn}平均值为17.2mg/L，DO平均值为3.6mg/L，NH_3-N平均值为3.56mg/L。水源水质指标选用环城河目标水质，其中，COD_{Mn}指标为6.0mg/L，DO指标为5.0mg/L，NH_3-N指标为2.0mg/L。考虑控制入内城河总流量为7～10m^3/s。环城河北侧水位为3.20m，环城河南侧水位为3.10m。各断面COD_{Mn}、DO、NH_3-H指标提升效果见表7.8～表7.10。

表7.8　各断面COD_{Mn}指标提升效果

序号	断面位置	本底值/(mg/L)	改善时间/h	稳定时间/h	稳定后值/(mg/L)	COD_{Mn}指标改善/%
1	跨塘桥	17.20	0.33	2.08	5.71	66.80
2	平四闸	17.20	0.08	0.16	5.92	65.58
3	桃花坞桥	17.20	1.00	26.17	5.49	68.08
4	水关桥	17.20	0.33	3.58	5.86	65.93
5	中市桥	17.20	1.42	14.83	5.66	67.09
6	醋坊桥	17.20	1.92	7.42	5.61	67.38
7	马津桥	17.20	2.33	9.42	5.57	67.62
8	保吉利桥	17.20	1.42	6.58	5.61	67.38
9	歌熏桥	17.20	2.42	11.25	5.58	67.56
10	望星桥	17.20	4.25	25.83	5.26	69.42
11	带城桥	17.20	6.83	23.42	5.20	69.77
12	银杏桥	17.20	6.25	35.33	4.88	71.63

表7.9　各断面DO指标提升效果

序号	地点	本底值/(mg/L)	改善时间/h	稳定时间/h	稳定后值/(mg/L)	DO指标改善/%
1	跨塘桥	3.60	0.42	2.00	4.59	27.50
2	平四闸	3.60	0.08	1.17	4.88	35.56
3	桃花坞桥	3.60	1.42	37.58	4.48	24.44
4	水关桥	3.60	0.42	3.00	4.84	34.44
5	中市桥	3.60	1.83	16.50	4.71	30.83
6	醋坊桥	3.60	2.08	6.75	4.52	25.56
7	马津桥	3.60	2.58	7.92	4.49	24.72
8	保吉利桥	3.60	1.58	6.08	4.53	25.83

续表

序号	地点	本底值/（mg/L）	改善时间/h	稳定时间/h	稳定后值/（mg/L）	DO 指标改善/%
9	歌熏桥	3.60	2.83	11.08	4.57	26.94
10	望星桥	3.60	6.17	28.83	4.28	18.89
11	带城桥	3.60	8.42	23.33	4.35	20.83
12	银杏桥	3.60	13.17	40.17	3.87	7.50

表 7.10　各断面 NH_3—N 指标提升效果

序号	地点	本底值/（mg/L）	改善时间/h	稳定时间/h	稳定后值/（mg/L）	NH_3—N 指标改善/%
1	跨塘桥	3.59	0.42	2.08	2.01	44.01
2	平四闸	3.59	0.08	0.17	2.00	44.29
3	桃花坞桥	3.59	1.08	20.67	2.01	44.01
4	水关桥	3.59	0.33	3.25	2.00	44.29
5	中市桥	3.59	1.50	10.25	2.01	44.01
6	醋坊桥	3.59	1.83	7.17	2.01	44.01
7	马津桥	3.59	2.33	7.58	2.01	44.01
8	保吉利桥	3.59	1.50	6.75	2.01	44.01
9	歌熏桥	3.59	2.42	10.08	2.01	44.01
10	望星桥	3.59	5.17	18.50	2.01	44.01
11	带城桥	3.59	7.50	19.25	2.01	44.01
12	银杏桥	3.59	5.42	28.67	2.00	44.29

7.5 方案讨论

1. 水质治理目标

自流活水工程研究报告对城区河道现状水质的判别，是基于苏州市城市排水监测站于2011年5月至2012年5月进行的14个断面的13次实测资料，14个断面的平均水质指标详见表7.11。

表 7.11　2011 年 5 月至 2012 年 5 月城内河道水质

序	河道	断面	COD_{Mn}/(mg/L)	COD_{Cr}/(mg/L)	TN/(mg/L)	NH_3—N/(mg/L)	TP/(mg/L)	DO/(mg/L)	透明度/cm
1	平江河	保吉利桥	5.54	20.08	6.03	4.38	0.55	2.74	39.0
2		苑桥	5.37	17.69	5.68	4.09	0.53	3.44	33.1
3	官太尉河	望星桥	6.01	24.67	7.22	5.16	0.62	2.75	30.8
4	干将河	马津桥	4.13	14.10	4.80	3.40	0.39	4.76	35.0
5	平门小河	平四闸	4.00	13.50	3.40	2.07	0.28	4.08	35.2

续表

序	河道	断面	COD_{Mn}/(mg/L)	COD_{Cr}/(mg/L)	TN/(mg/L)	NH_3-N/(mg/L)	TP/(mg/L)	DO/(mg/L)	透明度/cm
6	桃花坞河	桃花坞桥	4.70	18.5	4.65	3.32	0.45	3.11	37.3
7	中市河	水关桥	5.87	25.73	6.14	4.76	0.63	2.46	32.9
8		中市桥	7.99	35.33	8.81	7.36	0.96	1.93	32.9
9	十全河	带城桥	5.04	18.58	5.08	3.44	0.44	3.05	34.5
10	南园河	银杏桥	6.09	19.92	6.87	5.35	0.58	1.82	32.2
11	人民桥内河	小人民桥	4.85	14.71	5.19	3.55	0.38	2.95	37.2
12	学士河	歌薰桥	5.20	18.25	5.70	3.82	0.47	1.97	35.0
13	临顿河	醋坊桥	15.09	75.75	13.58	11.35	1.53	1.01	21.2
14		跨塘桥	4.04	13.96	3.86	2.33	0.34	5.10	36.9
	平均		5.99	23.63	6.22	4.60	0.58	2.94	33.8

注　根据苏州市城市排水监测站实测数据整理汇总。

研究认为，DO、COD_{Mn}、COD_{Cr}、BOD_5、NH_3-N、TP、TN等7项指标是表征水体受有机污染和植物性营养元素（氮和磷）污染的指标，它们与景观水体的感官质量最为密切。苏州古城区的河道污染来源主要为生活污染，因此这些指标是水质改善评估的重点。

从各指标的绝对数值来说，对比表7.2和表7.11可以看出，城内河道COD_{Mn}现状指标平均为5.99mg/L，目标指标为6～10mg/L；COD_{Cr}现状指标平均为23.6mg/L，目标指标为30～40mg/L；透明度现状指标平均为34cm，目标指标为30～35cm；DO指标现状平均为2.94mg/L（某些骨干河道断面已超过3mg/L），目标指标为3mg/L。虽然某一断面的某一次监测值可能远高于制定的目标值，但目标值本身也是一个平均值的概念，从这个意义上来说目标值基本与现状一致甚至还劣于现状值是不合适的。

再从水质类别来说，对照《地表水环境质量标准》（GB 3838—2002），COD_{Mn} 6～10mg/L、COD_{Cr} 30～40mg/L、TP 0.3～0.4mg/L应为Ⅳ～Ⅴ类水标准；NH_3-N的目标值为3mg/L，还是劣Ⅴ类水标准。这与“三点配水”工程使河道水质长期维持在Ⅳ类、甚至Ⅲ类水的总体目标相矛盾。

对河道水体的透明度要求是达到《景观娱乐用水水质标准》（GB 12941—91）C类标准，即一般景观用水水体标准。但C类标准的最低标准是50cm，而制定城内河道的透明度目标指标为30～35cm，也是不合适的。

2. 预测与实际

效果预测时，采用的水质本底浓度是：COD_{Mn}平均值为17.2mg/L，DO平均值为3.6mg/L（这与治理目标3mg/L也是相矛盾的），NH_3-N平均值为3.56mg/L，与表7.11所列数据出入较大。特别是COD_{Mn}平均值为17.2mg/L，远远大于实际情况。根据污染源的稀释原理，引水以后污染浓度越高的水体，稀释效果越好。相反，对于本底浓度在6mg/L左右的水体，在引入水源浓度也在6mg/L左右的水体条件下，稀释作用可能不会有很好的效果。

自流活水工程在2014年完工投运后，城内河道水质逐年有所好转，但不是方案预测的那样大幅度改善。水质改善的贡献份额可能主要来自于连续几年进行的前所未有的清淤疏浚和污水收集管网建设。表7.12列出了环保部门监测（城市排水监测站没有继续进行同断面监测）的城内河道水质状况，从表中可以看出，河道水质每年都有小幅提升，这可能主要是截污治污的贡献，与有没有自流活水工程关系不大。

表7.12　　2013—2015年城内河道水质表　　单位：mg/L

河道	断面	DO	COD_{Mn}	COD_{Cr}	BOD_5	NH_3-N	TP
2013年							
干将河	兴市桥	6.2	4.3	11.3	4.0	1.52	0.400
桃花河	单家桥	4.3	4.8	19.6	4.0	2.30	0.388
临顿河	醋坊桥	5.1	4.4	12.5	3.8	1.70	0.222
十全河	乌鹊桥	3.6	5.0	20.0	4.3	2.20	0.425
平均		4.8	4.6	15.9	4.0	1.93	0.359
2014年							
干将河	兴市桥	5.5	4.1	13.6	3.4	1.16	0.197
桃花河	单家桥	6.2	3.7	13.5	3.1	0.96	0.160
临顿河	醋坊桥	5.8	4.0	16.1	3.1	1.25	0.210
十全河	乌鹊桥	4.2	4.0	16.1	3.2	1.96	0.263
平均		5.4	4.0	14.8	3.2	1.33	0.208
2015年							
干将河	兴市桥	6.2	3.8	13.6	3.0	1.11	0.148
桃花河	单家桥	6.8	3.3	11.3	2.4	0.82	0.125
临顿河	醋坊桥	6.6	3.7	12.0	3.1	1.26	0.168
十全河	乌鹊桥	3.6	4.3	15.7	3.3	1.67	0.262
平均		5.8	3.8	13.2	3.0	1.22	0.176

3. 溢流堰的碍航问题

方案研究时考虑了环城河旅游船只通行问题。当水头差分别为20cm、30cm、40cm时，堰上最大流速分别为1.33m/s、1.65m/s、2.32m/s。从最大流速到符合“船闸口门区最大限制通行流速1.5m/s”的时间，最长为2min。

但影响船只通行的时间，不仅仅是流速问题，从溢流堰开始启动到闸门最后放平的时间约为20min，远大于流速稳定的时间。更主要的是，由于溢流堰闸门两侧存在水头差，在两侧的水位没有放平之前，是根本没法通行的。碍航是客观存在的，并非没有影响。

4. 环城河南北水头差

方案认为，在进入北环城河的引水流量、古城区河网下游控制水位确定的情况下，经平门河、临顿河、北园河及閶门内城河进入古城河网的流量取决于北环城河水位。因此，可选择借用任一备选配水工程，调整其控制方式，即可生成不同运用方式下的北环城河水

位，进而确定相应的上下游水位差和进入河网流量，建立不同工况（引水流量、下游控制水位）下古城区环城河南北水位差与河网过水流量关系曲线。

通过对东西环城河的玉龙桥（阊门堰）与娄门桥（娄门堰）设置2座配水活动溢流堰，并设置工程全开和全关两种工况进行计算，古城区河网进水流量与引水量、上下游水位差的关系详见表7.13和图7.4。

表7.13　上下游水位差与古城区河网进水流量统计表

工　况	下游水位/m	引水流量/(m^3/s)	上下游水位差/m	古城区进水流量/(m^3/s)
配水工程全关	2.80	30	0.34	30.00
		40	0.46	36.52
		50	0.53	38.86
	3.00	30	0.23	28.69
		40	0.30	33.00
		50	0.35	36.35
	3.29	30	0.07	18.32
		40	0.11	22.91
		50	0.15	28.93
配水工程全开	2.80	30	0.03	7.45
		40	0.06	10.42
		50	0.10	13.43
	3.00	30	0.02	7.46
		40	0.04	10.42
		50	0.07	13.47
	3.29	30	0.01	7.33
		40	0.03	10.27
		50	0.04	13.33

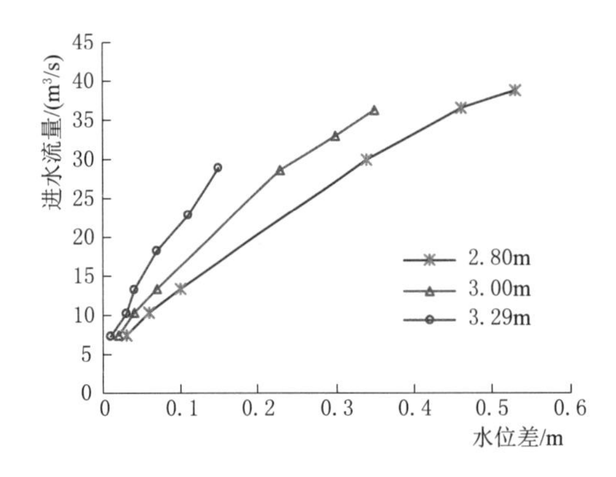

图7.4　上下游水位差与河网进水流量关系图

（1）方案认为，根据图7.4可以得出结论：在相同的水位差条件下，随着下游水位的升高，河网进水流量增大。水位差为0.1m时，河网下游水位为2.80m、3.00m、3.29m条件下，河网进水流量分别为13.4m^3/s、17.5m^3/和20.5m^3/s；水位差为0.15m时，河网进水流量分别为17.0m^3/s、12.0m^3/和30.0m^3/s。其实，这里的河网进水流量增加，并不是因为下游水位的升高，而是引水流量增加所起的作用。从表7.13可以得出相反的结论，即当引水流量一定时，随着下游水位的升高，河网进水流量下降。

(2) 自流活水工程的关键是在环城河形成南北水位差，主体工程东、西溢流堰的建设也是其目的所在。但是，对于平原水网地区来说，由于河道水力坡降非常小，当堰前或闸前壅高水位达到一定程度后，不可能再继续壅高，而且这个水位差在区域河网水位一定时，也基本恒定，此后能起的作用仅仅是抑止上游入流，减少进城水量而已。在娄门堰、阊门堰完工后，并未在堰的上下游形成方案期望的 20cm 甚至 30cm、40cm 的水位差。这是平原水网的特性所决定的。无奈之下，只能运用城市防洪大包围的泵站全力抽排，才能维持一定的水位差。运行之初由于水位降到 2.80m，水深太浅，旅游船只甚至打坏了螺旋桨。

(3) 建设娄门堰、阊门堰的目的，是控制进入城内河网总流量为 7～10m^3/s。从表 7.13 可以看出，在配水工程全开的工况下，相当于不设娄门堰、阊门堰的情况，虽然水位差达不到要求，但只要有足够的引水量，进入城内河网的流量也能满足 7～10m^3/s 的目标要求。这也说明娄门堰、阊门堰建设的必要性值得商榷。

5. 与古城风貌的关系

迄今为止，国务院分别于 1986 年、2000 年、2016 年三次批复《苏州市城市总体规划》。在历次批复中都强调保护历史文化名城，保护古城风貌。城市总体规划中与“河”有关的古城风貌的主要内容大致如下：保持路河平行双棋盘格局的河道景观和道路景观，古城内保持水巷、一河一路、一河二路的路、河、建筑的传统街道空间形态和空间尺度；保持三横三(四)直加一环的水系及小桥流水的水巷特色；综合整治城市水环境，改善河道水质；河道整治坚持“整理河网，完整水系，理活、治清、搞美，发展水上游览”的原则，等等。

有的专家学者在研究苏州古城河道水系时认为，古城环城河加棋盘形网格化的河道水系构成的城市骨架，使河道在客观上起到稳固城市的框架作用，所以苏州古城的位置和格局，虽历经战火沧桑，但始终未变。著名史学家顾颉刚先生指出“苏州城之古为全国第一，尚是春秋时物，其所以历久而不变者，即以为河道所环顾也。”可以说苏州古城双棋盘格局的规划理念及其成果，不仅科学合理，也是我国城市建设史上综合规划设计的范例。

因此，在进行河道整治或水环境治理时，应以保护水系的完整性即保护古城风貌为前提。这里，有些问题值得考虑：通过建闸筑坝改变原有的水系结构或特征是否在保护范畴之内？靠机械抽引造成的河水流动是否还是属于“小桥流水”？“小桥流水”的合理流速应在多少范围之内？

笔者认为，改变原有的水系结构，是一种本质上的改变，不应属于保护的范畴。譬如环城河自然的流向是从北向南、从西向东是一个整体。但是，娄门堰、阊门堰建成后，环城河改变为两个水系，南半部分流向与从前一致，只是低水位运行，而北半部分的流向就彻底改变了，这与原来相比是颠覆性的变化。

至于“小桥流水”，让人想到的首先是一幅宁静的自然景色。“小桥流水”最早出现在元曲作家马致远的《天净沙・秋思》作品中：“枯藤老树昏鸦，小桥流水人家，古道西风瘦马，夕阳西下，断肠人在天涯。”头两句“枯藤老树昏鸦，小桥流水人家”，就给人造成一种冷落暗淡的气氛，又显示出一种清新幽静的境界。小桥流水旁的人家，傍水而居悠然自得，给人感到幽雅闲致。换水时隆隆的马达声、机械摩擦声，给周围居民带来的是噪声，给远处行人看到的是表象。同时，泵站出水河段快速流动的河水，给河边行人带来的不再是幽雅闲致的宁静，更像是催促行人快走、快走的叫唤。“流水不腐、户枢不蠹”，水体有序流动是提升水质的必要手段，但“小桥流水”绝不是“潺潺溪流”，根据苏州古城的河道宽度，以及两岸建筑形成的虚实空间，小河的流速可能控制在 10cm/s 左右比较适宜，最大流速不宜超过 20cm/s。

第 8 章　隐形堤防

自从 1999 年太湖流域发生全流域性洪水后，似乎一直太平无事。到了 2015 年，京杭大运河苏州段发生了接近历史最高水位的区域性洪水，2016 年又刷新了历史最高水位。运河防洪问题又成为各方关注的焦点。

京杭大运河苏南段（又称苏南运河）位于长江下游太湖平原，是我国古代伟大的水利工程之一，是我国水运主通道的重要组成部分，是南北物资交流的黄金水道。目前的京杭大运河苏南段北起镇江市长江谏壁口，贯穿镇江、常州、无锡、苏州四个城市，南至江浙两省交界的鸭子坝，全长约 212km。京杭大运河穿越太湖流域腹地及其下游水系，沟通了长江、太湖两大水系，起着水量调节与转承作用，并将太湖地区约 6000km 的航道沟通成网，具有重要的防洪、排涝、灌溉、航运、景观等多种功能。

其中，镇江段是苏南运河的入江河段，起自长江谏壁口，止于与常州交界的荷园里，长 42.6km，堤顶高程为 7.0～9.0m；常州段西接镇江吕城镇的荷园里，东连无锡洛社五牧（直湖港），长 48.8km，堤顶高程为 5.5～8.0m；无锡段由洛社五牧进入，经城区南流，至新安沙墩港出境，长 39.3km，堤顶高程为 6.0～6.5m；苏州段北起苏锡两市交界的新安沙墩港，南至江浙两省交界处的鸭子坝，长 81.8km，堤顶高程为 4.8～5.0m。

8.1　大运河洪水

大运河苏州城区段有枫桥站和觅渡桥站两个水文观测站。觅渡桥站建于 1900 年 1 月，已有超过百年的观测历史。运河航道改道及防洪大包围建成投运后，观测数据与原系列资料的一致性有一定的差异，自流活水工程运行后水位常年控制在 2.80m 左右，观测数据已经没有任何意义。

枫桥站建于 1976 年 7 月，位于苏州市何山桥上游约 1100m，是目前运河苏州城区段的代表站。20 世纪 90 年代，太湖流域发生了 1991 年、1999 年两次全流域性的大洪水，枫桥站最高洪水位分别是 4.29m、4.58m。

进入 21 世纪后，虽然尚未发生全流域性的大洪水，但 2015 年、2016 年京杭大运河苏南段连续两年发生洪水。2015 年枫桥站最高洪水位达到 4.51m，接近历史最高水位 4.58m；2016 年枫桥站最高洪水位达到 4.82m，刷新了历史最高水位纪录。根据苏州市防汛防旱指挥部的防汛工作总结，当年的汛情状况如下：

2015 年 6 月 15 日入梅，至 7 月 13 日出梅，梅期 29 天，较常年偏多 4 天，梅雨量偏多。全市平均梅雨量为425.9mm，较常年偏多78.6%，最大降雨点为望虞闸站609mm。从时间分布来看，降雨集中在6月和8月，分别比常年同期偏高164.5%和24.2%。7月降雨量偏少，比常年同期偏少10.4%。6月初，枫桥站水位为3.24m。6月15日入梅后，16日普降大暴雨，河湖水位迅速上涨，6月17日5时，枫桥站水位达到当年最高水位4.51m，超警戒水位0.68m。

2016年6月19日入梅，7月20日出梅，梅期32天，平均梅雨量为417.8mm，超多年平均值209.4mm，偏多99.5%。梅雨特点：入梅略偏晚，梅期偏长，梅雨量多，梅雨呈北多南少，最大雨量在北部沿江一线。入梅当天，全市即普降大到暴雨；6月21日、22日、27日、28日、7月1日、7月2日，均为大到暴雨。7月2日枫桥站最高水位为4.82m，为历史最高。

在枫桥站水位超过历史最高水位期间，沿线地区防洪压力较大，灾情严重。大运河沿线地区成为苏州全市工程基础最为薄弱、防汛形势最为紧张的地区，成为省、市防汛重点关注的区域。在这种情况下，加高加固运河两岸堤防，提高运河两岸堤防的防洪标准，保障人民群众的生命和财产安全，理所应当地成为了当务之急。

8.1.1 原因分析

京杭大运河历史上以航运功能为主，同时兼顾两岸地区排涝。通过对沿线工情、水情的分析，认为造成2015年、2016年枫桥站水位暴涨且不断刷新历史新高的原因，主要有四个方面的因素。

1. 排涝流量剧增

从运河上游到下游，常州、无锡、苏州三市相继建成了城市防洪大包围，排涝流量剧增，农村圩区排涝流量也大幅增加。

（1）常州市城市防洪。常州市城市防洪工程沿运河分为运北、潞横草塘、采菱东南、湖塘四片，面积共416.1km^2，其中：运北片设计防洪标准为200年一遇，外排泵站总规模为420.96m^3/s（重要节点工程365m^3/s），其中排入运河流量为179m^3/s；湖塘片外排泵站总规模为78.1m^3/s，其中排入运河流量为57.7m^3/s；常州城市防洪工程外排泵站入运河流量合计为236.7m^3/s（表8.1）。

表8.1 常州城市防洪工程外排泵站（向运河排水）规模

序号	分片	总规模/（m^3/s）	直接排入运河流量/（m^3/s）
1	运北片	420.96	179
2	湖塘片	78.1	57.7
合　计		499.06	236.7

（2）无锡市城市防洪。无锡市城区分为运河以东的运东大包围、新区片、锡东片、锡北片、惠北片，以及运河以西的梁溪片、太湖新城片、惠南片和马山片共九片，面积共1294km^2。其中：运东大包围面积约144km^2，设计防洪标准为200年一遇，外排泵站总规模为485.6m^3/s，排入运河流量为218.8m^3/s；太湖新城片外排泵站总规模为97m^3/s，其中排

入运河流量为 82m³/s；无锡城市防洪工程外排泵站入运河流量合计为 300.8m³/s（表 8.2）。

表 8.2　　无锡城市大包围枢纽工程外排泵站（向运河排水）规模

序号	分　片	总规模/（m³/s）	直接排入运河流量/（m³/s）
1	运东大包围	485.6	218.8
2	太湖新城	97	82
合　计		582.6	300.8

（3）苏州市城市防洪。苏州市城市防洪工程主要包括城市中心区大包围和金阊新城包围两部分，设计防洪标准均为 200 年一遇。其中：中心区大包围面积为 84km²，外排泵站总规模为 286.5m³/s（含西塘河裴家圩枢纽），直接排入运河流量为 168m³/s；金阊新城包围面积为 13.7km²，外排泵站总规模为 39.1m³/s，其中排入运河流量为 23.5m³/s；苏州城市防洪工程外排泵站入运河流量合计为 191.5m³/s（表 8.3）。

表 8.3　　苏州城市大包围枢纽工程外排泵站（向运河排水）规模

序号	分　片	总规模/（m³/s）	直接排入运河流量/（m³/s）
1	城市中心区大包围	286.5	168
2	金阊新城包围	39.1	23.5
合　计		325.6	191.5

（4）沿线圩区。苏南运河沿线各市除建设城市大包围外，部分低洼区域通过建圩设防。据统计，运河沿线常州、无锡和苏州圩区直接排水入运河流量为 318.96m³/s（表 8.4）。

表 8.4　　运河沿线圩区排涝泵站规模统计

序号	行政区	圩区/个	圩区总面积/km	直接排入运河流量/（m³/s）
1	常州	14	60.14	65.36
2	无锡	4	250.2	39.5
3	苏州	20	428.7	214.1
合　计		24	739.04	318.96

综上所述，苏南运河沿线常州、无锡、苏州三市城市防洪工程及沿线圩区外排泵站向运河排水总规模为 1047.96m³/s。

2. 洪水下泄顺畅

2003 年以来，交通部门根据《长江三角洲高等级航道网规划》和《江苏省干线航道网规划》，组织实施了苏州、无锡、常州和镇江段航道“四改三”整治工程。航道设计标准为：底宽不小于 70m，航宽不小于 80m，口宽不小于 90m，设计水深为 3.2m。苏南运河成为长江三角洲地区规划建设的“两纵六横”高等级航道网和全省规划建设的“两纵四横”干线航道网的重要组成部分。在航道等级提高的同时，运河河道断面不断拓宽，上游汇流速度得到加快，运河洪水下泄也更加顺畅。

根据长系列资料统计分析，枫桥站历年最大流量变幅在 21～232m^3/s，其中历史最大值发生在 2015 年 6 月 17 日。历年汛期平均流量增加 2225.6%，年最大流量平均增加 916.4%，汛期月平均下泄水量由 20 世纪 70 年代中期的 49.7 万 m^{3}增加到 2010 年以来的 597.7 万 m^3，呈现显著的上升趋势。

再从水面坡降分析，以 1993 年左右航道“五改四”和 2007 年前后航道“四改三”（包括了入太湖流量严格控制因素）为时间分界，分析不同系列情况下运河主汛期平均水位差的变化[16]。运河汛期水位差变化见表 8.5。

表 8.5　　运河汛期水位差变化表　　单位：cm

运河河段	1993 年以前	1993—2016 年	2008 年以前	2008—2016 年
望亭—枫桥	10	13	11	14
枫桥—觅渡桥	9	20	14	24

从表 8.5 可以看出，在不同的时间点上、下游的水位差明显增大。这主要是枫桥江枫洲处是束窄段，在上游来水增加的情况下容易壅高水位，而运河下游由于航道完成整治，以及苏申外港线、苏申内港线的整治，洪水下泄比较顺畅。说明航道整治加重了下游地区的防洪压力。

3. *局地性暴雨频发*

2015 年 6 月 15 日入梅当天，常熟等地出现局地性强降雨天气，其中常熟站雨量达 51.5mm。

6 月 16 日，全市普降区域性大到暴雨，最大降雨点为湘城站，雨量达 182mm，其次为浏河闸站（172mm）。

6 月 17 日即出现了当年 4.48m 的最高水位。

6 月 26 日，全市普降区域性大到暴雨，最大降雨点为张家港闸站，雨量达 152mm，其次为十一圩闸站（135.2mm）。

6 月 27 日，全市普降大到暴雨，最大降雨点为浒浦闸站，雨量达 108.8mm，其次为白茆闸站（108mm）。

6 月 29 日，沿江地区出现局地暴雨天气，其中，最大降雨点为常熟站，雨量为 58mm，其次为望虞闸站（57mm）。频繁降雨延长了高水位持续时间。

2016 年 6 月 19 日入梅当天，全市普降区域性大到暴雨，最大降雨点为白茆闸站，雨量达 63.5mm，其次为湘城站（56.5mm）。

6 月 21 日，沿江地区出现局地强降雨天气，最大降雨点为十一圩闸站，雨量达 165.4mm，其次为张家港闸站（156.5mm）。

6 月 22 日，全市普降区域性大到暴雨，最大降雨点为枫桥站，雨量达 50.5mm，其次为瓜泾口站（50mm）。

6 月 27 日，全市普降区域性大到暴雨，最大降雨点为十一圩闸站，雨量达 92.4mm，其次为张家港闸站（79.5mm）。

6月28日，全市普降区域性大到暴雨，最大降雨点为太浦闸站，雨量达56.5mm，其次为瓜泾口站（51.5mm）。

7月1日，全市普降区域性大到暴雨，最大降雨点为望亭站，雨量达121.5mm，其次为湘城站（101.5mm）。

7月2日，全市普降区域性大到暴雨，最大降雨点为望亭站，雨量达102.5mm，其次为十一圩闸站（76.2mm）。当日，枫桥站出现4.82m高水位，刷新历史纪录。

4. 排水压力增加

2007年，太湖蓝藻暴发后，为保护太湖水环境，太湖湖西原来向太湖排水的口门受到了严格控制，为解决区域排涝问题，调向排入运河，加重了下游地区的排水压力。

8.1.2 航道整治回顾

中华人民共和国成立之初，谏壁至丹阳段和丹阳以东的陵口段，枯水季节已濒临断航。为迅速恢复水上运输，京杭大运河苏南段先后进行了4次整治，4次整治的河线基本未变。

1. 20世纪50—80年代

江苏省大运河工程指挥部根据中央提出“全面规划、综合利用”的指示精神，对苏南运河进行了全面规划，并对严重碍航河段实施了初期整治，实现航道基本通畅。镇江段对位于西陶庄以东及东陶庄以南、辛丰镇南北两端、泰山弯、新丰铁路桥及其南段、练湖农场魏家村以东及环绕丹阳城等地的9个大急弯进行裁切，缩短线路6.3km。

无锡段为避开老城区按照Ⅳ级航道标准开辟新运河11.24km（至20世纪90年代末全部达标完成），从黄埠墩南行，经蓉湖庄过锡惠公园门前，穿梁溪河越过纪弯里至下甸桥，与南郊老运河连接。

苏州段裁直彩云桥和枫桥急弯，新开航道800m，按Ⅴ级航道标准实施平望市河段改道工程，北自太浦河公路大桥1km处，开通太浦河入北草荡，向南经三官圩穿草荡，与原运河相接。对枫桥至苏州砂轮厂5.5km按照Ⅴ级航道进行拓浚。

2. 20世纪80—90年代

重点对运河严重卡脖子段进行整治。镇江段利用世界银行贷款对西起丹阳九曲河河口、东至吕城砖瓦厂段19.3km按照Ⅳ级航道标准进行整治；常州段对常州市区西起西涵洞，东至三号桥8.92km运河按照Ⅳ级航道进行整治，并对舣舟亭公园东段进行裁弯取直；无锡段全面完成了黄埠墩至下甸桥11.24kmⅣ级航道标准改道工程；苏州段实施市区段改线工程，以横塘镇粮库三汊河口为起点，经横塘市河1.5km处，折向东沿新郭镇北侧，过龙桥镇南侧，直插澹台湖，至宝带桥北堍与京杭运河相接，按Ⅳ级航道标准整治，全长8.8km。在吴江平望镇南取道澜溪塘，进入浙江乌镇市河，向南直趋杭州。

3. 20世纪90年代至2007年

按照国家有关部门的要求，对尚未达到Ⅳ级航标准的航段进行全面整治。同时，对镇江辛丰段河线进行裁弯；对苏州吴江三里桥段进行改线。

特别是2003年以后，根据《长江三角洲高等级航道网规划》和《江苏省干线航道网规划》，京杭大运河苏南段开展“四改三”提标改造，即航道等级从Ⅳ级提升为Ⅲ级。航道设计标准为：底宽不小于70m，航宽不小于80m，口宽不小于90m，设计水深为3.2m，设计最高通航水位采用20年一遇高水位，设计最低通航水位采用98%保证率的低水位。至2007年，镇江、常州、无锡段基本完成整治任务，苏州段于2014年完成交工验收。

8.1.3 支河水系

京杭大运河苏南段位于太湖流域平原河网区，穿越流域腹地及下游诸水系，起着水量调节和承转的作用。运河不单独形成水系，但沿途与洮滆水系、长江水系、黄浦江水系的众多河道直接交汇，既沟通太湖流域各水系，构成水量交换的河网，又是航运要道，构成四通八达的航道网。

运河镇江段北岸与沿江水系、南岸与洮滆水系连接，主要支河有九曲河、丹金溧漕河、城北分洪道、城南分洪道、越渎河、肖梁河等，其中九曲河为该段主要外排通道。运河常州段北岸与沿江水系、南岸与洮滆水系及入湖河道连接，主要支河有新孟河、新沟河（三山港）、德胜河、澡港河、扁担河、武宜运河、采菱港、武进港等，其中新孟河、新沟河（三山港）、德胜河等河道为该段主要外排通道。运河无锡段北岸与沿江水系沟通，南岸与众多入湖河道连通，主要支河有望虞河、锡澄运河、白屈港、直湖港、梁溪河、曹王泾等。其中望虞河、锡澄运河、白屈港等河道为该段主要外排通道。运河苏州段上段南岸与众多入湖河道连接、北岸与沿江水系连通，下段与黄浦江水系上游河道交汇。上段南岸入湖河道主要有浒光运河、胥江、苏东河；北岸沿江水系与运河连通的主要河道为元和塘、娄江，通过苏州环城河与运河相通，元和塘向北经常熟接常浒河入长江；东北有白茆塘、七浦塘、杨林塘分别入长江；娄江向东经昆山接浏河入长江；运河下段向南主要与黄浦江水系的吴淞江、苏申外港线、太浦河、澜溪塘、頔塘等河道相交。

因此，位于江南运河最下游的苏州市，不仅受本地降雨的影响，更受到上游降雨径流的影响。对运河洪水下泄产生影响的水工建筑物主要如下：

（1）谏壁水利枢纽，位于镇江市东郊、苏南运河长江入口处附近，由谏壁节制闸、抽水站、船闸等组成，是太湖流域分泄洪水入江、区域性灌排和引江改善水环境的重点工程之一。其中节制闸设计排水流量为600m^3/s，抽水站设计流量为160m^3/s，船闸为复线船闸。

（2）钟楼闸，位于苏南运河常州市区段改线段上，为一座单孔净宽90m的防洪闸，距老武宜运河河口上游约600m，是太湖流域湖西引排武澄锡虞西控制线上的主要防洪控制工程。其主要任务是在大洪水期启用，减轻常州、无锡、苏州三大城市和武澄锡低洼地区的防洪压力。

（3）望亭水利枢纽，位于相城区望亭镇，与京杭运河采用“上槽下洞”立交布置形式（平面上与运河呈60°斜交），上部采用钢筋混凝土矩形槽，槽宽60m，底高程为－1.7m，供运河船只通航；下部为 9 孔钢筋混凝土矩形涵洞，每孔 7.0m×6.5m（宽×高），总过水面积为 $400m^2$，设计流量为 $400m^3/s$。

望亭立交旁边的蠡河船闸在特殊情况下，可分泄部分运河洪水至望虞河，再下泄长江。

8.2 总体要求

京杭大运河南起杭州，北至北京，途经浙江、江苏、山东、河北、天津、北京，贯通海河、黄河、淮河、长江、钱塘江五大水系，2002 年被纳入南水北调东线工程，是世界上里程最长、使用至今的最古老的运河之一，与长城、坎儿井并称为中国古代的三项伟大工程，是中国古代劳动人民创造的一项伟大工程，是中国文化地位的象征之一。

2014 年 6 月 22 日，京杭大运河在第 38 届世界遗产大会上被列入世界遗产名录，成为中国第 46 个世界遗产项目。

8.2.1 大运河文化带建设

流淌千年的大运河串京津、燕赵、齐鲁、中原、淮扬、吴越文化于一脉，是一种“线性”的遗产、“活态”的文化，是一条承载着密集文化基因的大动脉。大运河既是历史的，也是当代的，更是通向未来的。运河沿线不仅拥有数不胜数的历史文化遗存、众多革命文化胜迹，而且展开了社会主义建设和改革开放辉煌成就的壮美画卷，是一条奔腾不息、流光溢彩的文明长河，“大运河是祖先留给我们的宝贵遗产，是流动的文化”这一论断，是滋养社会主义先进文化的源头活水、坚定文化自信的力量源泉。

统筹保护好、传承好、利用好大运河，是推动大运河文化带建设的根本遵循，江苏省委省政府要求在推动大运河文化带建设中走在全国前列，打造江苏文化建设高质量发展的鲜明标志和闪亮名片。大运河文化带建设是一项系统工程，涉及河道水运、遗产保护、文化传承、生态建设、经济发展等方方面面，要运用系统化思维，在保护中传承、在传承中利用、在利用中永续发展。

大运河苏州段北起望亭五七桥，南至吴江鸭子坝，纵贯两千年，横跨二百里，见证了城市的沧桑巨变，承载了璀璨丰厚的文化记忆，是千年姑苏的文化兴盛之基。大运河苏州段连同苏州整座古城，是大运河世界遗产的重要组成部分，5 条运河故道、7 个遗产点段与大运河直接关联，9 个入选世界文化遗产名录的古典园林，昆曲、古琴等 6 个世界非物质文化遗产名录项目也都与大运河有着深厚渊源，可以说，苏州就是一座“因运而兴”的城市。挖掘大运河文化遗产独特的突出价值，加快建设大运河文化带，对于推动优秀传统文化创造性转化、创新性发展，促进沿运河生态环境改善和经济社会发展，打造苏州的形象标识、提升国内外知名度和影响力具有重要意义。大运河在苏州不是线性河道的概念，而是城河共生的水网，在规划上特别要注意整体联动性，真正做到纲举目张。

8.2.2 苏州定位

运河堤防加固工程是运河文化带建设的重要内容，是运河文化带建设的重要基础。河道水运、水工设施、堤岸道路、自然生态都是运河文化的物质载体，也是大运河文化带建设的前提条件。要以建成集防洪安全、环境整治、遗产保护、健康休闲、文化旅游功能“五位一体”的生态绿廊为目标，加快推进京杭大运河苏州段堤防加固工程。

运河堤防加固工程绝不是一项单纯的水利工程，其设计要与各个专项规划相衔接、相协调；要融合先进建设理念，与沿线名胜古迹、风景区相协调。在确保沿线防洪安全的前提下，挖掘运河文化历史价值，传承运河历史遗产风貌，提升运河文化旅游要素，改善运河人居环境，努力把大运河苏州段打造成一条滨水风情人文带、旅游休闲观光带、防洪排涝安全带、海绵城市建设示范带，实现“一河尽显姑苏之美”，让人们能够走近大运河、亲近大运河，实现人与河、河与城的和谐共生，让更多的人身临其境地感受苏州的水城之美。

运河堤防加固工程包含的内容极为丰富，牵涉面很广。从纵向看，涉及相城、姑苏、高新、吴中、吴江五个区；从横向看，涉及城市规划、国土利用、园林绿化、市政设施、文化遗产等内容。要把加固堤防当作一项重要的城市基础设施来做，当作一项重要的民生工程、景观工程、文化工程、生态工程来做。在保护传承过去精华的同时，立足人民群众对美好生活的向往，创造与时代脉搏同频共振的运河盛景，让人民群众在共建共享中有更多获得感、幸福感和自豪感。

因此，运河堤防加固工程要突出文化为魂、防洪为本、综合施策，把它建设成为苏州大运河文化带建设的“苏州基石”。工程的总体定位是“1＋2＋*N*”，“1”为文化带建设，“2”为防洪达标和环境整治，“*N*”为因段施策，叠加步道、景观、休闲、健身等功能。

8.3 工程布局

京杭大运河苏州段堤防加固工程的堤线基本沿运河“四改三”后岸线布置，在布置堤防断面时遵循以下原则：

（1）现状护岸完好、堤后场地较为空旷的地段，采用在老堤防基础上继续填土筑堤；堤后紧邻城市道路、企业、码头段不具备填土筑堤段，采用在现有老挡墙上增设挡浪板。

（2）现状护岸破损严重且现场具备拆建条件的堤段，采用拆除老驳岸新建钢筋混凝土挡墙断面上覆土筑堤；堤后紧邻大中型企业段，采用灌注桩方案。

（3）现状护岸质量一般且存在安全隐患的堤段，对堤后不具备填筑堤防空间的，进行老挡墙加固处理后增设挡浪板；堤后具备填筑堤防空间的，进行老挡墙加固处理后填筑堤防。

（4）现状没有护岸的堤段，新建钢筋混凝土挡墙断面上覆土筑堤。

（5）运河沿线两岸已建成片绿化景观带、公园段，对绿化进行改造，并对局部存在安全隐患的护岸进行加固。

在满足堤防加固和环境整治两个基本任务后，按照防洪安全、环境整治、遗产保护、健康休闲、文化旅游“五位一体”的生态绿廊建设目标要求，根据大运河苏州段沿线不同区位的场地特征（历史城镇、现代城镇、乡村风貌），沿大运河两岸打造层次丰富的生态景观绿廊；充分衔接苏州城市总体规划及各行政区城市绿地规划的内容，沿线新建公园或者利用现有公园进行改造，满足防洪和环境整治的要求。并融合申遗的“古城概念”，将现有的遗产文化景点与新建的公园景点进行有机串联，形成古今交融的运河特色景观体系。在浒墅关、姑苏核心区的鹿山桥到宝带桥段、松陵城区段等城市河道两侧，设置沿运河两岸的慢行系统，在寒山桥、胥江等重点区域架设人行景观桥，通过对运河两岸交通系统的梳理与贯通，实现运河滨水区域景点间的串联，形成运河两岸 1～1.5h 的步行圈，进一步拉近运河、城市、公园与人的距离（图 8.1 和图 8.2）。同时让大运河步道和环古城步道及石湖景区产生互动，并配置体量适宜的公厕、坐凳、指示牌、商业、照明等公共设施，形成完善的健康休闲体系。

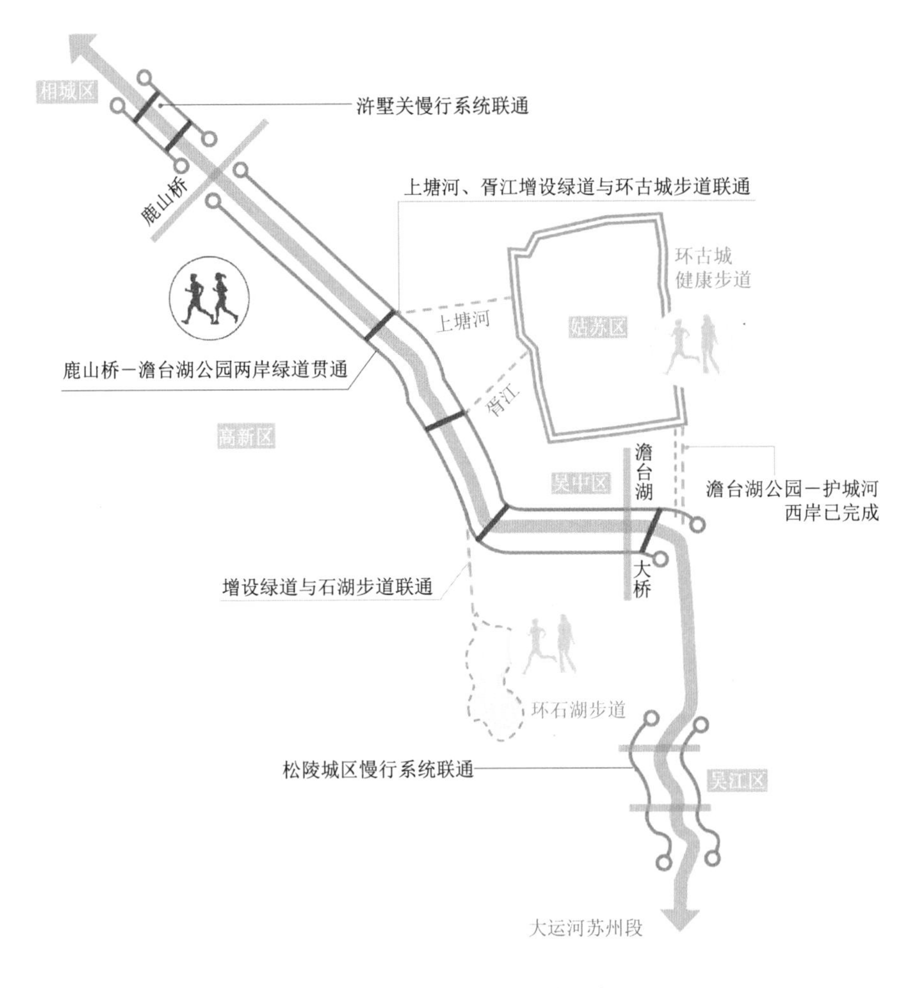

图 8.1 运河分段慢行系统示意图

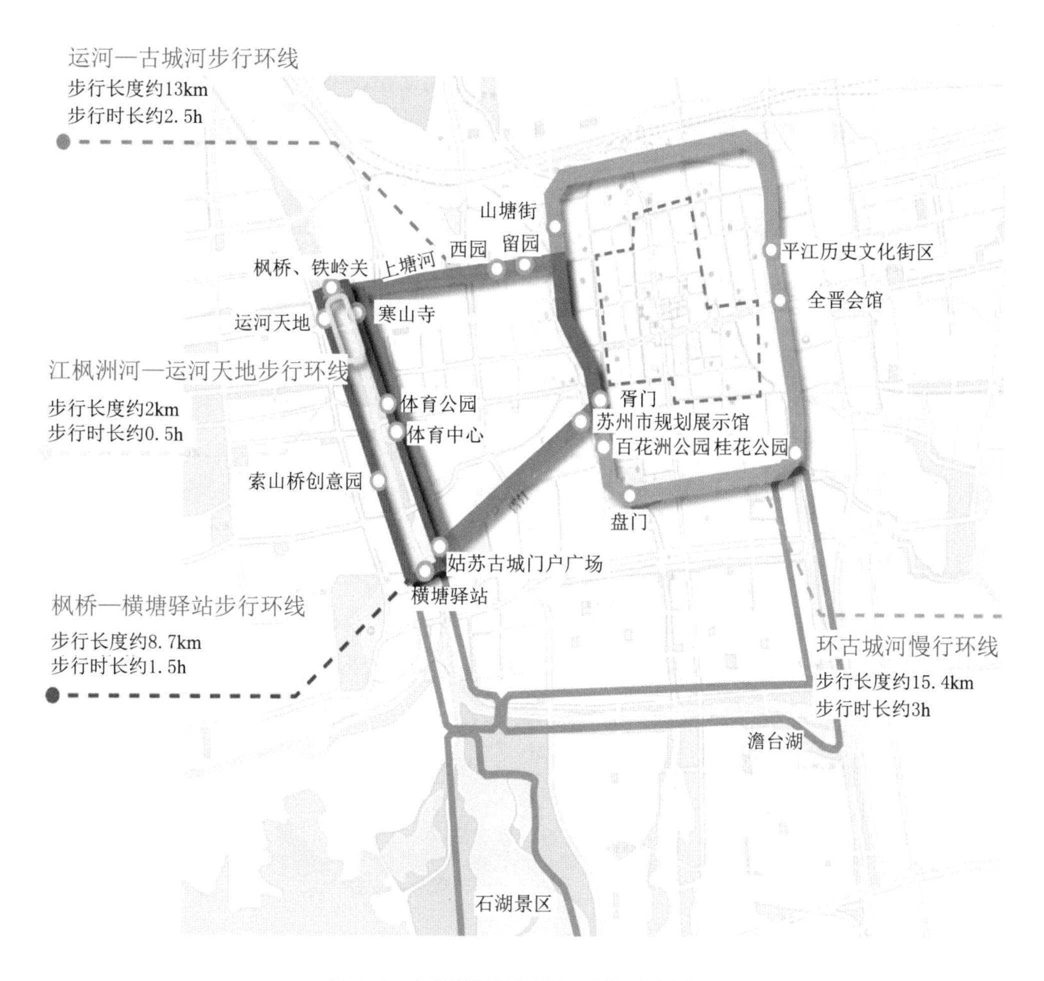

图 8.2 运河姑苏段慢行系统示意图

最终形成“一带、两心、四镇、八园、多点”的总体布局（图 8.3）。“一带”为运河文化遗产风光带；“两心”为姑苏核心（包括姑苏区、高新区、吴中区）、松陵核心（吴江城区）；“四镇”为望亭镇、浒关镇、平望镇、盛泽镇；“八园”为浒墅古风、文昌阁、枫桥夜泊、体育公园、驿亭待月、宝带串月、三里古桥、纤夫古道；“多点”为沿线因地制宜设置休闲或景观节点。

其中，新建公园有：望亭休闲公园、苏州门户、枫桥公园新天地、运河商务圈、索山桥创意园、教育公园、运河雕塑公园、狮山桥南绿地、东进路街头绿地、尹山桥街头绿地、运河商业码头及一些沿河滨水休闲绿地等。

需结合现状改建的公园有：浒关老镇、寒山寺铁岭关遗产圈、江枫洲、体育公园、运河都会走廊、粉画艺术公园、五龙桥公园、法国公园、澹台湖公园、宝带桥公园、三里桥爱情公园、吴江爱情公园、纤夫古道公园和吴淞江生态公园。

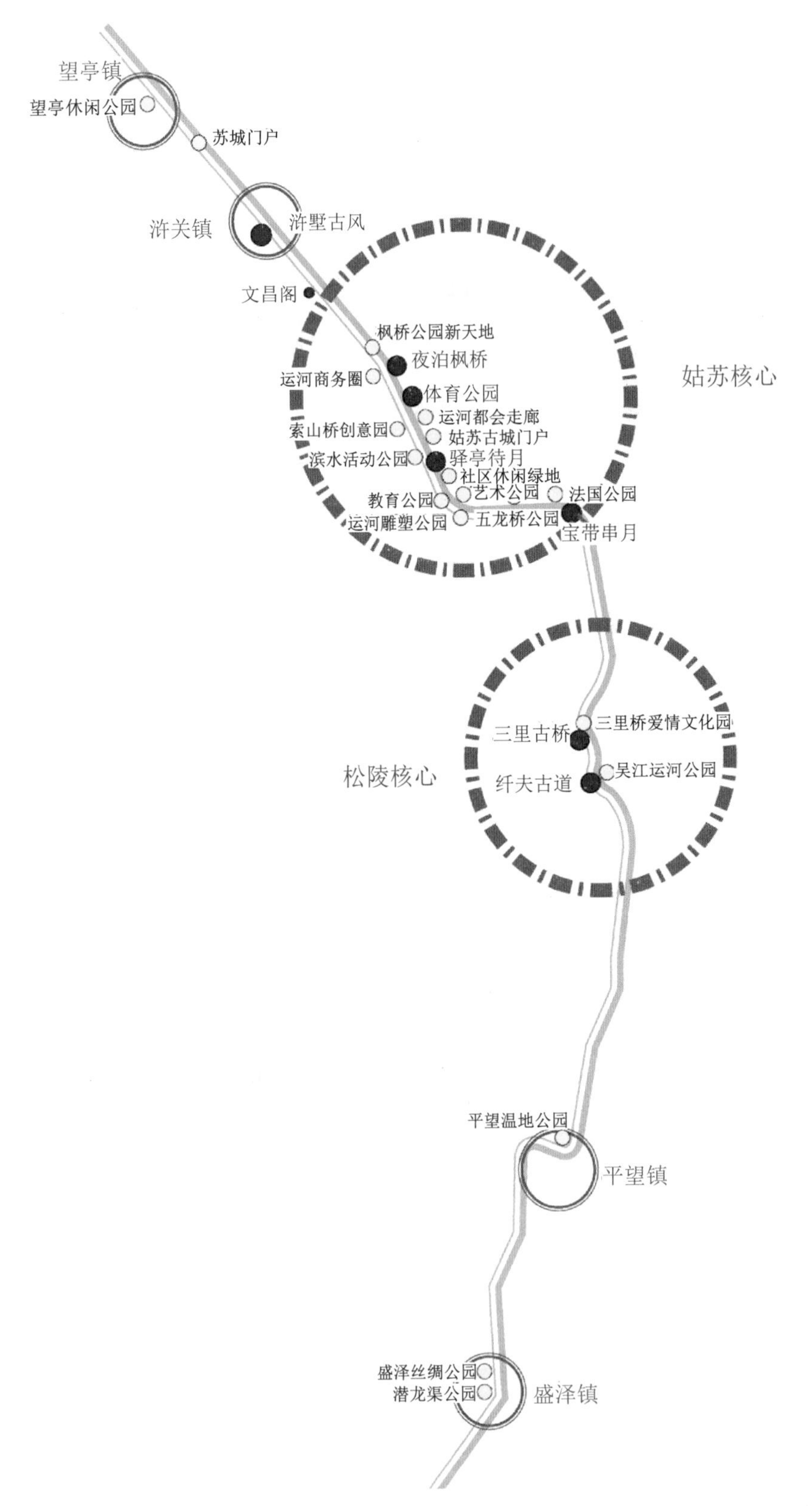

图 8.3　运河堤防加固工程总体布置图

8.4 堤防设计

8.4.1 重要节点堤防设计

1. 望亭公园

望亭镇中心新增望亭公园，将景观设计与望亭文化相结合，强调区域功能与空间个性，尊重场地环境及周边使用需求，将防洪要求融入景观设计，统一提升现状绿地，通过流畅的线性组织，打造一处融合文化展示兼具市民休闲娱乐于一体的滨河绿地。设计定位为古驿新韵、人文走廊，将交通道路结合防洪圈设计，满足防洪高程，并通过景观手法处理高差变化，将防洪要求与景观设计有机结合，注重空间转换、视线感受，塑造具有地域特色、运河文化的防汛工程，主要展示望亭的码头文化、驿站文化和古镇文化。望亭公园段堤防效果图见图 8.4。

图 8.4　望亭公园段堤防效果图

2. 浒墅关镇

浒墅关镇地处苏州古城西北侧，始建于秦，繁盛于明清，历史悠久，物质文化遗产丰富。近年，随着城铁新城、中环快速路和轨道交通的建设，浒墅关镇的区域地位迅速提升，根据高新区编制的城镇规划，将浒墅关镇打造成江南运河名镇。堤防设计采用台阶式驳岸形式，改造大运河沿岸的景观，在满足防洪标准的同时，对堤岸进行美化处理，将驳岸与商业广场有机结合，强调原有的运河生活方式，在将来浒墅关老镇进行复原时，可以基本保持江南水乡民居原貌。浒墅关镇区段堤防设计效果图见图 8.5。

图 8.5　浒墅关镇区段堤防设计效果图

3. 苏城门户

长浒大桥位于新区与姑苏区的交界，桥梁全长407m，其中主桥跨径为（104＋75）m，主塔梁高70m。此处为水陆交通要道，周边现状主要为多层工业建筑，大桥为斜拉桥，桥梁结构简洁现代，以彰显力度为主，提取一些与姑苏文化有关的元素对桥体进行适当装饰，同时考虑场地现有的环境，以略带姑苏文化的新中式风格。通过具有较高能见度的精神堡垒，将古老江南的符号与现代文明相结合，怀旧与创新共存，展现苏州的城市魅力。

大桥两侧的景观也是提取自姑苏元素，使其更好地融合在周边环境中，增强姑苏区界的地标形象，体现姑苏风格，形成苏城门户节点。苏城门户设计效果图见图8.6。

图8.6　苏城门户设计效果图

4. 枫桥节点

枫桥节点位于枫桥景区北侧，南北长830m，东西宽45m，设计时充分考虑与枫桥景区的联系与区别，延伸景区内涵，拓展景区功能，在文化主题上与之呼应，功能上互补，完善枫桥景区游览功能，设计主题定位为历史文明与艺术风雅，设计时彰显中式元素、苏州特色。枫桥节点段堤防布置及其功能分区见图8.7和图8.8。

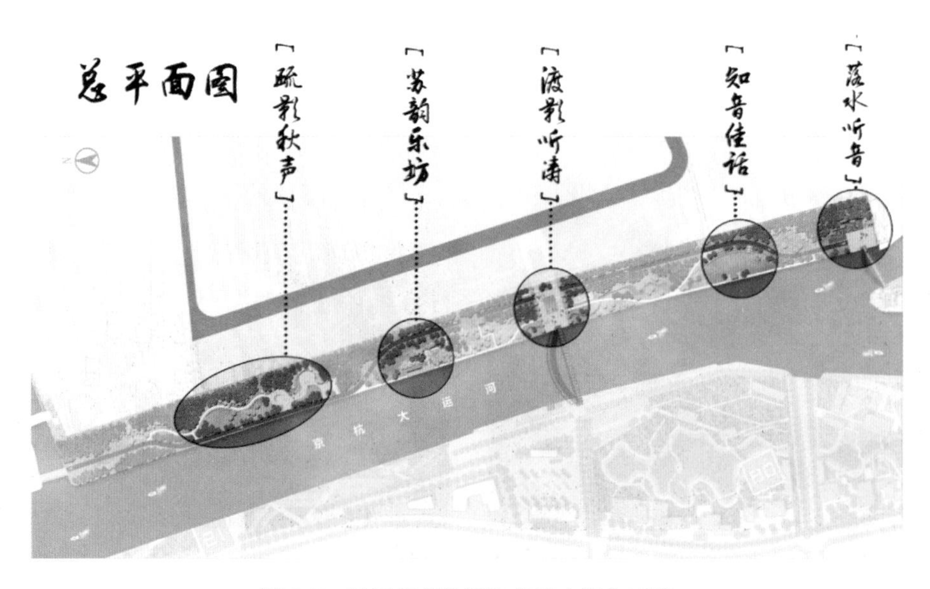

图8.7　枫桥节点段堤防布置功能分区图

(a) 布置图一

(b) 布置图二

(c) 布置图三

(d) 布置图四

(e) 布置图五

图 8.8 枫桥节点段堤防布置图

5. 枫桥景区提升改造

枫桥景区从 1986 年开始规划建设，经过多年的发展建设，现已成为旅游环境优美、人文景观丰富、具有江南水乡古镇风貌的省级风景名胜区，游览的主要内容以寒山古寺、江枫古桥、铁铃古关、枫桥古镇和古运河“五古”为主。

这次提升改造依托古刹、古桥、古关、古镇、古运河“五古”特色，涉及建筑、绿化、景观等内容，并将诗歌文化、漕运文化渗透其中，使其成为大运河沿线的历史文化亮点。结合运河堤防建设，实现除寒山寺本体外整体免费开放，真正做到还绿于民、让利于民。改造要点是在惊虹渡、水马驿、古纤道、南码头和健身步道休憩平台等节点处增设表现漕运文化的雕塑、地雕、浮雕等景观小品。枫桥景区提升改造位置见图8.9。

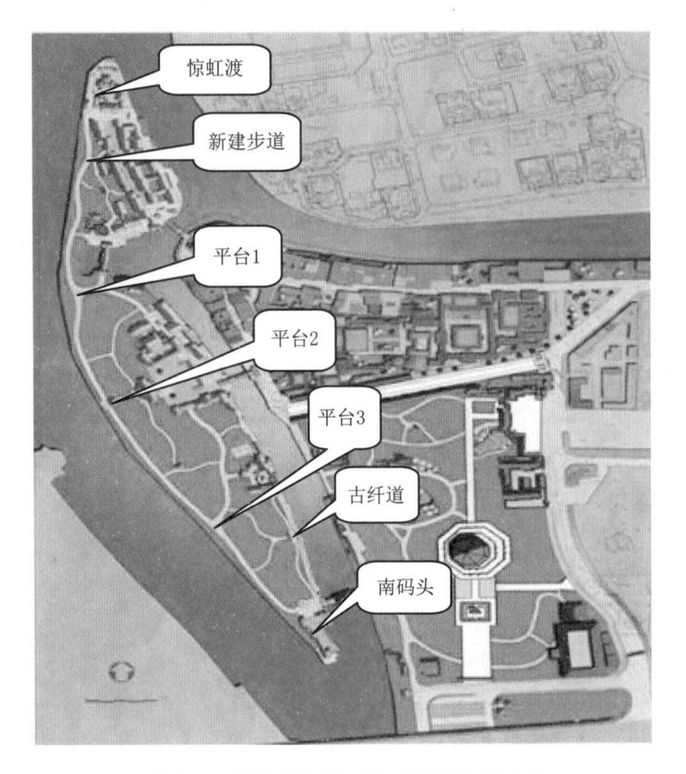

图8.9　枫桥景区提升改造位置示意图

6. *石湖节点*

石湖节点的设计融入海绵城市建设设计理念，将节点设计成湿地公园。阶梯式湿地公园分三级蓄水：一级蓄水池面积为$648m^2$，有效蓄水深度为0.5m，有效容积为$324m^3$；二级蓄水池面积为$875m^2$，有效蓄水深度为0.5m，有效容积为$437m^3$；三级蓄水池面积为$1650m^2$，有效蓄水深度为0.5m，有效容积为$825m^3$。总蓄水容积为$1586m^3$，达到削减年径流量75%的控制要求。石湖节点堤防设计效果图见图8.10。

图8.10　石湖节点堤防设计效果图

7. 桥下空间

运河沿线桥梁较多，是行人或游客的必经之地，桥下空间的处理也是重要的节点之一。根据桥型结构及周边环境的不同，对寒山桥、何山桥、狮山桥、索山桥、晋源桥、石湖大桥等桥下空间设计了几种方案供选择。桥下空间设计方案见图 8.11。

（a）方案一

（b）方案二

（c）方案三

（d）方案四

（e）方案五

图 8.11 桥下空间设计方案

8.4.2 典型地段堤防设计

1. 老挡墙加固地段

老挡墙加固地段有两种情况：一是因没有施工场地，只能采取加固办法；二是挡墙质量尚可，没有必要拆除重建。老挡墙加固地段堤防设计效果图见图 8.12。

2. 挡浪板地段

挡浪板地段一般均受用地条件的限制，只能在原有挡墙上增做挡浪板，以满足防洪高程要求。设计时特别需要注意与所处地段的环境协调，在苏州城区段主要采用了两种办法：一是材料上与周边环境协调；二是添加一定的文化元素。挡浪板地段堤防设计效果图见图 8.13。

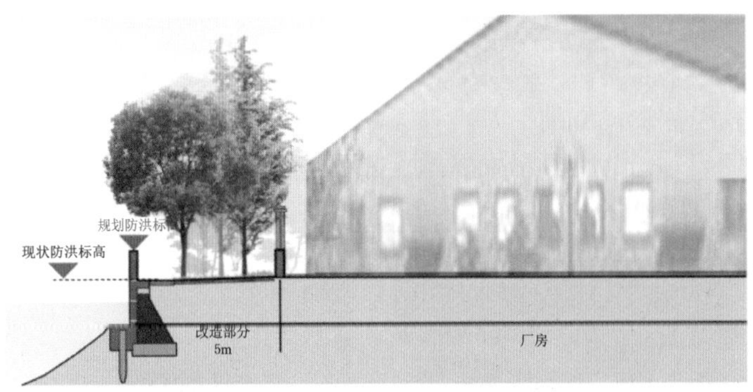

对于工厂离运河过近腹地较小的位置，对老挡墙进行加固，其后种植一到两排植物进行环境综合整治。

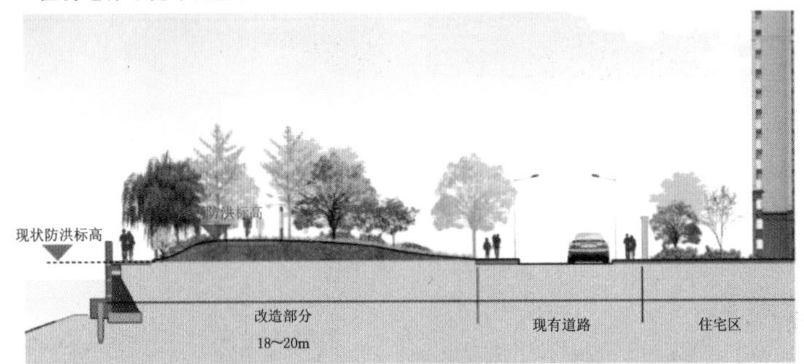

靠近居住区，腹地较大处，在老挡墙加固的基础上，采用“隐形驳岸”的形式，将景观绿化与防洪驳岸相结合，其中穿插慢行系统，满足周边居民休闲健身需求的同时，进行环境综合整治。

8.12　老挡墙加固地段堤防设计效果图

图 8.13　挡浪板地段堤防设计效果图

3. 填土筑堤段

填土筑堤段主要取决于堤后用地条件，主要有如图 8.14 所示的形式。

4. 直接临河段

有空间的地段可以因地制宜打造成一个休闲广场，给游客提供一个临时歇脚场所。应注意的是游客的安全。临河地段堤防设计效果图见图 8.15。

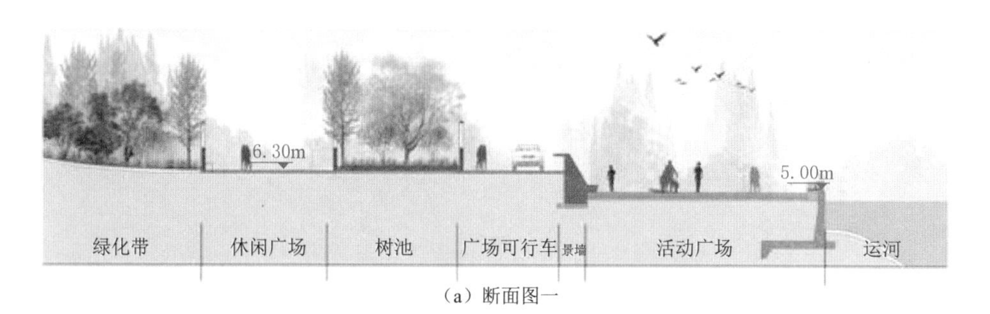

（a）断面图一

（b）断面图二

图 8.14　填土筑堤段堤防断面图

（a）设计效果图一

（b）设计效果图二

（c）设计效果图三

（d）设计效果图四

图 8.15　临河地段堤防设计效果图

5. 乡村田园段

乡村田园段在满足堤防设计要求后，以种植绿化为主，营造生态绿色岸线。乡村田园堤防设计效果图见图8.16。

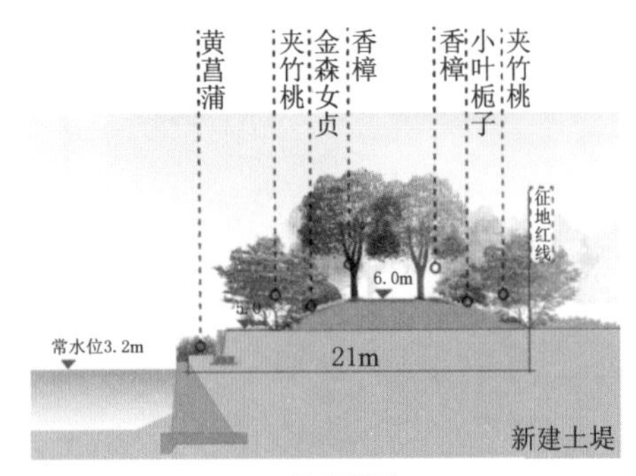

（a）堤防断面一

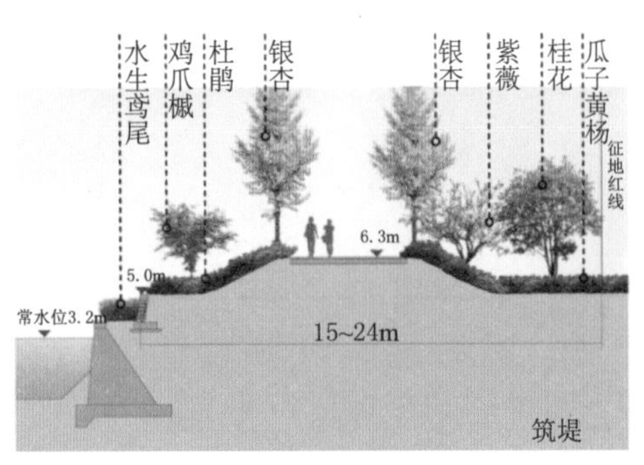

（b）堤防断面二

（c）全景图

图8.16　乡村田园段堤防设计效果图

8.5　海绵城市建设

海绵城市是新一代城市雨洪管理概念。在统筹发挥自然生态功能和人工干预功能的情况下，有效控制雨水径流，实现自然积存、自然渗透、自然净化的城市发展方式，有利于修复城市水生态、涵养水资源，增强城市防涝能力，促进人与自然和谐发展。京杭大运河堤防加固工程不仅是一项防洪工程，更是一项环境整治工程、景观工程、生态工程和文化遗产保护工程，在设计过程中统筹兼顾各项功能需求，充分体现创新、绿色、生态发展理念，严格落实苏州市海绵城市建设的有关要求。

8.5.1 控制指标

1. 专项规划指标

《苏州市海绵城市专项规划（2015—2020年）》明确苏州市海绵城市规划指标分为四大类，共14个指标。具体如下：

（1）水生态：年径流总量控制率大于70%；生态岸边线比例大于80%（新建、改建河道）；城市热岛效应该缓解。

（2）水安全：水面率大于11.5%；内涝防治标准为30～50年一遇；防洪标准为100～200年一遇；水源水质达标率为100%。

（3）水环境：水功能区达标率大于85%；初期雨水径流控制率大于45%（以SS计）；黑臭水体治理达标率为100%。

（4）水资源：万元GDP用水量小于60m³；雨水资源替代自来水比例大于2%；污水再生利用率为20%；管网漏损控制率小于8%。

2. 本项目拟定指标

根据项目特点，选用年径流总量控制率大于70%和初期雨水径流控制率大于45%（以SS计）为本项目海绵城市建设控制指标。

8.5.2 主要措施

（1）在步道两侧绿化带设置植草沟，可以作为具有缓冲、拦截、吸附等功能的陆域缓冲带，拦截初期雨水径流（图8.17和图8.18）。雨水经过两侧绿地净化后，一侧溢流至运河，另一侧溢流至附近的市政雨水管渠系统。

图8.17 步道两侧绿化带拦截雨水

（2）在航道部门已建的一、二级驳岸之间，以及有场地条件的地带设置下凹式绿地，滞蓄、净化雨水径流（图8.19）。

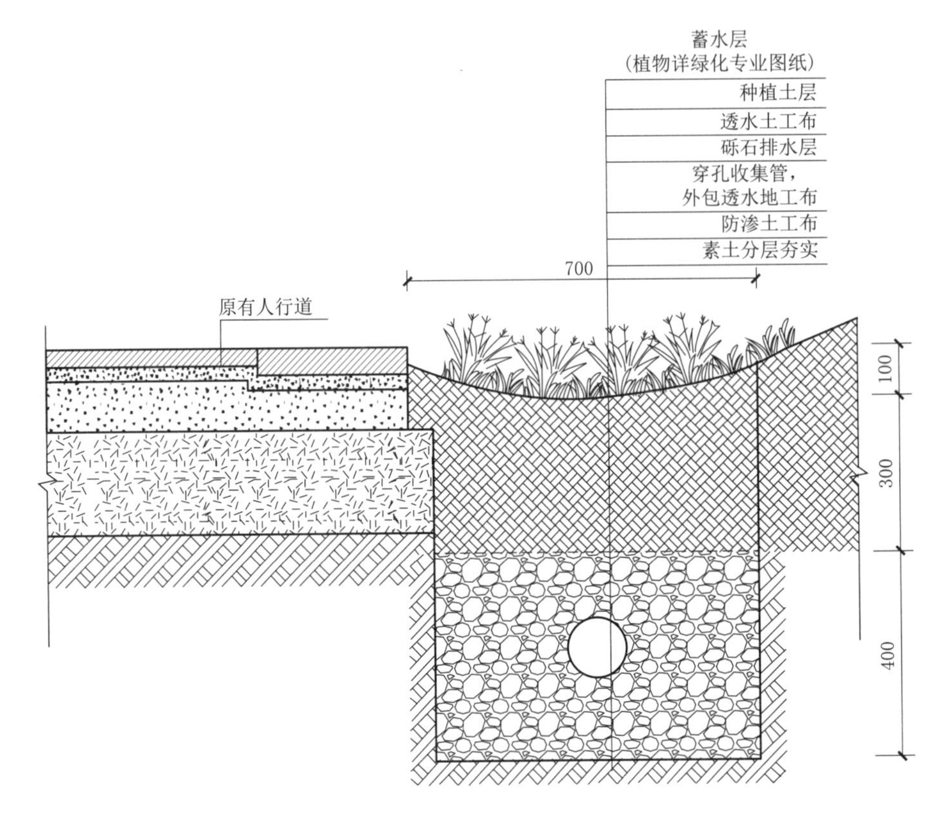

图 8.18　植草沟剖面示意图

(a) 示意图一

(b) 示意图二

图 8.19　下凹式绿地示意图

(3) 根据场地特点，因地制宜设置湿地（如图 8.10 的石湖湿地）或雨水花园，储蓄、净化初期雨水，当湿地蓄水量较大时可用于绿化浇灌。雨水花园及其剖面示意图见图 8.20 和图 8.21。

(4) 沿线慢行系统路面全部建成透水路面结构。透水铺装按照面层材料不同可分为透水砖铺装、透水水泥混凝土铺装和透水沥青混凝土铺装，主要根据所处地段的环境选用。

图 8.20　雨水花园示意图

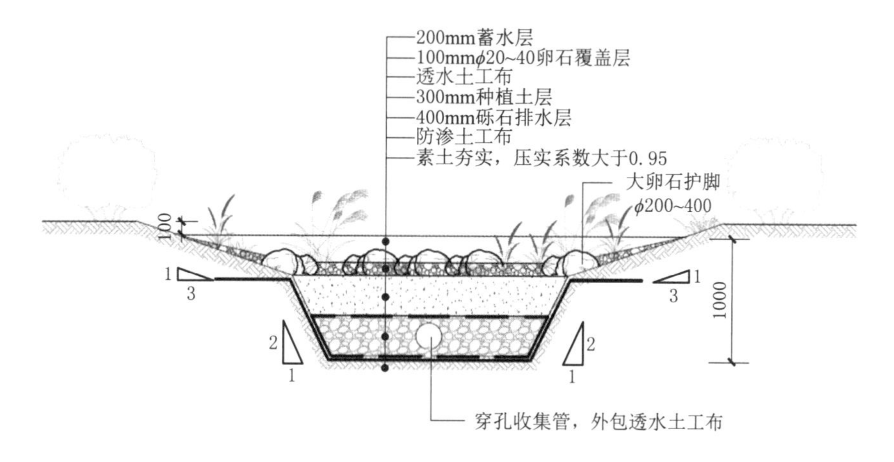

图 8.21　雨水花园剖面示意图

8.5.3　透水路面

应用于透水路面建设的材料较多，这里介绍在本项目中应用较多的两种新材料，即钢渣透水路面和帕米孔生态路面。

1. 钢渣透水路面

钢渣透水混凝土整铺时，要防止钢渣沉淀，使混凝土拌和物成分相互分离，造成内部组成和结构不均匀，影响混凝土质量。因此，搅拌时采用强制式搅拌，使拌和物和易性好、均匀，计量时骨料误差应小于 2%，粉料及水误差小于 1%。钢渣整铺透水路面见图 8.22。

做成钢渣透水砖时，质量应符合《透水路面砖和透水路面板》（GB/T 25993—2010）及《透水混凝土路面技术规程》（CJJ 134—2009），满足 Cc50 质量要求，透水率大于等于

2.0×10^{-2}cm/s，平均强度大于等于 50MPa，单块强度值大于等于 40MPa。钢渣透水砖路面见图 8.23。

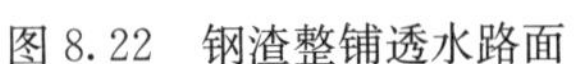
图 8.22　钢渣整铺透水路面

图 8.23　钢渣透水砖路面

钢渣集料的选择非常重要，一定要选择经过无害化、稳定化处理，集料采用电炉渣，经滚筒处理，二次加工处理（破碎、磁选、烘干、筛分）而制成的稳定性合格的钢渣集料。透水混凝土基层集料粒径为 5～15mm，透水混凝土面层集料粒径为 3～5mm。禁止选用原渣。原渣与钢渣集料的区别可从四个方面判别：①原渣颗粒不均匀、单粒级集料筛分含量小于 85%，粒径偏粗，大于 15mm；②原渣磁吸铁超标，肉眼可见单质铁块；③原渣含粉量大、脆性；④原渣无法确认是否含有 f-CaO（游离氧化钙）成分、安定性无法确认。

使用原渣浇筑的混凝土路面含有 Fe、S 等化学成分，透水后污染土壤、水源；路面实体强度不足，抵抗温缩变化及空气碳化能力不足，路面易发生裂缝、掉粒、空鼓等病害，寿命不足，影响使用。钢渣集料、钢渣透水混凝土及钢渣透水砖的具体要求详见表 8.6～表 8.13。

表 8.6　　钢渣集料的化学成分及安定性要求

项　目	技术要求	参照标准
MgO/%（质量分数）	＜13.0	YB/T 140
SO_3/%（质量分数）	≤3.0	YB/T 140
MFe/%（质量分数）	＜1.0	YB/T 140
安 定 性	f-CaO≤5.0% 安定性合格	YB/T 140

注　MFe 指磁性铁。

表 8.7　钢渣集料无害性及放射性要求

项　　目		技术要求	参照标准
无害性	六价铬	≤0.20%	GB/T 5085.3
	铅含量	≤0.1%	HJ 484
	汞含量	≤0.02%	GB/T 15555.4
放射性		≤1.0	GB 6566

表 8.8　钢渣集料物理性能及筛分要求

项　　目	技术要求	参照标准
表观密度/(kg/m^3)	≥3.1×10^3	JGJ 52
坚固性/%	≤12	JGJ 52
各单粒级集料筛分含量/%(质量分数)	≥85	JGJ 52

表 8.9　钢渣透水混凝土强度及透水率要求

项　　目	技术指标	参照标准
抗压强度	≥C30	GB/T 50081
抗折强度	≥4.0MPa	
透水系数	≥3.0×10^{-2}cm/s	GB/T 25993

表 8.10　钢渣透水混凝土物理性能及耐久性要求

项　　目	技术指标	参照标准
耐磨性	磨坑长度≤35mm	GB/T 25993
抗冻性(夏热冬冷地区冻融循环 25 次)	强度损失率≤20% 质量损失率≤5%	
防滑性	BPN≥60	
稳定性	恒温水浴强度保留率≥80%	

表 8.11　钢渣透水砖外观质量及尺寸偏差

项　　目	一等品	参照标准
正面黏皮及缺损的最大投影尺寸	≤5mm	GB/T 25993
缺棱掉角的最大投影尺寸	≤5mm	
正面裂纹	不允许	
色差、杂色	不明显	
长度、宽度	±2.0	
厚度	±2.0	
厚度差	≤2.0	
平整度	≤2.0	
垂直度	≤2.0	

表 8.12　钢渣透水砖力学性能及透水率要求

抗压强度等级		技术指标	参照标准
Cc50	平均值	≥50Mpa	JC/T 446
	单块最小值	≥40Mpa	
抗折、抗拉强度等级		≥4.0Mpa	GB/T 25993
透水系数（透水砖）（15℃）		$\geq 2.0\times10^{-2}$cm/s	GB/T 25993

注　长厚比≤4，(检测劈裂抗拉强度)；长厚比大于 4（检测抗折强度）。

表 8.13　钢渣透水砖物理性能及耐久性要求

项　　目	技术指标	参照标准
耐磨性	磨坑长度≤35mm	GB/T 25993
抗冻性（夏热冬冷地区冻融循环 25 次）	强度损失率≤20% 质量损失率≤5%	
防滑性	BPN≥60	
稳定性	恒温水浴强度保留率≥80%	

2. 帕米孔生态路面

日本在 20 世纪 90 年代开发了高黏度改性沥青，拥有 20%左右的孔隙度，可以保证 7 年以上的排水效果，成为高速公路、一般道路的首选铺装。因为能减少雨天的交通事故并且降低噪声等，日本从 2001 年开始，在高速公路、一般公路的所有新建道路中全部使用了高黏度改性沥青排水铺设。

帕米孔透水混凝土是将水泥、特殊添加剂、骨料、水，用特殊配比混合而成，比其他地面铺装材料更优良、生态、环保，是一种直接在现场铺设的透水混凝土。帕米孔透水混凝土既有透水性、保水性、通气性，又有充分的强度。水能够很快渗透帕米孔透水混凝土铺装。帕米孔透水混凝土素色路面见图 8.24。

帕米孔透水混凝土是把真正的自然石作为骨料，使用特殊工艺把表面的泥浆洗去，露出自然石的铺装。最适合还原自然石的本身风格、美丽景观的设计制作，可以在透水性的基础上，追加自然设计元素（图 8.25）。

帕米孔透水混凝土空隙率在 20%～25%，因使用石子种类不同，透水系数可以在 0.01～0.1cm/s 以上，拉伸强度为 1.2N/mm^2（12kgf/cm^2）（28d 龄期），弯曲强度为 2.5N/mm^2（25kgf/cm^2）（28d 龄期）。

帕米孔透水混凝土铺装厚度的设计，主要根据荷载和降雨强度、路基排水系数确定。在人行道、自行车道、园林路、广场等情况下，帕米孔透水混凝土厚度在 100～150mm，底层为厚 250mm 的 0～40 级配碎石垫层，其降雨渗透量可达 24mm。

8.6　设计要点

京杭大运河堤防加固工程是一项传统的水利工程项目，就技术而言并无特殊之处。但是，大运河已列入世界文化遗产名录，是流动的文化。同时，大运河位于苏州城市中心，

图 8.24 帕米孔透水混凝土素色路面

图 8.25 帕米孔透水混凝土彩色路面

贯穿城市南北。如果按照传统的水利工程做法，很难达到把大运河“统筹保护好、传承好、利用好”的要求。因此，项目在设计过程中有了全新的理念，主要有以下几点：

（1）防洪堤防融为构成日常风景的要素。传统的防洪堤防是按防洪功能的要求而设计的，必须要有足够的强度和剖面尺寸，往往存在着长、大、单调的感觉，在日常风光鉴赏时，会产生不协调感。这不能因此而认为防洪功能和景观是对立的，只能说明在建设防洪设施时没有很好地考虑景观效果。当然，如果为了景观而降低堤防高度、损害防洪功能，这种设计思想是不正确的，或者说是完全错误。

从景观角度看堤防时，要处理好堤内与堤外的整体关系，控制其压迫感，处理成容易接近的结构，进而使堤内与堤外形成和谐关系。那么，尽可能使用缓坡甚至大平台以及植树，不失为有效的手法。要预留足够的眺望空间，在适合眺望的地带，可使堤防向堤内凸起，有条件时设置休憩场所，会增加场所的吸引力。灵活运用堤防上的坡道和台阶，向周边建筑延伸可使呆板的景观有所变化；植被和植树会使单调的景观产生变化。

（2）防汛通道演变为提供健身休闲的慢行道路。防汛通道是为应急抢险或者日常巡查管理设置的专用道路，以往只供管理人员使用，不对外开放。其实，城市中河道旁边的滨水空间是非常宝贵的资源，早期的城市起源多在接近河边的地方选址，容易取得用水，雨水和下水也容易排放，随着城市国土空间的高度开发利用，使城市的自然环境和开放空间不断减少，反过来又重新重视滨水空间的价值，河道周围有限的土地已成为人们休闲、娱乐、健身的理想场所。把这些宝贵的滨水空间还之于民，显得非常重要。在这次设计中，把防汛通道设计为宽 2m 的步道和宽 3m 的自行车道，使人们沿着河道散步的过程中，意识到河流的存在，从而从城市生活中回归到河边的大自然中，充分体现了开放、共享的理念，体现了以人民为中心的服务宗旨。

通过慢行系统串起了沿河众多的公园、绿地、景点，在休闲健身的同时，享受自然风光和人文景观，满足人们对美好生活的向往。

（3）植物绿化和河道水体成为统一的整体。“水”和“绿”是城市中象征自然的要素，同河道成为统一体的绿色植物是重要的景物，应季的花和不同形状的树叶在水面中的影子以及水边飞舞的鸟类、昆虫的形态都是河道风光的组成部分。河水和绿化统一考虑，能发挥两者的互补效应。

在堤防两侧地带成排植树，丰富了河边景观，既保证了堤内外视觉联系，营造植物繁盛空间，又加强了河道空间的独立性。在有条件的地段，拓宽堤防用地，把堤防和堤内（或堤外）改造成一体，形成宽宽的绿化带，营造出更加自然的氛围。在有矮墙（挡浪板）地段，用乔木、灌木、藤蔓植物进行墙面绿化，视觉上改变了混凝土矮墙毫无生气的印象。在航道部门实施的一、二级挡墙之间，种植水生植物，直接把地上绿化延伸到了水中，形成“水”“绿”一体。

（4）防洪堤防工程引入海绵城市设施。海绵城市低影响设施是生态文明建设的重要内容，是实现城镇化和环境资源协调发展的重要体现。在以往的水利工程建设中，由于考虑堤防压实、防渗等要求，没有采用海绵城市低影响设施。遵循“生态优先、自然调蓄、问题导向、因地制宜、科学规划、有序实施”的原则，按照《苏州市海绵城市规划建设管理办法》的有关规定，在运河堤防加固工程中，设计了植草沟、雨水花园、下凹式绿地、湿地公园、透水路面等低影响设施，是水利工程中进行海绵城市建设的一次有益尝试。

第 9 章　未来治理设想

水在苏州是个永恒的话题，治水工作还将坚持不懈地进行下去。几十年来，苏州的治水工作是一个艰辛而复杂的过程，也是一个不断完善、不断补短板的过程。虽然在这过程中积累了一些经验，但也不能否认存在着一些不足，甚至是失误。

当今的中国已进入推进国家治理体系和治理能力现代化的高质量发展阶段，中国的水利也站在新的历史拐点上。在苏州的具体治水实践中，如何自觉践行“绿水青山就是金山银山”的理念，形成具有苏州特色的现代化水治理体系和治理能力将是一个重要的课题。

9.1　新时代新理念

1987 年，世界环境与发展委员会（WCED）发表了题为《我们共同的未来》的报告，正式使用了可持续发展概念，即可持续发展是既能满足当代人的需要，又不对后代人满足其需要的能力构成危害的发展。这一定义产生了广泛的影响，标志着可持续发展理论的产生。

中国坚定不移地实施可持续发展战略。1992 年，率先推出《中国 21 世纪议程——中国 21 世纪人口、环境与发展白皮书》，1996 年，第八届全国人民代表大会第四次会议将可持续发展正式确立为国家战略。

2012 年，党的十八大报告提出了经济建设、政治建设、文化建设、社会建设、生态文明建设“五位一体”的总体布局，特别强调要把生态文明建设融入其他建设之中。党的十九大报告再次强调，人与自然是生命共同体，人类必须尊重自然、顺应自然、保护自然。人类只有遵循自然规律才能有效防止在开发利用自然上走弯路，人类对大自然的伤害最终会伤及人类自身，这是无法抗拒的规律。

党的十九届四中全会指出，生态文明建设必须践行“绿水青山就是金山银山”的理念，就是要坚持在发展中保护、在保护中发展，这是适应我国社会主要矛盾变化的客观需要，是推动经济高质量发展的客观需要。水是生态之基，在未来的治理、发展中必须坚持贯彻三个理念。

1. 人水和谐共生理念

自然界的运动和发展是遵循一定规律的，这种规律推动着自然界不断地优化和升级。生态系统的形成是自然界的进化物，也是人类文明出现和发展的前提条件，生态系统的结构状态和运动状况决定人类文明的生死存亡。因此，人类的生产活动要同时兼顾生态系统的各个要素，实现人类的整体利益和生态系统发展的协调统一。但是不可否认，过度开发资源、利用资源，不注重保护地球的生态环境，导致地球环境日益恶化，人类的生存环境日渐恶劣，迫使人们重新开始审视和修正人与自然的关系。

水是文明之源、生态之要。治水是生态文明建设的重要组成部分，在水旱灾害防御水平已经达到较安全水平的情况下，要改变对治水的传统理解和认识，不能再把治水单纯局限于“兴水利，除水害”，要把“从改变自然征服自然转向调整人的行为和纠正人的错误行为”等生态文明思想贯穿到治水全过程。在观念上，要牢固树立人与水和谐相处的思想；在思路上，要从单纯的就水论水、就水治水向追求人与水健康发展相结合转变；在行为上，要正确处理水资源保护与开发之间的关系。“头痛医头、脚痛医脚”，解决了眼前的问题，却可能埋下更长远的祸根，更不要试图征服“老天爷”。

2. 山水林田湖草是生命共同体理念

山水林田湖草是一个生命共同体。人的命脉在田，田的命脉在水，水的命脉在山，山的命脉在土，土的命脉在林和草，这个生命共同体是人类生存发展的物质基础。生态是统一的自然系统，是相互依存、紧密联系的有机链条。

无论是水资源的过度开发、无序利用、低效利用，还是江河湖泊的过度围垦，以及水污染物的肆意排放造成的水质超标和水体黑臭等，都是人类对大自然的伤害，是人类不尊重自然规律、甚至是违背自然规律的行为，是人的错误行为所导致的恶果。山水林田湖草生命共同体具有整体性、系统性和功能性特征，生态保护和修复工程涉及左右岸、上下游，是一个非常复杂的系统，要当作一个整体、一个系统来谋划布局，治理理念与思路、方案与技术路线不能违背自然规律，最大限度地采用接近自然的方法和生态化技术，按照山水林田湖草生命共同体的逻辑和思维，创新理念，系统治理。

3. 以人民为中心理念

社会主要矛盾的变化决定了治水主要矛盾的变化。治水主要矛盾从人民群众对除水害兴水利的需求与水利工程能力不足的矛盾，转变为人民群众对水资源水生态水环境的需求与水利行业治理、监管能力不足的矛盾。这就要求工作的重心从以往的防洪、饮水、灌溉转变为营造优质水资源、健康水生态、宜居水环境。

发展总是动态的，平衡才是相对的。不同的阶段、不同的地区，不平衡不充分的现象永远会存在。如何按照高质量发展要求，创新发展理念，找出不同的“短板”，拓宽发展范围，转变服务方式，满足人民对美好生活的向往和追求，这是传统治水思路的革命性转变。

9.2　区域一体化思维

正在编制的《国土空间规划》（2035年版），以国际化大都市的定位来谋划未来，在人口承载力、城市能级、产业层次、基础设施水平等方面打造国际化水准，擘画独具魅力的国际化大都市的美好蓝图。这是对其他专项规划包括各类水利专项规划的总体要求。

水利专项规划要在《国土空间规划》（2035年版）的总体框架和定位下，根据流域、区域相关规划确定的工程格局，打破行政区划割裂，按照“一体化”“大都市”理念，找出差距，补齐短板，形成独具特色、符合总规要求的专项规划。

9.2.1 完善河网格局

苏州河道众多，湖泊星罗棋布，2万多条河道、300多个湖泊交织在一起，不仅是防洪排涝的载体，也是生态环境、自然景观、文化特色的载体。但是，存在着有目无纲或纲目不明的情况，尤其是淀泖区更为明显。有些地方从局部需要考虑，随意扩大河道规模，扰乱水系引排。要按照苏州国际化大都市的定位，在区域层面统筹安排骨干、主次河道，合理布置，完善水系。

按照苏州水系特点划分的水利分区，以及《太湖流域防洪规划》《太湖流域综合规划》等上位规划的规定，望虞河、太浦河、吴淞江是太湖洪水的三条泄洪通道，横穿市域而过。相应地把市域划分为望虞河以西、望虞河与吴淞江之间、吴淞江与太浦河之间、太浦河以南四个区域。望虞河以西地区，以沙洲自排为主；太浦河以南与杭嘉湖地区联在一起，洪水下泄靠杭嘉湖南排工程为主，重点需要研究的是望虞河与太浦河之间的区域。

（1）长江与太湖之间，在洪水承泄、水资源利用等方面，实现相互配合、相互利用、相互补充。

长江口是中等强度的感潮河口，口门较宽，进潮量很大，一个全潮潮量可达60亿m^3，潮流性质属非正规半日潮，拦门沙以内的潮流由于受径流的影响和河床的约束，形成往复流。

根据以往水文测验成果：平均每潮涨潮总量为8.32亿m^3，平均每潮落潮总量为28.97亿m^3，平均落潮流量为77400m^3/s；最大潮差为4.16m；平均涨潮历时4h14min，平均落潮历时8h13min；平均涨潮流速为0.55m/s，平均落潮流速为0.98m/s。

长江是全市洪涝水的承泄区，也是引水、取水的水源。巨大的涨落潮差是引排水的天然动力。

太湖，古称震泽，亦称笠泽，湖面长约68km，平均湖宽约35.7km，总面积为2338km^2，总容蓄量约为90亿m^3，是我国五大淡水湖之一。太湖来水分南、西两路，南路为浙北天目山区的苕溪水系，西路为湖西宜溧山区的南溪水系。南路天目山苕溪水系包括东苕溪和西苕溪两脉，集水面积约为6000km^2，主流由小梅口、大钱口等注入太湖；西路南溪水系集水面积约为9000km^2，一脉源出界岭山地，由南溪河东泄，经溧阳、宜兴后在大浦口等港渎进入太湖，另一脉汇集茅山山脉及镇、丹、金一带丘陵岗坡径流，由宜兴百渎港附近散入太湖。

苏州位于太湖下游，是太湖洪水北排长江、东入黄浦江的必经之地。因此，广袤的太湖既是一个天然大水库，有着丰富的水资源可利用；又是苏州洪涝灾害的主要成因之一。

如何加强太湖、长江之间的联系与沟通，洪涝时加快排江入海，干旱时及时引水补充，真正做到“通江达湖”“江湖共济”是本区域需要研究的问题。

（2）在空间布局上完善骨干河道格局，形成能引能排、主次分明的水系脉络。

区域内现有的骨干河道有望虞河、太浦河、吴淞江3条流域性河道，以及京杭大运河、元和塘、娄江、浏河、杨林塘、七浦塘、白茆塘、常浒河、急水港、张家港、盐铁塘等11条区域性骨干河道。

望虞河为太湖流域一条主要泄洪通道。起于苏州与无锡交界的沙墩港，止于常熟耿泾口，流经苏州市相城区、常熟市、无锡市锡山区，全长60.2km，其中苏州境内长54km。

太浦河为太湖流域另一条主要泄洪通道。西起东太湖寺家港，东至泖河南大港，流经江苏、浙江、上海，全长57.2km，其中苏州境内河道长40.3km（全部在吴江境内）。

吴淞江为太湖流域规划实施的第三条泄洪通道。起于太湖瓜泾口，流经苏州市吴江、吴中区、工业园区、昆山市后进入上海市境，于外白渡桥注入黄浦江，全长125km，苏州境内长61.7km。

京杭大运河为江南运河的苏州段。苏州境内的大运河西起苏锡两市交界的望亭五七大桥，南至江浙两省交界的王江泾，航道部门“四改三”后，改走澜溪塘，止江浙交界的鸭子坝，全长约82km。

元和塘：南起苏州齐门，流经苏州市区，至常熟市虞山镇南门与护城河相连，全长约39km。

娄江：西起苏州娄门，流止于昆山市青阳港，全长53km。

浏河：西接娄江，东至太仓浏河入长江，长24.4km。娄江和浏河可以理解为同一条河道的上段和下段。

杨林塘：西起昆山市倾斜河，东至太仓浮桥杨林口入长江，长32.4km。

七浦塘：西起阳澄湖，经相城区、昆山、常熟、太仓后，于太仓七丫口入江。2015年完成整治后，另一支从吴塘至荡茜口入长江，全长48km。

白茆塘：全部位于常熟市境内，西起虞山镇的小东门，于白茆口入长江，全长41.3km。

常浒河：全部位于常熟境内，西起虞山镇东大门，于浒浦野猫口入长江，全长21.8km。

急水港（苏申外港线）：起于吴江市同里镇，流经昆山市、上海青浦县、沙田湖、下急水港，汇接淀山湖，全长16.3km，其中苏州市境内长10.5km，是淀泖地区中部向淀山湖排水的主要通道。

张家港河：北起长江巫山港附近，经常熟、昆山后，止于娄江，沿途与杨林塘、七浦塘、元和塘、望虞河等河道相交，全长约115km。

盐铁塘：西起张家港市杨舍镇北，流经张家港、常熟、太仓后进入上海境内，全长102km，苏州境内长84km。

这些骨干河道中，望虞河、太浦河以及未来的吴淞江主要为流域所用，区域使用受到限制，京杭大运河、元和塘、张家港、盐铁塘基本为南北走向，主要起南北沟通、调剂作用，对区域引排水作用不大。主要存在的问题是：现有骨干河道布局上基本都位于阳澄区，淀泖区只有急水港可以发挥东排作用，功能不全，无法解决淀泖区洪水出路。这是今后需要补齐的短板。

在补齐骨干河网的基础上，通过水系连通，优化主要河道与次要河道、河道与湖泊的相互关系，形成具有江南水乡特色、层次分明、功能完善的生态河网布局。

9.2.2　守牢外围防线

外围堤防不仅是防洪的生命线，也是其他一切建设的前提和基础。

1. 长江堤防

西起无锡市江阴长山脚下，东至太仓阅兵台与上海宝山接壤。沿江有张家港、常熟、太仓三市。主江堤总长144km（其中：张家港约72km，常熟约39km，太仓约33km），常熟福山塘以西称为江堤，长72km，福山塘以东称为海塘，长72km。港堤总长46km。另有张家港境内双山岛洲堤长 16km。

长江堤防为 2 级堤防，建设标准相当于 50 年一遇。江阴交界至常熟福山堤顶高程为 9.25～9.00m；福山港至浒浦闸堤顶高程为 9.00m；浒浦闸至太仓与上海宝山交界处堤顶高程为 9.20m（张家港境内局部地段近年来已提高到 100 年一遇标准）。

沿江大中型建筑物按 100 年一遇洪（潮）水位设计，按 300 年一遇洪（潮）水位校核；小型建筑物按《长江流域综合利用规划》确定的洪（潮）水位（不考虑台风影响）设计，按 100 年一遇洪（潮）水位校核。

2. 太湖堤防

太湖堤防长度为 144km，其中吴江区约 48km，吴中区约 64km，相城区约 6km，高新区约 26km。占江苏省环太湖大堤总长度 243km 的 59.4%。环太湖口门共有 95 个、建筑物 100 座。太湖堤防按 2 级堤防标准设计，经过 1991 年、1999 年两次洪水后加高加固，堤顶高 7.0m，顶宽不小于 6m。

3. 其他堤防

望虞河、太浦河、吴淞江堤防将在今后相应的后续工程中按标准实施，淀山湖堤防已在 2009 年拦路港补偿工程中加高加固，京杭大运河堤防也即将实施完成。因此，就堤防本身而言，除长江堤防存在局部刷滩以及新围沙堤有待时间考验外，总体上是安全的。

今后堤防建设关注的重点是如何根据生态文明建设的要求，在确保堤防安全运行的前提下，通过海绵城市建设，减污增容，生态排水；通过绿色堤岸，涵养水源，营造生境；通过功能统筹，完善慢行通道，丰富景观空间；把防洪屏障打造成生态廊道，营造美丽的滨水空间，全民共享，传承历史。

9.2.3 正确处理城市与区域的关系

通常的概念总是认为，城市的设防标准要高于区域，加上城市和区域（往往大部分是农村）的水系管理不是同一个部门。因此，城市的水系总是自成体系，与区域水系不相联系。其实，城市相对区域来说，是“点”和“面”的关系。在区域防洪挡得住、除涝排得快的条件下，将城市融入区域，把城市的水问题放到区域层面去解决，可能更容易、更彻底。

在城市空间规划确定生态保护、永久基本农田和城镇开发边界三条红线之后，区域水系规划可以统筹城市、农村、生态三类空间用地的用水、排水需求，留足环境容量，通过践行山水林田湖草是生命共同体的理念，达到人水和谐的目的。

相对“点”而言，“面”的空间更大，措施更多，统筹能力更强。把“点”上的问题放到“面”上去解决，办法会更多，实施起来会更容易，效果会更好些。本书第 1 章分析苏州城市洪水成因时曾讲到，从水系角度来讲，苏州城市处在太湖、长江水量交换的通道边缘，京杭大运河又穿城而过，利用好这一特点，合理布置区域骨干河道，对解决苏州城市的防洪、改善城市水环境、恢复常态自然的小桥流水特色都是非常有利的。

9.3 恢复水城特色

9.3.1 再议水在苏州的价值

看到有位作家在赞美苏州的水时，这样写道：它是一种浸润的传承，它是一种内敛的恩泽，它是一种载体的担当，它是一种无形的渗透，它是一种洁净的坦荡……而水的这种性格，在苏州这片天地间历经千百年的打磨锤炼，总以一种独特的方式呈现，它既没有大江的奇险，没有沧海惊涛，甚至也很少有其凌厉的冲刷，倒常常是看似平和文静，却蕴含着一种滴水穿石的巨大能量，又是那样地从容淡定。苏州水的这种个性，自然也会影响到苏州人的品性。

苏州的河多，桥也多，需要拐弯沟通的地方也多。因此，苏州的水，遇桥过桥，遇弯拐弯，轻灵漾动。这就像苏州人的一大长处：不走极端，不钻牛角尖，很少有破釜沉舟的壮举，善于协调，长于通融，精于变通，心灵而手巧。苏州人可以将其灵性与天分发挥得淋漓尽致，像盆景、刺绣一样小巧精细，像评弹、丝绸一样柔和淡远，像园林、昆曲一样雅致秀丽。小河中潺潺流水的灵性，在苏州人身上得到了最完美的体现，好像他们与生俱来就注定是一群创造美的人，可以完成一件件人间杰作。

苏州人的性格柔顺与平和，就像苏州小河的流水一样，没有惊涛骇浪，只有轻轻荡漾的涟漪。但柔并不是弱，柔而不弱，则成为一种柔美。小河中迂回曲折、百折不挠、一往无前的流水同样造就了苏州人外柔内刚、柔刚结合的性格，有柔有刚、柔中有刚的特征在苏州人身上得到集中体现。

这也许就是苏州的水造就的苏州人的特点，造就的吴文化的特点，也是其历史文化价值所在。

在城市规划建设者的眼中，苏州的河道、苏州的水的价值又是如何体现的呢？

1. 河道固定了城市格局

在中国城市规划史上，苏州古城双棋盘式的水城格局是一个奇迹，它遵循了中国传统礼制的筑城思想，但又不拘泥于传统，而是因水制宜的积极创造。双棋盘水城格局，再加上水陆双城门、内外双护城河和城外的河渠，构成水城总体水系结构。

苏州古城内的河道，建城之初就奠定了良好的基础，历经两汉至唐宋已臻完备。宋绍定二年（1229年）《平江图》所示城内河道有：外城河、内城河、7条直河、14条横河，大、小河道共78条；明崇祯十二年（1639年）《苏州府城内水道图》所示河道与《平江图》基本一致，后据《吴中水利全书》所载明隆庆万历年间官核丈尺折算为94.7km；清乾隆十年（1745年）《姑苏城图》所示河道与明以前的河道相比已发生很大变化，基本上形成“三横四直”格局；清光绪三十四年（1908年）《苏州巡警分区全图》所示城内河道主要是内城河和“三横四直”；民国29年（1940年）《原吴县城厢图》所载河道较前又有减少，第二直河中段被填。据统计，从20世纪40年代至2000年，城内河道较民国时期又减少了许多。其中填埋最多的清代为27.44km，民国填埋6.67km，中华人民共和国成立后填埋16.32km。

苏州城虽历经多次兵灾战乱，城市的建筑所存无几，但城市“三横四直”的河道水系作为城市用水、排水、交通运输等最低生活要求而保存下来了，客观上起到了固定古城格局的作用，给人们留下了弥足珍贵的水陆双棋盘式城市格局。

考察春秋战国同时代的其他都城，如燕大都、赵邯郸、郑韩故城、齐临淄、楚郢都等都城，城内的河道一般都呈不规则自由走向，与整齐规划的道路网并不相互结合，河与路没有什么关系。但这些都城已荡然无存，也说明了河道水系在苏州双棋盘城市格局中所起的作用。

2. 河道丰富了城市空间[17]

在创造苏州城市空间艺术诸要素中，水是首位的。水不仅作为生活、交通等功能所必需，更作为大自然赋予的一种艺术素材被纳入城市空间之中。清澈的水在古城中萦回贯穿，与各类建筑密切融合，相互渗透，相互交织，创造出“天光云影共徘徊”“水晶波动碎楼台”的城市空间艺术，大大丰富了城市风貌，构成众多优美动人的、“因水得佳景”的水景观。

水面像反射的镜面一样，能产生虚像，两岸建筑空间就被颠倒着重复了一次，使得空间深度、立体层次大大增加。一般民居只有一、二层，加上河面与道路的高差，屋顶至水面为5～7m，而水中又形成一个倒影，这就获得了一个多层次、高差达到10m左右的空间。

水是流动的界面。缓缓悠悠的水流在风平浪静的日子里无声地流淌着、运动着。流动的水，带来细碎的波纹，带来光影的变化。

当水透明清澈时，可以看到建筑往下延伸的根基，有时水虽不清澈见底，亦可观察到从石缝中长出水草，在河底招摇，偶尔还会有几尾小鱼。

3. 河道构成了古城风貌

苏州古城构筑了功能上科学合理、使用上方便适用、形态风貌上秀丽柔雅、空间环境上亲切宜人的水城格局，实现了适用、方便与美观的统一，以及人、城市、水（自然）之间和谐融合。

苏州古城因水而起、因水而在、因水而变。因水建城、因水筑门、因水成坊、因水成市、因水成街、因水成园，“三横四直”所形成的河街辉映的城市空间创造了苏州独特的水乡风貌，构成一个尺度亲切宜人、体态玲珑轻巧、风格晶莹秀丽的水空间。而棋盘形纵横交织的河道，密布于苏州全城，又给居民创造了接近水、亲近水的机会。在水巷中人们建桥、建水埠、建水码头；在水边人们建水榭、建水阁、建各式各样的临水民居，无不与水有着良好的关系。

4. 河道发挥着生产生活作用

双棋盘水城格局，再加上水陆双城门、内外双护城河和城外的河道，构成水城总体水系结构，综合地解决了军事防御、交通运输、生活用水、排水防涝、防火、调节城市气候、优化美化城市环境等城市建设中的基本问题，发挥了多种功能作用，创建了一个有水利而无水害的城市，成为在当时非常科学和先进的城市基础设施，即便在今天也仍很有价值。

有人认为，车、舟、马都按各自的运输方式，互不干扰地运行在自己所需要的水道或陆路上，畅通无阻，而且还便于实现水陆交替联运和水陆交通衔接。这种双棋盘式城市格局体现了现代交通的人车分流、快慢分流的规划原理。

还有人认为，没有苏州水系的畅通，苏州就不可能有明清时期的商业繁华，也不可能成为中国资本主义萌芽的发源地之一。明代《士商要览》一书中，列出全国水陆行程图100条路线，其中有6条以苏州为起点，还有一些是以苏州为必经之途的，这是明清时期苏州成为繁华城市的前提条件。

因此，《苏州历史文化名城保护专项规划》（2035年版）提出，按照《苏州国家历史文化名城保护条例》的要求，坚持整体保护、局部恢复、整治环境、有效利用的原则，改善水环境，弘扬水文化，做优水景观，发挥水经济，重现苏州水天堂城市景观。不得填埋、拓宽现有河道；保持路河空间关系，保持现有河道两侧空间界面的连续性与多样性；控制水巷两岸新建临水建筑高度；积极创造条件逐步恢复部分被填埋骨干水道、重要片区水网系统。

9.3.2　区域城市同治

1. 完善通江达湖布局

前述分析中指出，在区域骨干河网布局中存在着长江、太湖之间缺少直接沟通的短板。以往曾研究过扩大浒光运河的方案，将浒光运河靠京杭运河侧 4.8km 由现状底宽 20.0m 拓宽到 60.0m，再往西 11.0km 由 20.0m 拓宽到 40.0m，浒光运河靠太湖端的进水口门金墅港由现状底宽 10.0m 拓宽到 40.0m，浒光运河进入京杭运河的年均流量将大幅增加，增幅达 143%～150%。浒光运河拓宽后流量变化见表 9.1。

表 9.1　　浒光运河拓宽后流量变化表

年　型	现　状		拓　宽		增幅/%
	流量/（m^3/s）	正向天数/d	流量/（m^3/s）	正向天数/d	
枯水年	13.6	330	34.0	340	150
平水年	11.0	211	26.7	235	143

注　从西向东为正向。

浒光运河进入京杭运河的流量大幅增加后，不仅可以改善京杭运河的水质，恢复太湖水从胥江进城的历史。同时，通过整治京杭运河东岸的朝阳河、蠡塘河，直接与阳澄湖沟通。

2. 恢复城区进出水格局

苏州城区历史上就是西进东出、北进南出的自然进出水格局，由于京杭运河航道改道及其水质恶化，以及防洪小包围建设改变了进出水格局，乃至于分不清哪个方向是进水哪个方向是出水。经过几十年来的曲折摸索，该是恢复历史、恢复自然状态的时候了。

（1）恢复京杭运河进水。随着“绿水青山就是金山银山”理念不断深入人心，以及环保督察机制持续加强，京杭运河的水质明显呈好转趋势。根据江苏省水文水资源勘测局苏州分局的监测，常规 5 项指标在Ⅲ～Ⅳ类水之间，接近Ⅲ类水标准，其中溶解氧已达到Ⅱ类水标准。大运河苏州无锡交界五七大桥断面水质见表 9.2，何山大桥断面水质见 9.3。

表 9.2　　大运河苏州无锡交界五七大桥断面水质表　　单位：mg/L

年份	DO	COD_{Mn}	BOD_5	NH_3-N	TP
2017	6.53/Ⅱ	5.7/Ⅲ	4.7/Ⅳ	0.99/Ⅲ	0.235/Ⅳ
2018	6.74/Ⅱ	4.7/Ⅲ	3.3/Ⅲ	1.88/Ⅳ	0.217/Ⅳ
2019	6.73/Ⅱ	5.3/Ⅲ	4.5/Ⅳ	1.17/Ⅳ	0.222/Ⅳ
2020	7.02/Ⅱ	5.2/Ⅲ	4.0/Ⅲ	0.67/Ⅲ	0.168/Ⅲ

注　2020 年数据为 1—6 月均值，其他年份为 1—12 月均值。

表 9.3　　大运河苏州何山大桥断面水质表　　单位：mg/L

年份	DO	COD_{Mn}	BOD_5	NH_3-N	TP
2017	6.29/Ⅱ	5.7/Ⅲ	5.1/Ⅳ	0.89/Ⅲ	0.196/Ⅲ
2018	6.32/Ⅱ	4.6/Ⅲ	3.6/Ⅲ	1.52/Ⅳ	0.169/Ⅲ
2019	6.59/Ⅱ	4.9/Ⅲ	4.0/Ⅲ	1.09/Ⅳ	0.179/Ⅲ
2020	7.43/Ⅱ	4.8/Ⅲ	4.2/Ⅳ	0.63/Ⅲ	0.101/Ⅲ

注　2020 年数据为 1—6 月均值，其他年份为 1—12 月均值。

这样的水质完全符合非人体直接接触的景观用水标准，且远好于城内小河的水质，为何弃而不用呢？

(2) 拆除碍流水工设施。在汛期，真正发挥防汛作用的是防洪大包围。在防洪大包围排涝期间，至今仍保留的 7 个防洪小包围基本上是敞开闸门，由大包围泵站统一排水，只有北园河、清洁河两处地面较低，形成两级排水。如果通过建设雨水泵站、改造沿河驳岸，北园河、清洁河两处低洼地也是可以敞开的。

至今仍保留 7 个防洪小包围的理由是为了河道换水，其实造成外城河河水进不了城内小河的原因恰恰正是这些水闸、泵站的存在，严重地阻碍了河道的畅通。撇开换水背后巨大的经费支出不说，试想，停停歇歇的机械换水与昼夜流淌不息的自然水体交换，哪个效果会更好呢？这些已经完成历史使命的水闸、泵站，以及自流活水工程所建的娄门堰、阊门堰到了该拆除的时候了。

(3) 恢复相门塘、葑门塘出水。历史上，苏州城区环城河向东出水约占环城河总出水量的 1/5。其中，经永宁桥流入娄江约占 4%；经后庄流入相门塘约占 10%；经徐家桥流入葑门塘约占 5%；经小觅渡桥流入黄天荡约占 2%；其余水量向南流出。

向东出流有利于形成城内小河西进东出的流态，但目前向东已无出流，基本全部归向南流。

相门塘、葑门塘位于环城河东线中部，从环城河至金鸡湖长约 2.5km。前几年，由于行政区划不同、环城河水质不好等原因，施工筑坝清除不彻底，阻水严重，加上工程调度方面的因素，闸门常年不开，向东断流。

在重新形成西进（大运河）东出（相门塘、葑门塘，再加适当调控娄江）、北进（西塘河、外塘河）南出（觅渡桥为主）的“两进两出”格局后，随着生活污水收集工作的日趋完善，城内河道水质一定会明显改观，自然状态下的“小桥流水”特色指日可待。

顺自然规律者兴，逆自然规律者亡，这是人类社会发展实践证明了的一条基本法则。21 世纪将是生态文明的世纪，是随着人类文明发展而发展的一种新的文明形式，将使人类社会形态及文明发展理念、道路和模式发生根本转变，是人类社会可持续发展所必然要求的社会进步。人类征服自然、改造自然的观念已开始向尊重自然、保护自然、人与自然和谐共处的理念转变，坚信在不远的将来，“优质水资源、健康水生态、宜居水环境”的人水和谐局面一定会到来。

参考文献

[1] 瞿慰祖，张英霖，张玉熙，等．苏州河道志［M］．长春：吉林人民出版社，2007.

[2] 高凤喈，钟华秋，杨舒仁，等．苏州水利志［M］．上海：上海社会科学院出版社，1997.

[3] 苏州市防汛指挥部办公室．苏州防汛手册［R］．苏州：苏州市防汛指挥部办公室，1992.

[4] 郑肇经．太湖水利技术史［M］．北京：中国农业出版社，1983.

[5] 太湖水利史稿编写组．太湖水利史稿［M］．南京：河海大学出版社，1993.

[6] 王道根，张志彤，孙继昌，等．1999 年太湖流域洪水［M］．北京：中国水利水电出版社，2001.

[7] 俞绳方．杰出的双棋盘城市格局［J］．江苏城市规划，2006，137（4）：13－17.

[8] 水利部太湖流域管理局．苏州市区水环境治理工程可行性研究报告（古城区部分）［R］．上海：水利部太湖流域管理局，1991.

[9] 严以新，黄勇，陆桂华，等．苏州市城市水环境质量改善技术研究与综合示范课题总报告［R］．南京：河海大学，2005.

[10] STREETER H W，PHELPES E B. A study of the pollution and natural purification of the Ohio River［J］. U. S. Public Health Service Bull. 146，Washington DC.

[11] 金士博．水环境数学模型［M］．北京：中国建筑工业出版社，1987.

[12] 阮仁良．平原河网地区水资源调度改善水质的理论与实践［M］．北京：中国水利水电出版社，2006.

[13] 河海大学．苏州水网水质改善综合治理工程研究报告［R］．南京：河海大学，2001.

[14] 水利部太湖流域管理局．太湖流域及东南诸河水资源公报［R］．上海：水利部太湖流域管理局，2007—2018.

[15] 蒋小欣．基于界面特征的海岸带浅水湖泊环境影响研究——以阳澄湖为例［D］．南京：河海大学，2009.

[16] 江苏省太湖水利规划设计研究院．苏南运河洪水位分析研究报告［R］．苏州：江苏省太湖水利规划设计研究院，2017.

[17] 刘浩．苏州古城风貌的保护研究［D］．上海：同济大学，2001.

附录

古城区桥梁梁底标高调查表

河道名称	桥梁名称	梁底高程/m		备　注
		吴淞	黄海	
桃坞河	板桥	5.09	3.21	
	宝城桥	4.57	2.69	
	桃花桥	4.59	2.71	2003年改建
	新善桥	4.47	2.59	1982年重建
	桃坞桥	4.62	2.74	2003年建
	日晖桥	4.43	2.55	1979年重建
	松亭桥	5.06	3.18	
	香花桥	4.11	2.23	2003年拓宽
	张公桥	4.71	2.83	1979年重建
	天后宫桥	4.73	2.85	1997年重建
	木谷桥	5.07	3.19	2001年建
	东风桥	4.47	2.59	
	临顿桥	4.83	2.95	1999年扩建
	园林桥	4.67	2.79	
	周通桥	5.47	3.59	1927年改建
	拙政园桥	4.35	2.47	
	华阳桥	4.67	2.79	
	开源桥	4.60	2.72	2002年建
	普新桥	4.61	2.73	2002年建
	张香桥	4.70	2.82	1965年重修
	金粉桥	4.84	2.96	
	水关桥	5.27	3.39	
平门河	平四桥	4.19	2.31	拱桥
	铁中桥	3.83	1.95	拱桥
	铁中老桥	3.37	1.49	

续表

河道名称	桥梁名称	梁底高程/m		备　注
		吴淞	黄海	
平门河	校场桥	3.25	1.37	
	单家桥	4.52	2.64	
阊门内城河	北码头桥	4.17（中）	2.29	拱桥，1983年建
	北尚义桥	4.07	2.19	
	尚义桥	4.17	2.29	
	里水关桥	4.47	2.59	
仓桥浜	仓桥	4.64	2.76	
中市河	探桥	5.93	4.05	1966年建
	水关桥	5.47	3.59	建于清代
	宝元桥	4.71	2.83	
	太佰庙桥	5.25	3.37	
	张广桥	5.07	3.19	
	虹桥	4.75	2.87	1957年改建
	中市桥	4.73	2.85	2003年建
	崇祯宫桥	5.73	3.85	1982年重建
	过军桥	5.10	3.22	
学士河	皋桥	4.91	3.03	
	平安桥	5.72	3.84	1908年建
	敦化桥	5.17	3.29	1927年建
	黄鹂坊桥	5.02	3.14	2003年扩建
	西城桥	4.90	3.02	
	升平桥	4.57	2.69	
	渡子桥	4.58	2.70	
	乘骝桥	5.22	3.34	1949年修建
	歌薰桥	4.74	2.86	2004年扩建
	吉庆桥	4.85	2.97	1999年建
	来远桥	5.33	3.45	1999年重建
	清波桥	4.82	2.94	1999年建
	水厂桥	4.79	2.91	1999年建
	百花桥	4.81	2.93	1999年建
	梅家桥	5.15	3.27	2004年扩建
	思贤桥	—	—	2002年建
	幸福村桥	—	—	
	水关桥	—	—	1958年重建

续表

河道名称	桥梁名称	梁底高程/m		备 注
		吴淞	黄海	
新开河	长船湾桥	4.87	2.99	
	学士桥	4.55	2.67	
临顿河	平齐桥	6.33	4.45	
	堵带桥	4.59	2.71	
	福星桥	5.19	3.31	1767年重修
	跨塘桥	4.96	3.08	1999年扩建
	任蒋桥	4.72	2.84	1999年建
	善耕桥	4.72	2.84	1999年建
	四院东门桥	4.76	2.88	1999年建
	白塔子桥	4.86	2.98	1999年扩建
	花桥	4.72	2.84	1999年重建
	忠善桥	4.73	2.85	1999年重建
	悬桥	4.68	2.80	1985年建
	录家桥	4.76	2.88	
	徐贵子桥	4.89	3.01	1985年重建
	醋坊桥	4.73	2.85	1999年建
	碧凤桥	5.11	3.23	2003年建
	落瓜桥	4.83	2.95	1982年建
	青龙桥	4.77	2.89	1982年改建
	大郎桥	4.45	2.57	1982年改建
	顾家桥	4.69	2.81	1982年改建
悬桥河	苹花桥	4.50	2.62	
	郭家桥	4.74	2.86	1962年改建
	顾家园子桥	4.11	2.23	
娄门内城河	长风桥	4.37	2.49	
北园河	仓库桥	3.37	1.49	1983年建
	光明桥	3.28	1.40	1983年建
	北园桥	2.78	0.90	
	北园新村桥	3.47	1.59	1980年建
	北园一号桥	3.68	1.80	1980年建
	长风桥	3.79	1.91	
	楚胜桥	3.99	2.11	

续表

河道名称	桥梁名称	梁底高程/m		备　注
		吴淞	黄海	
平江河	长风桥	4.75	2.87	
	潘家桥	4.59	2.71	拱桥，最高 5.42m，1984 年重建
	庆林桥	4.57	2.69	
	保吉利桥	5.01	3.13	
	胡厢使桥	4.58	2.70	拱桥，最高点 5.61m，1982 年修建
	通利桥	4.63	2.75	1814 年重修
	众安桥	4.63	2.75	1960 年重修
	苏军桥	4.77	2.89	1980 年重修
	胜利桥	4.75	2.87	
	积庆桥	5.11	3.23	
	雪糕桥	5.17	3.29	1983 年重修
	寿安桥	4.75	2.87	1960 年拓修
	思婆桥	5.45	3.57	1805 年重建
	苑桥	5.47	3.59	
	兴市桥	5.20	3.32	
	官太尉桥	5.27	3.39	1696 年建，1878 年修
	吴王桥	4.67	2.79	
	寿星桥	3.97	2.09	拱桥，最高点 5.77m，1178 年建，清代重修
	望星桥	5.29	3.41	
	忠信桥	5.37	3.49	1862—1874 年建
	望门桥	4.50	2.62	
新桥河	新桥	4.54	2.66	1960 年重建
	通济桥	4.46	2.58	1974 年重修
	耦园桥	4.30	2.42	
柳枝河	朱马交桥	5.01	3.13	1982 年重建
	和平里桥	4.00	2.12	
	南开明桥	4.20	2.32	
胡厢使河	唐家桥	4.70	2.82	1982 年再建
	中家桥	3.94	2.06	1984 年重建
	北开明桥	3.89	2.01	拱桥，最高点 4.39m，1985 年改建

续表

河道名称	桥梁名称	梁底高程/m		备　注
		吴淞	黄海	
麒麟河	奚家桥	3.75	1.87	
	徐鲤鱼桥	4.42	2.54	1964年扩建
	东薛家桥	4.57	2.69	1989年建
干将河	乘马坡桥	4.30	2.42	拱桥，最高点4.90m
	太平桥	4.83	2.95	
	芮桥	4.23	2.35	拱桥，最高点4.80m
	市鹤桥	4.93	3.05	
	乐桥	6.57	4.69	
	乘渔桥	4.86	2.98	
	言桥	4.67	2.79	拱桥，最高点5.17m
	草桥	4.81	2.93	
	马津桥	4.60	2.72	拱桥，最高点5.23m
	甫桥	4.99	3.11	
	白蚬桥	4.74	2.86	
	真大桥	5.03	3.15	
	升龙桥	5.04	3.16	1994年移建
	狮子口桥	5.40	3.52	
	顾亭桥	4.97	3.09	
	开泰桥	4.48	2.60	
	前进桥	5.60	3.72	
府前河	孙老桥	4.86	2.98	
	乐村桥	4.51	2.63	
	公和桥	4.57	2.69	1984年扩建
	吉利桥	5.03	3.15	
	福民桥	4.33	2.45	1984年改建
	圆缘桥	4.81	2.93	2003年建
	志成桥	4.89	3.01	1984年改建
	金狮桥	4.83	2.95	
	饮马桥	4.95	3.07	2003年扩建
	仓桥	3.87	1.99	拱桥，最高点4.93m，1984年修建
	帝赐莲桥	4.67	2.79	拱桥，1984年改建
	福民桥	4.91	3.03	1983年重建

续表

河道名称	桥梁名称	梁底高程/m		备　注
		吴淞	黄海	
府前河	乌鹊桥	4.22	2.34	拱桥，1983年重建
	滚绣桥	4.80	2.92	
	进士桥	4.22	2.34	拱桥，最高点5.22m，1995年建
	船场桥	3.97	2.09	拱桥，最高点4.57m
	南林桥	3.97	2.09	
	带城桥	4.63	2.75	
	南石桥	4.77	2.89	
	星造桥	4.17	2.29	拱桥，最高点5.77m，1984年大修
	吴衙桥	4.45	2.57	
	砖桥	4.77	2.89	
	清水桥	5.75	3.87	
葑门内城河	程桥	4.45	2.57	2004年扩建
羊王庙河	隐溪桥	3.47	1.59	拱桥，最高点4.37m，1998年建
	一零零医院小桥	3.20	1.32	
	大云桥	4.89	3.01	
	医学院小桥	4.05	2.17	
	五龙桥	3.96	2.08	拱桥，最高点4.63m
	木杏桥	4.44	2.56	
	银杏桥	4.96	3.08	
南园河	红杏子桥	4.15	2.27	
	西烧香桥	4.11	2.23	
	东烧香桥	4.66	2.78	拱桥，最高点5.16m
	杨家村桥	4.90	3.02	
竹辉河	竹韵桥	4.22	2.34	
薛家河	周家桥	4.25	2.37	拱桥，最高点5.11m，1992年建
	薛家桥	4.40	2.52	1989年建
庙家浜	胜利桥	—	—	
	桂花新村桥	—	—	

续表

河道名称	桥梁名称	梁底高程/m		备　注
		吴淞	黄海	
盘门内城河	程桥	—	—	最高点5.28m（拱桥净跨小于4m），2003年改建
	窥塔桥	5.41	3.53	2003年改建
	工农桥	3.91	2.03	
	小人民桥	4.45	2.57	
	航运公司小桥	3.92	2.04	拱桥，最高点4.47m
	轮船厂桥	3.84	1.96	
	玉兰小桥	4.67	2.79	
	南园桥	5.67	3.79	
	邱家村桥	5.07	3.19	

古城外桥梁梁底标高调查表

河道名称	桥梁名称	梁底高程/m		备　注
		吴淞	黄海	
三香河	三香桥	4.99	3.11	2003年扩建
	小三香桥	5.13	3.25	
夏驾浜	香庙桥	4.35	2.47	
	水泥制品厂桥	4.41	2.53	
	铸机厂桥	4.15	2.27	
	信记桥	4.76	2.88	2003年改建
	小日晖桥	5.25	3.37	
	南濠桥	6.02	4.14	2004年改建
小河浜	虎啸桥	4.64	2.76	
	虎啸桥（新）	4.42	2.54	2003年扩建
	禾家桥	4.62	2.74	2005年改建
	通关桥	4.97	3.09	
	归泾桥	4.63	2.75	
里双河	民丰厂桥	5.35	3.47	
五泾浜	塌水桥	3.17	1.29	
	乐将武桥	4.49	2.61	
	热处理厂桥	3.98	2.10	
	水闸桥	4.12	2.24	
	五泾浜桥	3.96	2.08	
清洁河	白姆桥	4.10	2.22	
	八字桥	4.25	2.37	
	清洁路桥	5.07	3.19	
	为钢桥	4.34	2.46	

续表

河道名称	桥梁名称	梁底高程/m		备　注
		吴淞	黄海	
硕房庄河	观景桥	3.78	1.90	
	太平桥	5.02	3.14	2003年改建
	观音桥	4.60	2.72	2003年改建
	硕房庄桥	4.48	2.60	
	园林技校桥	4.59	2.71	2002年建
	燕园桥	4.53	2.65	
	虎丘一号桥	4.37	2.49	
	砻糠桥	5.02	3.14	
	净化厂桥	3.87	1.99	
方家浜	十二中桥	4.07	2.19	
	倪家桥	4.30	2.42	2003年改建
	西园二号桥	4.57	2.69	
冶坊浜	无名桥	3.82	1.94	
	西园一号桥	4.54	2.66	
	广成桥	4.81	2.93	
青龙河	无名桥	4.10	2.22	
	居家桥	4.80	2.92	
	打柴桥	4.17	2.29	
	青龙桥	4.77	2.89	
小普济桥河	小普济桥	4.37	2.49	
青山绿水浜	绿水桥	4.57	2.69	
	青山桥	4.22	2.34	
白莲浜	白莲桥	4.45	2.57	
	永福桥	4.69	2.81	
	三香庙桥	3.37	1.49	拱桥
	水莲桥	4.84	2.96	
	虹莲桥	4.98	3.10	2002年建
	馨莲桥	4.88	3.00	
	莲香桥	4.79	2.91	2003年扩建
凤凰泾	凤凰桥	6.49	4.61	
	新元桥	4.69	2.81	
	三元三村桥	5.01	3.13	
	滨河桥（2）	4.93	3.05	
	滨河桥（1）	4.91	3.03	

续表

河道名称	桥梁名称	梁底高程/m		备　注
		吴淞	黄海	
凤凰泾	凤凰泾桥	4.96	3.08	
	热工所桥	4.96	3.08	
	青少年中心桥	4.86	2.98	
	鸿利桥	4.64	2.76	
	经贸桥	4.62	2.74	
	稻香桥	4.79	2.91	2002年扩建
	体育中心小桥（1）	5.03	3.15	2002年建
	体育中心小桥（2）	5.52	3.64	2002年建
	体育中心小桥（3）	5.08	3.20	2002年建
活络浜	采莲桥	4.82	2.94	2004年扩建
	络香桥	4.59	2.71	
虹桥浜	采菇桥	5.05	3.17	2004年扩建
	陆家桥	4.76	2.88	
倪大坟浜	采凤桥	4.96	3.08	2004年扩建
	兴元桥	4.62	2.74	
徐家浜	倪大坟桥	4.79	2.91	
彩香浜	永安桥	4.51	2.63	1999年建
	水云桥	4.88	3.00	
	电大小桥	3.84	1.96	
	银荷桥	4.95	3.07	
	彩香桥	4.87	2.99	2003年扩建
	彩虹二村小桥	4.55	2.67	
胡家角河	姑香桥	4.53	2.65	
万河	三板桥	4.89	3.01	
里双河	东风桥	4.47	2.59	
	五环桥	7.47	5.59	2002年改建
	奥林桥	5.29	3.41	2003年建
	象牙桥	6.07	4.19	
	彩虹桥	5.42	3.54	
	双虹桥	5.42	3.54	
	污水厂桥	6.82	4.94	
	里双桥	6.87	4.99	
	银桥	5.69	3.81	
	大寨桥	5.17	3.29	

续表

河道名称	桥梁名称	梁底高程/m		备注
		吴淞	黄海	
桐泾河	桐泾桥	5.17	3.29	
	新兴桥	4.57	2.69	
	连心桥	4.60	2.72	
	胜塘桥	4.81	2.93	
	冰箱厂桥	4.45	2.57	
	南丰桥	4.60	2.72	2002年建
	东虹桥	4.85	2.97	
	老虹桥	4.03	2.15	
	桐安桥	4.51	2.63	
	大安桥	最高点4.03	2.15	拱桥，净跨3.34m
	寺泾桥	4.14	2.26	2003年扩建
	童泾桥	4.67	2.79	
黄石桥河	金桂桥	4.82	2.94	
	彩香桥	3.51	1.63	
	彩虹桥	3.60	1.72	
	彩环桥	3.51	1.63	
	黄石桥	4.28	2.40	2003年扩建
	无名桥	4.40	2.52	
胡家浜	费家桥	3.91	2.03	
	三元桥	4.67	2.79	
	青石桥	4.03	2.15	
淮阳河	普安桥	4.96	3.08	
	梅岭桥	5.12	3.24	
	小鸭蛋桥	5.12	3.24	
	鸭蛋桥	5.50	3.62	
	永福桥	3.80	1.92	
	接仙桥	4.27	2.39	
	积善桥	4.38	2.50	
	爱河桥	5.07	3.19	2003年改建
	兴农桥	4.04	2.16	2003年改建
	菱塘桥	4.93	3.05	2003年改建
横娄浜	安全村桥	5.08	3.20	
金塘河	家具厂桥	3.74	1.86	
	胥江桥	4.63	2.75	
	巴桥	4.24	2.36	

续表

河道名称	桥梁名称	梁底高程/m		备　注
		吴淞	黄海	
解放桥河	韩家桥	4.23	2.35	
	解放桥	4.83	2.95	
	闸外小桥	4.11	2.23	拱桥，2004年建
巴里河	三节板桥	4.13	2.25	
	五星桥	4.25	2.37	
	金桥	3.64	1.76	
	金塘桥	4.29	2.41	
卧金浜	锯板厂桥	4.01	2.13	
高木桥河	高木桥	4.58	2.70	
小桥浜	小桥浜桥	5.14	3.26	
西塘河	朱公桥	4.92	3.04	2003年改建
	五十六间桥	4.79	2.91	
钱塘河	盘南桥	4.12	2.24	
	乳胶厂桥	4.14	2.26	
	玻璃厂桥	4.09	2.21	
	无名桥	3.36	1.48	
	钱塘桥	4.51	2.63	
上沙河	无名桥	4.18	2.30	
	无名桥	4.23	2.35	
	上沙桥	4.31	2.43	2003年扩建
仙人大港	盘蠡桥	5.29	3.41	
	邱家桥	4.86	2.98	
大龙港	裕棠桥	5.37	3.49	2003年扩建
	苏纶桥	5.96	4.08	
	大龙港桥	6.94	5.06	
卧金浜	东河桥	4.89	3.01	2003年建
西卧金浜	西河桥	4.89	3.01	2003年建
友新河	居家园桥	4.36	2.48	
	长和桥	5.02	3.14	2003年建
	永和桥	5.18	3.30	2003年建
	长兴桥	5.01	3.13	2002年建
	新联桥	5.08	3.20	

续表

河道名称	桥梁名称	梁底高程/m		备 注
		吴淞	黄海	
仙人大港	梅思桥	7.13	5.25	
	梅亭桥	5.15	3.27	2004年建
	苏福路桥	4.16	2.28	
	来仙桥	5.30	3.42	2003年改建
		5.44	3.56	
	会仙桥	5.13	3.25	
	前进桥	5.07	3.19	
	新会仙桥	5.27	3.39	
	友新桥	5.37	3.49	2002年建
		4.36	2.48	
	友联桥	5.07	3.19	
	仙人桥	5.10	3.22	
蒋家浜	茄子桥	4.61	2.73	2004年扩建
	仓库桥	4.01	2.13	
	饼干厂桥	4.49	2.61	
	清水桥	4.50	2.62	
	庄先湾桥	5.10	3.22	2004年建
	俞家桥	3.43	1.55	
	蒋家桥	4.14	2.26	
外河	朝天桥	5.71	3.83	
	外河桥	5.16	3.28	
葑门塘	徐公桥	5.18	3.30	
	红板桥	5.61	3.73	
	马路桥	4.54	2.66	
	夏家桥	5.78	3.90	2004年扩建
相门塘	后庄桥	5.57	3.69	2003年改建
	匝道桥	5.06	3.18	2004年建
	长风技校桥	6.05	4.17	
	新苏桥	6.67	4.79	2004年扩建
小觅渡桥河	小觅渡桥	6.15	4.27	2003年建
	觅渡桥	6.32	4.44	2003年建
	城湾桥	5.34	3.46	
	友谊桥	5.19	3.31	2004年扩建

续表

河道名称	桥梁名称	梁底高程/m		备注
		吴淞	黄海	
青阳河	张家桥	4.49	2.61	2004年扩建
	小木桥	4.70	2.82	
	无名桥	4.48	2.60	
	青阳桥	4.05	2.17	
	碧水桥	5.13	3.25	
	蔡家桥	3.88	2.00	
	无名小桥	4.05	2.17	
	高频瓷厂桥（1）	4.56	2.68	
	高频瓷厂桥（2）	4.29	2.41	
	溶剂厂桥（1）	3.92	2.04	
	溶剂厂桥（2）	4.70	2.82	
	灯草桥	3.86	1.98	
湄长河	团结桥	6.25	4.37	
	彩虹桥	5.07	3.19	
	湄长桥	4.81	2.93	
	迎春桥	5.15	3.27	2004年扩建
	苏化二号桥	7.27	5.39	
	苏化一号桥	6.47	4.59	
	苏化桥	5.82	3.94	
	弘运桥	5.17	3.29	
	杏秀桥	5.72	3.84	
前塘河	创新桥	4.97	3.09	
	朱家桥	4.84	2.96	2002年建
平门塘	万安桥	3.66	1.78	
朱家港河	无名小桥	4.08	2.20	
	无名小桥	4.71	2.83	
	朱家桥	4.76	2.88	
	石渔桥	4.36	2.48	
塔影河	野墙桥	—	—	
	山花桥	—	—	
	皮革厂桥	—	—	
	消防器材厂桥	—	—	
	花锦村桥	—	—	
	友谊桥	—	—	

续表

河道名称	桥梁名称	梁底高程/m		备　注
		吴淞	黄海	
平门塘	中管桥	3.74	1.86	
	万安桥	3.66	1.78	
塔影河	电镀厂桥	5.18	3.30	
	无名桥	5.13	3.25	
	清塘路桥	4.75	2.87	2003年建
	新开桥	4.75	2.87	
仓河	仓桥	5.14	3.26	
	青年路桥	5.18	3.30	
	周庄桥	4.75	2.87	
曾家角河	无名桥	3.84	1.96	
	无名桥	4.40	2.52	
	大海棠桥	4.78	2.90	
杨家庄河	王家桥	4.67	2.79	
	杨家庄桥	5.04	3.16	
三星河	矮凳桥	5.02	3.14	
	无名桥	4.89	3.01	
	东新桥	4.98	3.10	2004年扩建
袁梗浜	袁梗浜桥	4.56	2.68	2003年建
南田村河	南田村桥	3.58	1.70	
	倪家桥	4.98	3.10	2004年建
青龙桥河	辛庄立交2号桥	4.89	3.01	2003年建
	辛庄立交1号桥	4.78	2.90	2003年建
	九曲桥	5.37	3.49	
	嘉业2号桥	4.29	2.41	2003年建
	青龙桥	5.10	3.22	2003年建
	嘉业1号桥	4.67	2.79	2003年建
	嘉业5号桥	4.73	2.85	2003年建
	嘉业4号桥	4.68	2.80	2003年建
	嘉业3号桥	4.68	2.80	2003年建